高等学校"十二五"规划教材

市政工程概预算与工程量清单计价

史静宇　主　编

哈尔滨工业大学出版社

内容提要

本书内容共 12 章,主要包括市政工程造价概述、市政工程定额计价、市政工程清单计价、市政工程制图与识图、土石方工程工程量计算、道路工程工程量计算、桥涵护岸工程工程量计算、隧道工程工程量计算、市政管网工程工程量计算、地铁工程工程量计算、钢筋与拆除工程工程量计算等。本书内容丰富、图文并茂、通俗易懂、操作性及实用性强、简明实用,可供市政工程造价人员、工程技术人员以及相关专业大中专院校的师生学习参考。

图书在版编目(CIP)数据

市政工程概预算与工程量清单计价/史静宇主编——
哈尔滨:哈尔滨工业大学出版社,2010.5(2022.7 重印)
ISBN 978 - 7 - 5603 - 3016 - 7

Ⅰ.①市… Ⅱ.①史… Ⅲ.①市政工程-建筑概算
定额②市政工程-建筑预算定额③市政工程-工程造价
Ⅳ.①TU723.3

中国版本图书馆 CIP 数据核字(2010)第 078646 号

责任编辑 王桂芝
出版发行 哈尔滨工业大学出版社
社 址 哈尔滨市南岗区复华四道街 10 号 邮编 150006
传 真 0451 - 86414749
网 址 http://hitpress.hit.edu.cn
印 刷 哈尔滨久利印刷有限公司
开 本 787mm×1092mm 1/16 印张 24 字数 555 千字
版 次 2011 年 1 月第 1 版 2022 年 7 月第 8 次印刷
书 号 ISBN 978 - 7 - 5603 - 3016 - 7
定 价 56.00 元

前　言

　　随着我国加入 WTO 以及国家经济建设的迅速发展,市政工程建设已经进入专业化的时代,发展规模不断扩大,市政工程的造价管理问题也不断得到重视。随着我国工程造价价格体系的变化,以及《建设工程工程量清单计价规范》(GB 50500—2008)的颁布实施,市政工程造价人员面临着巨大的发展机遇与挑战。培养和造就一批高素质的工程造价人才队伍,是实现我国工程造价事业与国际接轨的根本保证。因此,我们结合最新国家标准编写了这本《市政工程概预算与工程量清单计价》教材。

　　本书共 12 章,主要内容为:市政工程造价概述、市政工程定额计价、市政工程清单计价、市政工程制图与识图、土石方工程工程量计算、道路工程工程量计算、桥涵护岸工程工程量计算、隧道工程工程量计算、市政管网工程工程量计算、地铁工程工程量计算、钢筋与拆除工程工程量计算和市政工程工程量清单计价编制示例等。本书内容由浅入深,从理论到实例,涉及内容广泛,且简明实用、方便查阅、可操作性强,可供市政工程造价人员、工程技术人员以及相关专业大中专院校的师生学习参考。

　　在本书编写过程中,马小满、王开、王安、白雅君、刘佳力、陈怀亮、李军、朱喜来、柳绍卓、谭立新为此书做了大量的工作,在此表示感谢。限于编者水平有限,书中不妥之处在所难免,敬请有关专家和读者提出宝贵意见。

编　者

2010.6

目　　录

第1章　市政工程造价概述

工程造价的直意就是工程的建造价格,是工程项目按照确定的建设项目、建设规模、建设标准、功能要求、使用要求等全部建成后经验收合格并交付使用所需的全部费用。

1.1　市政工程造价的构成

1.1.1　定额计价模式下工程费用的构成

定额计价模式下建筑安装工程造价组成见图1.1所示。

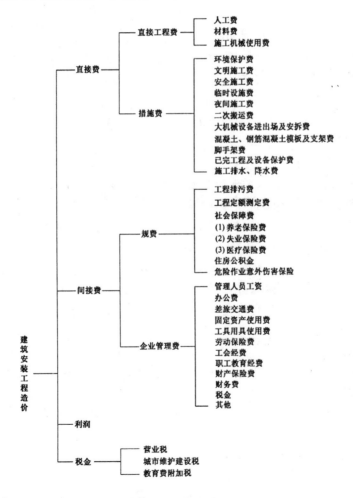

图1.1　建筑安装工程造价组成示意图

1. 直接费

直接费由直接工程费和措施费组成。

(1)直接工程费。

直接工程费是指施工过程中耗费的构成工程实体的各项费用,包括人工费、材料费、施工机械使用费。

1)人工费。

人工费是指直接从事建筑安装工程施工的生产工人开支的各项费用,内容包括以下几个方面。

①基本工资:指发放给生产工人的基本工资。

②工资性补贴:指按规定标准发放的物价补贴,煤、燃气补贴,交通补贴,住房补贴,流动施工补贴等。

③生产工人辅助工资:指生产工人有效施工天数以外非作业天数的工资,包括职工学习、培训期间的工资,调动工作、探亲、休假期间的工资,因气候影响的停工工资,工人哺乳时期的工资,假期在 6 个月以内的工资,产、婚、丧假期的工资。

④职工福利费:指按规定标准计提的职工福利费。

⑤生产工人劳动保护费:指按规定标准发放的劳动保护用品的购置费及修理费,徒工服装补贴,防暑降温费,在有碍身体健康环境中施工的保健费用等。

2)材料费。

材料费是指施工过程中耗费的构成工程实体的原材料、辅助材料、构配件、零件、半成品的费用,内容包括以下几个方面。

①材料原价(供应价格)。

②材料运杂费:指材料自来源地运至工地仓库或指定堆放地点所需要的全部费用。

③运输损耗:指材料在运输装卸过程中不可避免的损耗。

④采购及保管费:指为组织采购、供应和保管材料过程中所需要的各项费用,包括采购费、仓储费、工地保管费、仓储损耗。

⑤检验试验费:指对建筑材料、构件和建筑安装物进行一般的鉴定、检查所需要的费用,包括自设试验室进行试验所耗用的材料和化学药品等费用,不包括新结构、新材料的试验费和建设单位对具有出厂合格证明的材料进行检验,对构件做破坏性试验及其他特殊要求检验试验的费用。

3)施工机械使用费。

施工机械使用费是指施工机械作业所发生的机械使用费、机械安拆费和场外运费。机械台班单价由下列 7 项费用组成。

①折旧费:指施工机械在规定的使用年限内,陆续收回其原值及购置资金的时间价值。

②大修理费:指施工机械按规定的大修理间隔台班进行必要的大修理,以恢复其正常功能所需的费用。

③经常修理费:指施工机械除大修理外的各级保养和临时故障排除所需的费用,包括为保障机械正常运转所需替换设备与随机配备工具附具的摊销和维护费用,机械运转中

日常保养所需润滑与擦拭的材料费用及机械停滞期间的维护和保养费用。

④安拆费及场外运费:安拆费是指施工机械在现场进行安装与拆卸所需的人工、材料、机械和试运转费用以及机械辅助设施的折旧、搭设、拆除等费用。场外运费是指施工机械整体或分体自停放地点运至施工现场或由一施工地点运至另一施工地点的运输、装卸、辅助材料及架线等费目。

⑤人工费:指机上司机(司炉)和其他操作人员的工作日人工费及上述人员在施工机械规定的年工作台班以外的人工费。

⑥燃料动力费:指施工机械在运转作业中所消耗的固体燃料(煤、木柴)、液体燃料(汽油、柴油)及水、电等费用。

⑦养路费及车船使用税:指施工机械按照国家规定和有关部门规定应缴纳的养路费、车船使用税、保险费、年检费等。

(2)措施费。

措施费是指为完成工程项目施工,发生于该工程施工前和施工过程中非工程实体项目的费用。内容包括以下几个方面。

1)环境保护费:指施工现场为达到环保部门要求所需要的各项费用。

2)文明施工费:指施工现场文明施工所需要的各项费用。

3)安全施工费:指施工现场安全施工所需要的各项费用。

4)临时设施费:指施工企业为进行建筑工程施工所必须搭设的生活和生产用的临时建筑物、构筑物和其他临时设施所需要的费用。

临时设施包括临时宿舍、文化福利及公用事业房屋与构筑物,仓库、办公室、加工厂以及规定范围内道路、水、电、管线等临时设施和小型临时设施。

临时设施费用包括临时设施的搭设、维修、拆除费或摊销费。

5)夜间施工费:指因夜间施工所发生的夜班补助费、夜间施工降效、夜间施工照明设备摊销及照明用电等费用。

6)二次搬运费:指因施工场地狭小等特殊情况而发生的一次搬运费用。

7)大型机械设备进出场及安拆费:指机械整体或分体自停放地点运至施工现场或由一施工地点运至另一施工地点,所发生的机械进出场运输及转移费用及机械在施工现场进行安装、拆卸所需的人工费、材料费、机械费、试运转费和安装所需的辅助设施的费用。

8)混凝土、钢筋混凝土模板及支架费:指混凝土施工过程中需要的各种钢模板、木模板、支架等的支、拆、运输费用及模板、支架的摊销(或租赁)费用。

9)脚手架费:指施工需要的各种脚手架搭、拆、运输费用及脚手架的摊销(或租赁)费用。

10)已完工程及设备保护费:指竣工验收前,对已完工程及设备进行保护所需费用。

11)施工排水、降水费:指为确保工程在正常条件下施工,采取各种排水、降水措施所发生的各种费用。

2. 间接费

间接费由规费、企业管理费组成。

(1)规费。

规费是指政府和有关权力部门规定必须缴纳的费用,包括以下几个方面。

1)工程排污费:指施工现场按规定缴纳的工程排污费。

2)工程定额测定费:指按规定支付工程造价(定额)管理部门的定额测定费。

3)社会保障费:

①养老保险费:指企业按规定标准为职工缴纳的基本养老保险费。

②失业保险费:指企业按国家规定标准为职工缴纳的失业保险费。

③医疗保险费:指企业按规定标准为职工缴纳的基本医疗保险费。

4)住房公积金:指企业按规定标准为职工缴纳的住房公积金。

5)危险作业意外伤害保险:指按照建筑法规定,企业为从事危险作业的建筑安装施工人员支付的意外伤害保险费。

(2)企业管理费。

企业管理费是指建筑安装企业组织施工生产和经营管理所需费用,内容包括以下几个方面。

1)企业管理人员工资:指管理人员的基本工资、工资性补贴、职工福利费、劳动保护费等。

2)办公费:指企业管理办公用的文具、纸张、账表、印刷、邮电、书报、会议、水电、烧水和集体取暖(包括现场临时设施取暖)用煤等费用。

3)差旅交通费:指职工因公出差、调动工作的差旅费,住勤补助费,市内交通费和午餐补助费,职工探亲路费,劳动力招募费,职工离退休、退职一次性路费,工伤人员就医路费,工地转移费以及管理部门使用的交通工具的油料、燃料、养路费及牌照费。

4)固定资产使用费:指管理和试验部门及附属生产单位使用的属于固定资产的房屋、设备仪器等的折时、大修、维修或租赁费。

5)工具用具使用费:指管理使用的不属于固定资产的生产工具、器具、家具、交通工具和检验、试验、测绘、消防用具等的购置、维修和摊销费。

6)劳动保险费:指企业支付离退休职工的易地安家补助费、职工退休金、6个月以上的病假人员工资、职工残废丧葬补助费、抚恤费、按规定支付给离休干部的各项经费。

7)工会经费:指企业按职工工资总额计提的工会经费。

8)职工教育经费:指企业为职工学习先进技术和提高文化水平,按职工工资总额计提的费用。

9)财产保险费:指施工管理用财产、车辆保险。

10)财务费:指企业为筹集资金而发生的各种费用。

11)税金:指企业按规定缴纳的房产税、车船使用税、土地使用税、印花税等。

12)其他:包括技术转让费、技术开发费、业务招待费、绿化费、广告费、公证费、法律顾问费、审计费、咨询费等。

3.利润

利润是指施工企业完成的承包工程获得的盈利。

4.税金

税金是指国家税法规定的应计入建筑安装工程造价内的营业税、城市维护建设税及教育费附加税等。

1.1.2　清单计价模式下工程费用的构成

清单计价模式下建筑安装工程造价组成见图 1.2 所示。

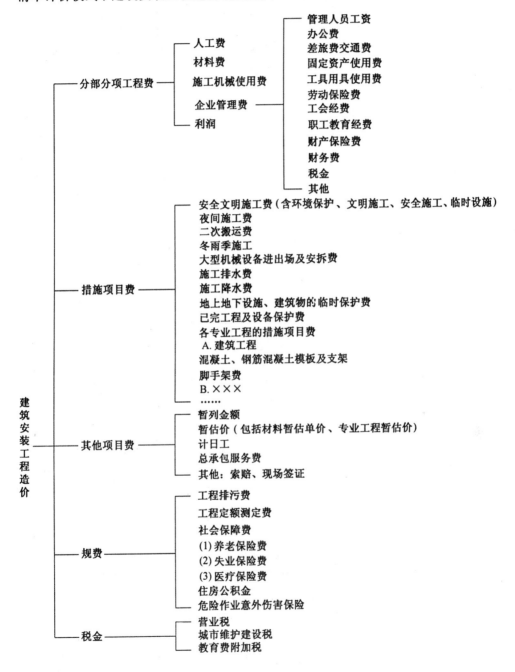

图 1.2　工程量清单计价的建筑安装工程造价组成示意图

1. 分部分项工程费

综合单价是指完成工程量清单中一个规定计量单位项目所需的人工费、材料费、机械使用费、管理费和利润,并考虑风险因素。

(1)人工费=综合工日定额×人工工日单价。

(2)材料费=材料消耗定额×材料单价。

(3)机械使用费=机械台班定额×机械台班单价。

(4)管理费=(人工费+材料费+机械使用费)×相应管理费费率。

(5)利润=(人工费+材料费+机械使用费)×相应利润率。

综合工日定额、材料消耗定额及机械台班定额,对于市政工程从《全国统一市政工程预算定额》(GYD—301~309—1999、2001)中查取。

人工工日单价由当地当时物价管理部门、建设工程管理部门等制定。现时人工工日单价约为 20~40 元。

材料单价可从《地区建筑材料预算价格表》中查取,或按照当地当时的材料零售价格。

机械台班单价可从《全国统一施工机械台班费用编制规则》(2001)中查取。

2. 措施项目费

(1)通用措施项目。

1)环境保护计价。环境保护计价是指工程项目在施工过程中,为保护周围环境,而采取防噪声、防污染等措施而发生的费用。环境保护计价一般是先估算,待竣工结算时,再按实际支出费用结算。

2)文明施工计价。文明施工计价是指工程项目在施工过程中,为达到上级管理部门所颁布的文明施工条例的要求而发生的费用。文明施工计价一般是估算的,占分部分项工程的人工费、材料费、机械使用费总和的 0.8% 左右。

3)安全施工计价。安全施工计价是指工程项目在施工过程中,为保障施工人员的人身安全,而采取的劳保措施而发生的费用。安全施工计价一般是根据以往施工经验、施工人员数、施工工期等因素估算的,约占分部分项工程的人工费、材料费、机械使用费总和的 0.1%~0.8%。

4)临时设施计价。临时设施计价是指施工企业为满足工程项目施工所必需而用于建造生活和生产用临时建筑物、构筑物等发生的费用,包括临时设施的搭设、维修、拆除费或摊销费。

临时设施计价一般取分部分项工程的人工费、材料费、机械使用费总和的 3.28%。若使用业主的房屋作为临时设施,则该临时设施计价应酌情降低。

5)夜间施工计价。夜间施工计价是指工程项目在夜间进行施工而增加的人工费。夜间施工的人工费不应超过白天施工的人工费的两倍,并计取管理费和利润。夜间施工计价若需要时,可预先估算,待竣工时,凭签证按实结算。

夜间施工是指当日晚上十时至次日早晨六时这一期间内施工。

6)二次搬运计价。二次搬运计价是指材料、半成品等一次搬运没有到位,需要二次搬运到位而产生的运输费用,包括人工费及机械使用费。

二次搬运计价若需要时,可预先估算,待竣工时,凭签证按实结算。

7)大型机械设备进出场及安拆计价。大型机械设备进出场(场外运输)计价包括人工费、材料费、机械费、架线费、回程费,这五项费用之和称为台次单价。

8)混凝土、钢筋混凝土模板及支架计价。

9)脚手架计价。市政工程用的脚手架有竹脚手架、钢管脚手架、浇混凝土用仓面脚手架等。

10)已完工程及设备保护计价。已完工程及设备保护计价是指对已完工程及设备加以成品保护所耗用的人工费及材料费。

11)施工排水、降水计价。市政工程施工降水可采用井点降水。

(2)专用措施项目。

1)围堰计价。市政工程篱工中所采用的围堰有土草围堰、土石混合围堰、圆木桩围堰、钢桩围堰、钢板桩围堰、双层竹笼围堰等。

2)筑岛计价。筑岛是指在围堰围成的区域内填土、砂及砂砾石。

3)现场施工围栏计价。现场施工围栏可采用纤维布施工围栏、玻璃钢施工围栏等。

4)便道计价。便道计价是指工程项目在施工过程中,为运输需要而修建的临时道路所发生的费用,包括人工费、材料费和机械使用费等。

便道计价应根据便道施工面积、使用材料等因素,按实际情况估算。

5)便桥计价。便桥计价是指工程项目在施工过程中,为交通需要而修建的临时桥梁所发生的费用,包括人工费、材料费、机械使用费等。

便桥计价应根据便桥施工的长度及宽度、使用材料等因素,按实际情况估算。

6)洞内施工的通风、供水、供气、供电、照明及通信设施计价。洞内施工的通风、供水、供气、供电、照明及通信设施计价是指隧道洞内施工所用的通风、供水、供气、供电、照明及通信设施的安装拆除年摊销费用。一年内不足一年按一年计算,超过一年按每增一季定额增加,不足一季按一季计算(不分月)。

3. 其他项目费

(1)暂列金额。

暂列金额是"招标人在工程量清单中暂定并包括在合同价款中的一笔款项"。暂列金额的定义是非常明确的,只有按照合同缩写程序实际发生后,才能成为中标人的应得金额,纳入合同结算价款中。扣除实际发生金额后的暂列金额余额仍属于招标人所有。设立暂列金额并不能保证合同结算价格就不会再出现超过合同价格的情况,是否超出合同价格完全取决于工程量清单编制人对暂列金额预测的准确性,以及工程建设过程是否出现了其他事先未预测到的事件。

(2)暂估价。

暂估价是指招标阶段直至签订合同协议时,招标人在招标文件中提供的用于支付必然要发生但暂时不能确定价格的材料以及需另行发包的专业工程金额。一般而言,为方便合同管理和计价,需要纳入分部分项工程量清单项目综合单价中的暂估价则最好只是材料费,以方便投标人组价。以"项"为计量单位给出的专业工程暂估价一般应是综合暂估价,应当包括除规费、税金以外的管理费、利润等。

(3)计日工。

计日工是为了解决现场发生的零星工作的计价而设立的。国际上常见的标准合同条款中,大多数都设立了计日工(Daywork)计价机制。计日工以完成零星工作所消耗的人工工时、材料数量、机械台班进行计量,并按照计日工表中填报的适用项目的单价进行计价支付。计日工适用的所谓零星工作一般是指合同约定之外的或者因变更而产生的、工程量清单中没有相应项目的额外工作,尤其是那些时间不允许事先商定价格的额外工作。计日工为额外工作和变更的计价提供了一个方便快捷的途径。

(4)总承包服务费。

总承包服务费是为了解决招标人在法律、法规允许的条件下进行专业工程发包以及自行采购供应材料、设备时,要求总承包人对发包的专业工程提供协调和配合服务(如分包人使用总包人的脚手架、水电接剥等);对供应的材料、设备提供收、发和保管服务以及对施工现场进行统一管理;对竣工资料进行统一汇总整理等发生并向总承包人支付的费用。招标人应当预计该项费用并按投标人的投标报价向投标人支付该项费用。

4. 规费

(1)工程排污费:是指施工现场按规定缴纳的排污费用。

(2)工程定额测定费:是指按规定支付工程造价(定额)管理部门的定额测定费。

(3)社会保障费:包括养老保险费、失业保险费、医疗保险费。

(4)住房公积金。

(5)危险作业意外伤害保险。

5. 税金

税金是指国家税法规定的应计入建筑安装工程造价内的营业税、城市维护建设税及教育费附加税。

1.2 市政工程造价费用的计算

建筑安装工程费各组成部分参考计算公式如下。

1. 直接费

(1)直接工程费。

$$直接工程费＝人工费＋材料费＋施工机械使用费$$

1)人工费。

$$人工费 = \sum(工日消耗量 \times 日工资单价)$$

$$日工资单价(G) = \sum_1^5 G$$

①基本工资。

$$基本工资(G_1) = \frac{生产工人平均月工资}{年平均每月法定工作日}$$

②工资性补贴。

$$工资性补贴(G_2) = \frac{\sum 年发放标准}{全年日历日 - 法定假日} + \frac{\sum 月发放标准}{年平均每月法定工作日} + 每工作日发放标准$$

③生产工人辅助工资。

$$生产工人辅助工资(G_3) = \frac{全年无效工作日 \times (G_1 + G_2)}{全年日历日 - 法定假日}$$

④职工福利费。

$$职工福利费(G_4) = (G_1 + G_2 + G_3) \times 福利费计提比例(\%)$$

⑤生产工人劳动保护费。

$$生产工人劳动保护费(G_5) = \frac{生产工人年平均支出劳动保护费}{全年日历日 - 法定假日}$$

2)材料费。

$$材料费 = \sum (材料消耗量 \times 材料基价) + 检验试验费$$

①材料基价。

$$材料基价 = \{(供应价格 + 运杂费) \times [1 + 运输损耗率(\%)]\} \times [1 + 采购保管费率(\%)]$$

②检验试验费。

$$检验试验费 = \sum (单位材料量检验试验费 \times 材料消耗量)$$

3)施工机械使用费。

$$施工机械使用费 = \sum (施工机械台班消耗量 \times 机械台班单价)$$

$$机械台班单价 = 台班折旧费 + 台班大修费 + 台班经常修理费 + 台班安拆费及场外运费 + 台班人工费 + 台班燃料动力费 + 台班养路费及车船使用税$$

(2)措施费。

以下只列通用措施费项目的计算方法,各专业工程的专用措施费项目的计算方法由各地区或国务院有关专业主管部门的工程造价管理机构自行制定。

1)环境保护。

$$环境保护费 = 直接工程费 \times 环境保护费费率(\%)$$

$$环境保护费费率(\%) = \frac{本项费用年度平均支出}{全年建安产值 \times 直接工程费占总造价比例(\%)}$$

2)文明施工。

$$文明施工费 = 直接工程费 \times 文明施工费费率(\%)$$

$$文明施工费费率(\%) = \frac{本项费用年度平均支出}{全年建安产值 \times 直接工程费占总造价比例(\%)}$$

3)安全施工。

$$安全施工费 = 直接工程费 \times 安全施工费费率(\%)$$

$$安全施工费费率(\%) = \frac{本项费用年度平均支出}{全年建安产值 \times 直接工程费占总造价比例(\%)}$$

4)临时设施费。

临时设施费由以下三部分组成。

①周转使用临建,如活动房屋。

②一次性使用临建,如简易建筑。

③其他临时设施,如临时管线。

$$临时设施费=(周转使用临建费+一次性使用临建费)\times$$
$$[1+其他临时设施所占比例(\%)]$$

其中:

a.周转使用临建费。

$$周转使用临建费=\sum\left[\frac{临建面积\times每平方米造价}{使用年限\times365\times利用率(\%)}\times工期(天)\right]+一次性拆除费$$

b.一次性使用临建费。

$$一次性使用临建费=\sum临建面积\times每平方米造价\times[1-残值率(\%)]+$$
$$一次性拆除费$$

c.其他临时设施在临时设施费中所占比例,可由各地区造价管理部门依据典型施工企业的成本资料经分析后综合测定。

5)夜间施工增加费。

$$夜间施工增加费=\left(1-\frac{合同工期}{定额工期}\right)\times\frac{直接工程费中的人工费合计}{平均日工资单价}\times$$
$$每工日夜间施工费开支$$

6)二次搬运费。

$$二次搬运费=直接工程费\times二次搬运费费率(\%)$$

$$二次搬运费费率(\%)=\frac{年平均二次搬运费开支额}{全年建安产值\times直接工程费占总造价的比例(\%)}$$

7)大型机械进出场及安拆费。

$$大型机械进出场及安拆费=\frac{一次进出场及安拆费\times年平均安拆次数}{年工作台班}$$

8)混凝土、钢筋混凝土模板及支架。

①模板及支架费=模板摊销量×模板价格+支、拆、运输费

$$摊销量=一次使用量\times(1+施工损耗)\times[1+(周转次数-1)\times$$
$$补损率/周转次数-(1-补损率)\times50\%/周转次数]$$

②租赁费=模板使用量×使用日期×租赁价格+支、拆、运输费

9)脚手架搭拆费。

①脚手架搭拆费=脚手架摊销量×脚手架价格+搭、拆、运输费

$$脚手架摊销量=\frac{单位一次使用量\times(1-残值率)}{耐用期}+一次使用期$$

②租赁费=脚手架每日租金×搭设周期+搭、拆、运输费

10)已完工程及设备保护费。

已完工程及设备保护费=成品保护所需机械费+材料费+人工费

11) 施工排水、降水费。

$$排水、降水费 = \sum 排水降水机械台班费 \times 排水降水周期 +$$
$$排水降水使用材料费、人工费$$

2. 间接费

间接费的计算方法按取费基数的不同分为以下三种。

(1) 以直接费为计算基础。

$$间接费 = 直接费合计 \times 间接费费率(\%)$$

(2) 以人工费和机械费合计为计算基础。

$$间接费 = 人工费和机械费合计 \times 间接费费率(\%)$$
$$间接费费率(\%) = 规费费率(\%) + 企业管理费费率(\%)$$

(3) 以人工费为计算基础。

$$间接费 = 人工费合计 + 间接费费率(\%)$$

1) 规费费率。

根据本地区典型工程发承包价的分析资料综合取定规费计算中所需数据。

①每万元发承包价中人工费含量和机械费含量。

②人工费占直接费的比例。

③每万元发承包价中所含规费缴纳标准的各项基数。

规费费率的计算公式如下。

a. 以直接费为计算基础。

$$规费费率(\%) = \frac{\sum 规费缴纳标准 \times 每万元发承包价计算基数}{每万元发承包价中的人工费含量} \times 100\%$$

b. 以人工费和机械费合计为计算基础。

$$规费费率(\%) = \frac{\sum 规费缴纳标准 \times 每万元发承包价计算基数}{每万元发承包价中的人工费含量和机械费含量} \times 100\%$$

c. 以人工费为计算基础。

$$规费费率(\%) = \frac{\sum 规费缴纳标准 \times 每万元发承包价计算基数}{每万元发承包价中的人工费含量} \times 100\%$$

2) 企业管理费费率。

企业管理费费率计算公式如下。

①以直接费为计算基础。

$$企业管理费费率(\%) = \frac{生产工人年平均管理费}{年有效施工天数 \times 人工单价} \times 人工费占直接费比例(\%)$$

②以人工费和机械费合计为计算基础。

$$企业管理费费率(\%) = \frac{生产工人年平均管理费}{年有效施工天数 \times (人工单价 + 每一工日机械使用费)} \times 100\%$$

③以人工费为计算基础。

$$企业管理费费率(\%) = \frac{生产工人年平均管理费}{年有效施工天数 \times 人工单价} \times 100\%$$

3. 利润

根据建设部第 107 号部令《建筑工程施工发包与承包计价管理办法》的规定,发包与承包价的计算方法分为工料单价法和综合单价法,其计价程序如下。

(1)工料单价法。

工料单价法是指分部分项项目及施工技术措施项目单价采用工料单价(直接工程费单价)的一种计价方法,企业管理费、利润、规费、税金按规定程序另行计算。

工料单价(直接工程费单价)是指完成一个规定计量单位项目所需的人工费、材料费、施工机械使用费。

$$项目单价＝工料单价$$

$$工料单价＝1 个规定计量单位的人工费＋材料费＋施工机械使用费$$

$$项目合价＝工料单价×项目工程数量$$

$$工程造价 = \sum [项目合价＋取费基数×(施工组织措施费率＋$$

$$企业管理费费率＋利润率)＋规费＋税金＋风险费用]$$

1)工料单价法以"人工费＋机械费"为取费基数的工程费用计算程序见表 1.1。

表 1.1　以"人工费＋机械费"为取费基数的工料单价法计算程序

序号	费用项目		计算方法
一	直接工程费		$\sum$(分部分项项目工程量×工料单价)
	其中	1. 人工费	
		2. 机械费	
二	施工技术措施费		$\sum$(技术措施项目工程量×工料单价)
	其中	3. 人工费	
		4. 机械费	
三	施工组织措施费		$\sum$[(1＋2＋3＋4)×施工组织措施费率]
四	综合费用		(1＋2＋3＋4)×综合费用费率
五	规费		(一＋二＋三＋四)×规费费率
六	总承包服务费		分包项目工程造价×相应费率
七	税金		(一＋二＋三＋四＋五＋六)×税率
八	建设工程造价		一＋二＋三＋四＋五＋六＋七

2)工料单价法以"人工费"为取费基数的工程费用计算程序见表 1.2。

表 1.2　以"人工费"为取费基数的工料单价法计算程序

序号	费用项目		计算方法
一	直接工程费		$\sum$(分部分项项目工程量×工料单价)
	其中	1. 人工费	
二	施工技术措施费		$\sum$(技术措施项目工程量×工料单价)
	其中	2. 人工费	
三	施工技术措施费		$\sum$[(1＋2)×施工组织措施费率]
四	综合费用		(1＋2)×综合费用费率
五	规费		(1＋2)×规费费率
六	总承包服务费		分包项目工程造价×相应费率
七	税金		(一＋二＋三＋四＋五＋六)×税率
八	建设工程造价		一＋二＋三＋四＋五＋六＋七

(2)综合单价法。

综合单价法是指分部分项项目及施工技术措施项目单价采用综合单价(全费用单价)的一种计价方法,规费、税金按规定程序另行计算。

综合单价(全费用单价)是指一个规定计量单位项目所需的除规费、税金以外的全部费用,包括人工费、材料费、施工机械使用费、企业管理费、利润、风险费用。

$$项目单价＝综合单价$$

综合单价＝1 个规定计量单位的人工费＋材料费＋施工机械使用费＋取费基数×

(企业管理费率＋利润率)＋风险费用

$$项目合价＝综合单价×项目工程数量$$

$$工程造价 ＝ \sum[项目合价＋取费基数×施工组织措施费率＋规费＋税金]$$

1)综合单价法以"人工费＋机械费"为取费基数的工程费用计算见表 1.3。

表 1.3　以"人工费＋机械费"为取费基数的综合单价法计算程序

序号	费用项目		计算方法
一	分部分项工程量清单项目费		$\sum$(分部分项清单项目工程量×综合单价)
	其中	1. 人工费	
		2. 机械费	
二	措施项目清单费		(一)＋(二)
	(一)施工技术措施项目清单费		$\sum$(技术措施清单项目工程量×综合单价)
	其中	3. 人工费	
		4. 机械费	
	(二)施工组织措施项目清单费		$\sum[(1＋2＋3＋4)×施工组织措施费率]$
三	其他项目清单费		按清单计价要求计算
四	规费		(一＋二)×规费费率
五	税金		(一＋二＋三＋四)×税率
六	建设工程造价		一＋二＋三＋四＋五

2)综合单价法以"人工费"为取费基数的工程费用计算程序见表 1.4。

表 1.4　以"人工费"为取费基数的综合单价法计算程序

序号	费用项目		计算方法
一	分部分项工程量清单项目费		$\sum$(分部分项清单项目工程量×综合单价)
	其中	1. 人工费	
二	措施项目清单费		(一)＋(二)
	(一)施工技术措施项目清单费		$\sum$(技术措施清单项目工程量×综合单价)
	其中	2. 人工费	
	(二)施工组织措施项目清单费		$\sum[(1＋2＋3＋4)×施工组织措施费率]$
三	其他项目清单费		按清单计价要求计算
四	规费		(一＋二)×规费费率
五	税金		(一＋二＋三＋四)×税率
六	建设工程造价		一＋二＋三＋四＋五

3)税金。

税金计算公式如下。

$$税金＝(税前造价×利润)×税率(\%)$$

税率计算公式如下。

①纳税地点在市区的企业。

$$税率(\%)=\frac{1}{1-3\%-(3\%×7\%)-(3\%×3\%)}-1$$

②纳税地点在县城、镇的企业。

$$税率(\%)=\frac{1}{1-3\%-(3\%×5\%)-(3\%×3\%)}-1$$

③纳税地点不在市区、县城、镇的企业。

$$税率(\%)=\frac{1}{1-3\%-(3\%×1\%)-(3\%×3\%)}-1$$

第2章 市政工程定额计价

预算定额是确定一定计量单位的分项工程或结构构件的人工、材料、机械台班消耗量的标准。现行市政工程的预算定额,有全国统一使用的预算定额,如建设部编制的《全国统一市政工程预算定额》,也有各省、市编制的地区预算定额,如《上海市市政工程预算定额》(2000 版)。

2.1 市政工程预算定额

2.1.1 预算定额的组成和内容

1.预算定额的组成

《全国统一市政工程预算定额》(GYD 301～309—1999、2001)由 9 册组成,分别为:第 1 册《通用项目》、第 2 册《道路工程》、第 3 册《桥梁工程》、第 4 册《隧道工程》、第 5 册《给水工程》、第 6 册《排水工程》、第 7 册《燃气与集中供热工程》、第 8 册《路灯工程》、第 9 册《地铁工程》。

2.预算定额的内容

预算定额的基本内容一般由目录,总说明书,各册、章说明,分项工程表头说明,定额项目表,定额附录组成。

(1)目录。

主要便于查找,将总说明、各类工程的分部分项定额顺序列出并注明页数。

(2)总说明。

总说明综合说明了定额的编制原则、指导思想、编制依据、适用范围以及定额的作用,定额中人工、材料、机械台班用量的编制方法,定额采用的材料规格指标与允许换算的原则,使用定额时必须遵守的规则,定额在编制时已经考虑和没有考虑的因素和有关规定、使用方法。在使用定额前,应先了解并熟悉这部分内容。

(3)册、章说明。

是对各章、册各分部工程的重点说明,包括定额中允许换算的界限和增减系数的规定等。

(4)定额项目表及分部分项表头说明。

定额项目表是预算定额最重要的部分,每个定额项目表列有分项工程的名称、类别、规格、定额的计量单位、定额编号、定额基价以及人工、材料、机械台班等的消耗量指标。有些定额项目表下列有附注,说明设计与定额不符时如何调整,以及其他有关事项的说明。

分部分项表头说明列于定额项目表的上方,说明该分项工程所包含的主要工序和工作内容。

（5）定额附录。

附录是定额的有机组成部分，包括机械台班预算价格表，各种砂浆、混凝土的配合比以及各种材料名称规格表等，供编制预算与材料换算用。

预算定额的内容组成形式如图2.1所示。

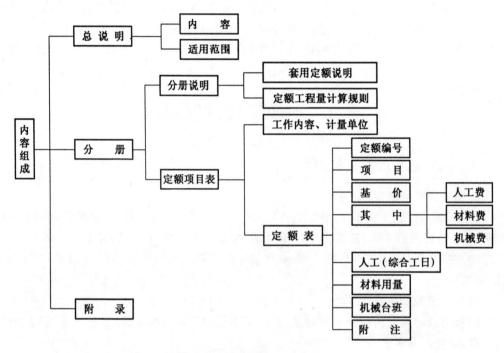

图 2.1　预算定额的内容组成

2.1.2　预算定额的编制步骤

编制预算定额一般分为以下三个阶段进行。

1. 准备工作阶段

（1）根据工程造价主管部门的要求，组织编制预算定额的领导机构和专业小组。

（2）拟定编制定额的工作方案，提出编制定额的基本要求。确定编制定额的原则、适用范围，确定定额的项目划分以及定额表格形式等。

（3）调查研究，收集各种编制依据和资料。

2. 编制初稿阶段

（1）对调查和收集的资料进行分析研究。

（2）按编制方案中项目划分的要求和选定的典型工程施工图计算工程量。

（3）根据取定的各项消耗指标和有关编制依据，计算分项工程定额中的人工、材料和机械台班消耗量，编制出定额项目表。

（4）测算定额水平。定额初稿编出后，应将新编定额与原定额进行比较，测算新定额的水平。

3. 修改和定稿阶段

组织有关部门和单位讨论新编定额,将征求到的意见交编制专业小组修改定稿,并写出送审报告,交审批机关审定。

2.1.3　预算定额消耗量指标的确定

1. 定额项目计量单位的确定

预算定额项目计量单位的选择,与预算定额的准确性、简明适用性有着密切的关系。因此,要首先确定好定额各项目的计量单位。

在确定项目计量单位时,应首先考虑采用该单位能否确切反映单位产品的工、料、机消耗量,保证预算定额的准确性;其次,要有利于减少定额项目数量,提高定额的综合性;最后,要有利于简化工程量计算和预算的编制,保证预算的准确性和及时性。

由于各分项工程的形状不同,定额计量单位应根据分项工程不同的形状特征和变化规律来确定,一般要求如下:

(1)凡物体的长、宽、高三个度量都在变化时,应采用立方米为计量单位。例如,土方、石方、砌筑、混凝土构件等项目。

(2)当物体有一固定的厚度,而长和宽两个度量所决定的面积不固定时,宜采用平方米为计量单位。例如,楼地面面层、屋面防水层、装饰抹灰、木地板等项目。

(3)如果物体截面形状大小固定,但长度不固定时,应以延长米为计量单位。例如,装饰线、栏杆扶手、给排水管道、导线敷设等项目。

(4)有的项目体积、面积变化不大,但重量和价格差异较大,例如,金属结构制、运、安等应当以重量单位"t"或"kg"计算。

(5)有的项目还可以"个、组、座、套"等自然计量单位计算。例如,屋面排水用的水斗、水口以及给排水管道中的阀门、水嘴安装等均以"个"为计量单位;电气照明工程中的各种灯具安装则以"套"为计量单位。

定额项目计量单位确定之后,在预算定额项目表中,常以所采用单位的"10 倍"或"100 倍"等倍数的计量单位来计算定额消耗量。

2. 预算定额消耗指标的确定

确定预算定额消耗指标,一般按以下步骤进行:

(1)按选定的典型工程施工图及有关资料计算工程量。

计算工程量的目的是为了综合不同类型工程在本定额项目中实物消耗量的比例数,使定额项目的消耗量更具有广泛性、代表性。

(2)确定人工消耗指标。

预算定额中的人工消耗指标是指完成该分项工程必须消耗的各种用工量。包括基本用工、材料超运距用工、辅助用工和人工幅度差。

1)基本用工。指完成该分项工程的主要用工。例如,砌砖墙中的砌砖、调制砂浆、运砖等的用工。采用劳动定额综合成预算定额项目时,还要增加附墙烟囱、垃圾道砌筑等的用工。

2)材料超运距用工。指拟定预算定额项目的材料、半成品平均运距要比劳动定额中确定的平均运距远。因此在编制预算定额时,比劳动定额远的那部分运距,要计算超运距用工。

3)辅助用工。指施工现场发生的加工材料的用工。例如,筛砂子、淋石灰膏的用工。这类用工在劳动定额中是单独的项目,但在编制预算定额时,要综合进去。

4)人工幅度差。主要指在正常施工条件下,预算定额项目中劳动定额没有包含的用工因素以及预算定额与劳动定额的水平差。例如,各工种交叉作业的停歇时间,工程质量检查和隐蔽工程验收等所占的时间。

预算定额的人工幅度差系数一般在 10%～15% 之间。人工幅度差的计算公式为:

人工幅度差＝(基本用工＋超运距用工＋辅助用工)×人工幅度差系数

(3)材料消耗指标的确定。

由于预算定额是在劳动定额、材料消耗定额、机械台班定额的基础上综合而成的,所以其材料消耗量也要综合计算。例如,每砌 10 m³ 砖内墙的灰砂砖和砂浆用量的计算过程如下:

1)计算 10 m³ 砖内墙的灰砂砖净用量。

2)根据典型工程的施工图计算每 10 m³ 砖内墙中梁头、板头所占体积。

3)扣除 10 m³ 砖内墙体积中梁头、板头所占体积。

4)计算 10 m³ 砖内墙砌筑砂浆净用量。

5)计算 10 m³ 砖内墙灰砂砖和砂浆的总消耗量。

(4)机械台班消耗指标的确定。

预算定额中配合工人班组施工的施工机械,按工人小组的产量计算台班产量。计算公式为:

$$分项工程定额机械台班使用量 = \frac{分项工程定额计量单位值}{小组总产值}$$

2.1.4　预算定额的应用

1.预算定额项目的划分

预算定额的项目根据工程种类、构造性质、施工方法划分为分部工程、分项工程及子目。例如,市政工程预算定额共分为土石方工程、道路工程、桥梁工程、排水工程等分部工程,道路工程由路基、基层、面层、平侧石、人行道等分项组成,沥青混凝土路面,又分为粗粒式、中粒式、细粒式与不同厚度的子目等。

2.预算定额的表式

预算定额表列有工作内容、计量单位、项目名称、定额编号、定额基价、消耗量定额及定额附注等内容。

(1)工作内容。

工作内容是说明完成本节定额的主要施工过程。

(2)计量单位。

每一分项工程都有一定的计量单位,预算定额的计量单位是根据分项工程的形体特征、变化规律或结构组合等情况选择确定的。一般来说,当产品的长、宽、高 3 个度量都发生变化时,采用立方米或吨为计量单位;当两个度量不固定时,采用平方米为计量单位;当产品的截面大小基本固定时,则用米为计量单位,当产品采用上述 3 种计量单位都不适宜时,则分别采用个、座等自然计量单位。为了避免出现过多的小数位数,定额常采用扩大计量单位,如 10 m³、100 m³等。

(3)项目名称。

项目名称是按构配件划分的,常用的和经济价值大的项目划分得细些,一般的项目划分得粗些。

(4)预算定额的编号。

预算定额的编号是指定额的序号,其目的是便于检查使用定额时,项目套用是否正确合理,以此减少差错、提高管理水平的作用。定额手册均用规定的编号方法——二符号编号。第一个号码表示属定额第几册,第二个号码表示该册中子目的序号。两个号码均用阿拉伯数字 1、2、3、4…表示。

例如,人工挖土方四类土　　　　　　定额编号 1—3

　　人工铺装矿渣底层 15 cm 厚　　定额编号 2—214

(5)消耗量。

消耗量是指完成每一分项产品所需耗用的人工、材料、机械台班消耗的标准。其中人工定额不分列工种、等级,合计工数。材料的消耗量定额列有原材料、成品、半成品的消耗量。机械定额有两种表现形式:单种机械和综合机械。单种机械的单价是一种机械的单价,综合机械的单价是几种机械的综合单价。定额中的次要材料和次要机械用其他材料费或机械费表示。

(6)定额基价。

定额基价是指定额的基准价格,一般是省的代表性价格,实行全省统一基价,是地区调价和动态管理调价的基数。

$$定额基价=人工费+材料费+机械费$$

$$人工费=人工综合工日×人工单价$$

$$材料费=\sum(材料消耗量×材料单价)$$

$$机械费=\sum(机械台班消耗量×机械台班单价)$$

(7)定额附注。

定额附注是对某一分项定额的制定依据、使用方法及调整换算等所做的说明和规定。

例如,水泥混凝土路面(抗折强度 4.0 MPa、厚度 15 cm)这个定额项目的预算定额如下所示:

1)工作内容:放样、混凝土纵缝涂沥青油、拌和、浇筑、捣固、抹光或拉毛。

2)计量单位:100 m²。

3)项目名称:15 cm 厚水泥混凝土路面(抗折强度 4.0 MPa)。

4)定额编号:2—174。

5)基价:4 477 元。

6)消耗量:人工消耗量为 32.951(综合工日);材料消耗量包括抗折混凝土、水及其他混凝土振捣器,插入式混凝土振捣器,其中混凝土搅拌机的消耗量为 1.040 台班。

3.预算定额的查阅

(1)按分部→定额节→定额表→项目的顺序找到所需项目名称,并从上向下目视。

(2)在定额表中找出所需人工、材料、机械名称,并自左向右目视。

(3)两视线交点的数量,即为所找数值。

4.预算定额的应用

在编制施工图预算应用定额时,通常会遇到以下 3 种情况:定额的套用、换算和补充。

(1)预算定额的套用。

在运用预算定额时,要认真地阅读掌握定额的总说明、各分部工程说明、定额的运用范围及附注说明等。根据施工图纸、设计说明、作业说明确定的工程项目,完全符合预算定额项目的工程内容,可以直接套用定额、合并套用定额或换算套用定额。

1)直接套用。

先把工程计算中的数量换算成与定额中的单位一致。

【例 2.1】

人工挖三类土方 1 000 m³,试确定套用的定额子目编号、基价、人工工日消耗量及所需人工工日的数量。

【解】

人工挖土方定额编号:[1−2],定额计量单位:100 m³

$$基价=733.87 元/100 m³$$

$$人工工日消耗量=32.66 工日/100 m³$$

$$工程数量=1 000/100=10(100 m³)$$

$$所需人工工日数量:10×32.66=326.6 工日$$

2)合并套用。

【例 2.2】

双轮斗车运土方,运距 100 m,试确定套用的定额子目编号、基价及人工工日消耗量。

【解】

定额子目:[1−45]+[1−46]

$$基价=431.65+85.39=517.04 元/100 m³$$

$$人工工日消耗量=19.21+3.80=23.01 工日/100 m³$$

3)换算套用。

【例 2.3】

人工挖沟槽土方,三类湿土,$H=2$ m,采用人工运土,运距 20 m。试确定套用的定额子目、基价及人工工日消耗量。

【解】

根据定额说明:挖运湿土时,人工乘以系数 1.18,所以定额套用时需进行换算。

①人工挖沟槽湿土(三类湿土、挖深 2m 内)套用定额子目:[1−8]H

$$人工工日消耗量=57.620×1.18=67.990 工日$$

$$基价=67.990×24=1 632 元/100 m³$$

②人工运湿土(运距 20 m)套用定额子目:[1-43]H

$$人工工日消耗量=22.200×1.18=26.200 工日$$

$$基价=26.200×24=629 元/100 m^3$$

(2)预算定额的换算。

当设计要求与定额的工程内容、材料规格与工程方法等条件不完全相符时,在符合定额的有关规定范围内加以调整换算。其换算方式有两种:一种是把定额中的某种材料剔除,另换以实际代用的材料;另一种是虽属同一种材料,但因规格不同,须将原规格材料数量换算成使用的规格材料数量。例如,混凝土工程,往往设计要求的混凝土强度等级、混凝土中碎石最大粒径与定额不一致,就需要换算调整定额基价。

在换算过程中,定额的材料消耗量一般不变,仅调整与定额规定的品种或规格不相同材料的预算价格。经过换算的定额编号在下端应写个"H"字。

若设计采用的材料强度等级、厚度与定额不同,应进行换算,换算方法如下。

1)材料强度等级不同。

换算基价=原基价+(换入材料预算价格-换出材料预算价格)×定额含量

2)厚度不同:插入法。

【例 2.4】

砂浆强度等级的换算:M10 砂浆砌料石墩台,试求换算定额基价并计算水泥的消耗量。

【解】

定额子目:[3-145]H

定额中用 M7.5 砂浆,而设计要求用 M10 砂浆。

$$M7.5 砂浆单价=128.51 元/m^3,M10 砂浆单价=133.93 元/ m^3$$

$$材料费调整:1\ 842.50+0.92×(133.93-128.5\ 1)=1\ 847.49 元$$

换算后基价:

$$人工费+材料费+机械费=350.48+1\ 847.49+129.1=2\ 328 元/10 m^3$$

$$水泥用量 0.92 m^3/10 m^3×260 kg/ m^3=239.2 kg/10 m^3$$

【例 2.5】

混凝土强度等级不同的换算(石子粒径不同的换算):平接式 $\phi300$ 定型混凝土管道基础(120°),采用 C20 混凝土,试换算定额基价,并计算水泥的消耗量。

【解】

定额子目:[6-1]H

定额中用 C15 混凝土,而设计要求用 C20 混凝土。

$$C15 混凝土单价=144.24 元/m^3,C20 混凝土单价=158.96 元/ m^3$$

$$材料费调整:1\ 205.71+8.05×(158.96-144.24)=1\ 324.21 元$$

$$换算后基价=人工费+材料费+机械费=624.91+1\ 324.21+94.24=2\ 043 元/100 m$$

$$水泥用量:8.05 m^3/100 m×265 kg/ m^3=2\ 133 kg/100 m$$

(3)预算定额的补充。

当分项工程的设计要求与定额条件完全不相符时或者由于设计采用新结构、新材料及新工艺施工方法,在预算定额中没有这类项目,属于定额缺项时,可编制补充预算定额。其方法是由补充项目的人工、材料、机械台班消耗定额的制定方法来确定。

2.2　市政工程概算定额

2.2.1　概算定额的含义

概算定额是指生产一定计量单位的经扩大的市政工程所需要的人工、材料和机械台班的消耗数量及费用的标准。概算定额是在预算定额的基础上,根据有代表性的工程通用图和标准图等资料,进行综合、扩大和合并而成。

概算定额与预算定额的相同处,都是以建(构)筑物各个结构部分和分部分项工程为单位表示的,内容也包括人工、材料和机械台班使用量定额三个基本部分,并列有基准价。概算定额表达的主要内容、表达的主要方式及基本使用方法都与综合预算定额相近。

$$定额基准价 = 定额单位人工费 + 定额单位材料费 + 定额单位机械费 =$$
$$人工概算定额消耗量 \times 人工工资单价 +$$
$$\sum(材料概算定额消耗量 \times 材料预算价格) +$$
$$\sum(施工机械概算定额消耗量 \times 机械台班费用单价)$$

概算定额与预算定额的不同之处在于项目划分和综合扩大程度上的差异。同时,概算定额主要用于设计概算的编制。由于概算定额综合了若干分项工程的预算定额,因此使概算工程量计算和概算表的编制,都比编制施工图预算简化了很多。

编制概算定额时,应考虑到能适应规划、设计、施工各阶段的要求。概算定额与预算定额应保持一致水平,即在正常条件下,反映大多数企业的设计、生产及施工管理水平。概算定额的内容和深度是以预算定额为基础的综合与扩大。在合并中不得遗漏或增加细目,以保证定额数据的严密性和正确性。概算定额务必达到简化、准确和适用。

2.2.2　概算定额编制的原则和依据

1. 概算定额编制的原则

为了提高设计概算质量,加强基本建设经济管理,合理使用国家建设资金,降低建设成本,充分发挥投资效果,在编制概算定额时必须遵循以下原则。

(1)使概算定额适应设计、计划、统计和拨款的要求,更好地为基本建设服务。

(2)概算定额水平的确定,应与预算定额的水平基本一致。必须是反映正常条件下大多数企业的设计、生产施工管理水平。

(3)概算定额的编制深度,要适应设计深度的要求;项目划分,应坚持简化、准确和适用的原则。以主体结构分项为主,合并其他相关部分,进行适当综合扩大;概算定额项目计量单位的确定,与预算定额要尽量一致;应考虑统筹法及应用电子计算机编制的要求,以简化工程量和概算的计算编制。

(4)为了稳定概算定额水平,统一考核尺度和简化计算工程量。编制概算定额时,原则上必须根据规则计算。对于设计和施工变化多而影响工程量多、价差大的,应根据有关资料进行测算,综合取定常用数值;对于其中还包括不了的个性数值,可适当做一些调整。

2. 概算定额的编制依据

(1)现行的全国通用的设计标准、规范和施工验收规范。

(2)现行的预算定额。

(3)标准设计和有代表性的设计图纸。

(4)过去颁发的概算定额。

(5)现行的人工工资标准、材料预算价格和施工机械台班单价。

(6)有关施工图预算和结算资料。

2.2.3　概算定额编制方法

(1)定额计量单位确定。概算定额计量单位基本上按预算定额的规定执行,但是单位的内容扩大,仍用 m、m² 和 m³ 等。

(2)确定概算定额与预算定额的幅度差。由于概算定额是在预算定额基础上进行适当的合并与扩大。因此,在工程量取值、工程的标准和施工方法确定上需综合考虑,且定额与实际应用必然会产生一些差异。这种差异国家允许预留一个合理的幅度差,以便依据概算定额编制的设计概算能控制住施工图预算。概算定额与预算定额之间的幅度差,国家规定一般控制在 5 % 以内。

(3)定额小数取位。概算定额小数取位与预算定额相同。

2.3　市政工程施工定额

2.3.1　施工定额的含义和作用

1. 施工定额的含义

施工定额是直接用于市政施工管理中的一种定额,是施工企业管理工作的基础。它是以同一性质的施工过程为测定对象,在正常施工条件下完成单位合格产品所需消耗的人工、材料和机械台班的数量标准,因采用技术测定方法制定,故又叫技术定额。根据施工定额可以直接计算出不同工程项目的人工、材料和机械台班的需要量。

施工定额是以工序定额为基础,由工序定额结合而成的,可直接用于施工之中。

施工定额由劳动定额、材料消耗定额和机械台班使用定额 3 部分组成。

2. 施工定额的作用

施工定额是施工企业进行科学管理的基础。施工定额的作用体现在:它是施工企业编制施工预算,进行工料分析和"两算对比"的基础;它是编制施工组织设计、施工作业设计和确定人工、材料及机械台班需要量计划的基础;是施工企业向工作班(组)签发任务单、限额领料的依据;是组织工人班(组)开展劳动竞赛、实行内部经济核算,承发包、计取劳动报酬和奖励工作的依据;它是编制预算定额和企业补充定额的基础。

2.3.2　施工定额的基本形式

1.劳动定额

劳动定额也称人工消耗定额,它规定了在正常施工条件下,某工种的某一等级工人为生产单位合格产品所必须消耗的劳动时间,或在一定的劳动时间内所生产合格产品的数量。其按表现形式的不同,可以分为产量定额和时间定额。

(1)产量定额。

在正常施工条件下某工种工人在单位时间内完成合格产品的数量,叫产量定额。

产量定额的常用单位是 $m^2/工日$、$m^3/工日$、$t/工日$、套/工日、组/工日等。

例如,砌一砖半厚标准砖基础的产量定额为 $1.08\ m^3/工日$。

产量定额数量直观、具体,容易被工人理解和接受,因此,产量定额适用于向工人班组下达生产任务。

(2)时间定额。

在正常施工条件下,某工种工人完成单位合格产品所需的劳动时间,叫时间定额。

时间定额的常用单位是工日$/m^2$、工日$/m^3$、工日$/t$、工日/组等。

例如,现浇混凝土过梁的时间定额为 $1.99\ 工日/m^3$。

时间定额中,不同的工作内容有共同的时间单位,定额完成量可以相加,因此,时间定额适用于劳动计划的编制和统计完成任务情况。

(3)产量定额与时间定额的关系。

产量定额和时间定额的关系是劳动定额两种不同的表现形式,他们之间是互为倒数的关系。

$$时间定额=\frac{1}{产量定额}$$

或

$$时间定额×产量定额=1$$

利用这种倒数关系我们就可以求另外一种表现形式的劳动定额。例如:

$$一砖半厚砖基础的时间定额=\frac{1}{产量定额}=\frac{1}{1.08}=0.926\ 工日/m^3$$

$$现浇过梁的产量定额=\frac{1}{时间定额}=\frac{1}{1.99}=0.503\ m^3/工日$$

2.材料消耗定额

材料定额是指在节约和合理使用材料的条件下,生产单位合格产品所必须消耗的一定品种规格的原材料、燃料、成品、半成品或构配件等的数量。

(1)编制材料消耗定额的基本方法。

1)现场技术测定法。用该方法可以取得编制材料消耗定额的全部资料。

一般,材料消耗定额中的净用量比较容易确定,损耗量较难确定。我们可以通过现场技术测定方法来确定材料的损耗量。

2)试验法。试验法是在实验室内采用专门的仪器设备,通过实验的方法来确定材料消耗定额的一种方法。用这种方法提供的数据,虽然精确度较高,但容易脱离现场实际情况。

3)统计法。统计法是通过对现场用料的大量统计资料进行分析计算的一种方法。用该方法可以获得材料消耗定额的数据。

虽然统计法比较简单,但不能准确区分材料消耗的性质,因而不能区分材料净用量和损耗量,只能笼统地确定材料消耗定额。

4)理论计算法。理论计算法是运用一定的计算公式确定材料消耗定额的方法。该方法较适合计算块状、板状、卷材状的材料消耗量计算。

(2)材料消耗定额的计算

1)砌体材料用量计算。

①砌体材料用量计算的一般公式。

每立方米砌体

$$砌块净用量(块) = \frac{1 \, m^3 \, 砌体}{墙厚 \times (砌块长 + 灰缝) \times (砌块厚 + 灰缝)} \times$$
$$分母体积中砌块数量$$

$$砂浆净用量 = 1 \, m^3 \, 砌体 - 砌块净数量 \times 砌块的单位体积$$

②砖砌体材料用量计算。

如图 2.2 所示,灰砂砖的尺寸为 240 mm×115 mm×53 mm,其材料用量计算公式为:

每立方米砌体

$$灰砌砖净用量(块) = \frac{1}{墙厚 \times (砖长 + 灰缝) \times (砖厚 + 灰缝)} \times 墙厚的砖数 \times 2$$

$$灰砂砖总消耗量 = \frac{净用量}{1 - 损耗率}$$

$$砂浆净用量 = 1 \, m^3 - 灰砂砖净用量 \times 0.24 \times 0.115 \times 0.053$$

$$砂浆总消耗量 = \frac{净用量}{1 - 损耗率}$$

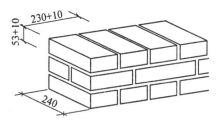

图 2.2 砖砌体计算尺寸示意图

2)块料面层材料用量计算。

$$每 100 \, m^2 \, 材料面层净用量(块) = \frac{100}{(块料长 + 灰缝) \times (块料宽 + 灰缝)}$$

$$每 100 \, m^2 \, 块料总消耗量(块) = \frac{净用量}{1 - 损耗率}$$

$$每 100 \, m^2 \, 结合层砂浆净用量 = 100 \, m^2 \times 结合层厚度$$

$$每 100 \, m^2 \, 结合层砂浆总净用量 = \frac{净用量}{1 - 损耗率}$$

每 100 m² 块料面层灰缝砂浆净用量＝(100－块料长×块料宽×块料净用量)×灰缝深

$$每 100 \text{ m}^2 块料面层灰缝砂浆总消耗量 = \frac{净用量}{1-损耗率}$$

3)预制构件模板摊销量计算。预制构件模板摊销量是按多次使用、平均摊销的方法计算的。计算公式如下：

模板一次使用量＝1 m² 构件模板接触面积×1 m² 接触面积模板净用量×

$$\frac{1}{1-损耗率}$$

$$模板摊销量 = \frac{一次使用量}{周转次数}$$

(3)材料消耗净用量定额和损耗量定额。

材料消耗量定额包括：直接用于建筑安装工程上的构成工程实体的材料；不可避免产生的施工废料；不可避免的材料施工操作损耗。其中直接构成工程实体的材料，称为材料消耗净用量定额；不可避免的施工废料和施工操作损耗，称为材料损耗量定额。

净用量定额与损耗量定额之间具有如下关系：

材料消耗量定额＝材料消耗净用量定额＋材料损耗量定额

$$材料损耗率 = \frac{材料损耗量定额}{材料消耗量定额} \times 100\%$$

或：

$$材料损耗率 = \frac{材料损耗量}{材料消耗量} \times 100\%$$

$$材料消耗定额 = \frac{材料消耗净用量定额}{1-材料损耗率}$$

或：

$$总消耗量 = \frac{净用量}{1-损耗率}$$

在实际工作中,为了简化上述计算过程,常用下列公式计算总消耗量：

总消耗量＝净用量×(1＋损耗率)

其中：

$$损耗率 = \frac{损耗量}{净用量}$$

3. 机械台班定额

机械台班定额简称机械定额,是在合理的劳动组织与正常施工条件下,利用机械生产一定单位合格产品所必须消耗的机械工作时间,或在单位时间内机械完成合格产品的数量。机械定额可分为机械时间定额和机械产量定额两种。

机械时间定额就是生产质量合格的单位产品所必需消耗的机械工作时间。机械消耗时间定额以某台机械一个工作日(8 小时)为一个台班进行计量。其计算方法如下：

$$单位产品机械时间定额(台班) = \frac{1}{台班产量}$$

或：

$$单位产品机械时间定额（台班）＝\frac{小组成员台班数总和}{台班产量}$$

机械产量定额就是在一个单位机械工作日，完成合格产品的数量。其计算方法如下：

$$台班产量＝\frac{1}{单位产品机械时间定额（台班）}$$

或：

$$台班产量＝\frac{小组成员台班数总和}{单位产品机械时间定额（台班）}$$

机械时间定额与机械产量定额互为倒数，即

$$机械时间定额＝\frac{1}{机械产量定额}$$

或：

$$机械产量定额＝\frac{1}{机械时间定额}$$

或：

$$机械时间定额×机械产量定额＝1$$

2.4　市政工程设计概算

设计概算是指在扩大初步设计或技术设计阶段编制的，在投资估算的控制下，根据设计要求对工程造价进行概略计算，它是设计文件的组成部分。在这一阶段正式的施工图纸还没出，设计概算则是由设计单位根据初步设计或扩大初步设计图纸、概算定额等资料编制的。设计概算分为三级概算，即单位工程概算、单项工程综合概算和建设项目总概算。

2.4.1　设计概算的内容和作用

1. 设计概算的编制内容

(1)封面。封面的内容应包括建设单位名称、编制单位名称及编制时间等。

(2)设计概算造价汇总表。该部分的内容应包括设计概算直接费、间接费、计划利润和税金及概算价值等。

(3)编制说明。在编制说明中应详细地介绍工程概况、编制依据及编制方法等。

(4)建筑工程概算表。

2. 设计概算的作用

(1)设计概算是国家确定建设项目、各单项工程及各单位工程投资的依据。按照规定报请有关部门或单位批准的初步设计及总概算，一经批准即作为建设项目静态总投资的最高限额，且不得任意突破，必须突破时须报原审批部门(单位)批准。

(2)设计概算是编制投资计划的依据，是国家拨款的最高限额。

(3)设计概算是控制设计预算实行投资包干和建设银行办理拨款的依据。建设银行根据批准的设计概算和年度投资计划，进行拨款和贷款，并严格实行监督控制。对超出概算的部分,未经计划部门批准,建行不得追加拨款和贷款。

(4)设计概算是实行包干的依据。在进行概算包干的时候,单项工程综合概算及建设项目总概算是投资包干的基础,尤其是经上级主管部门批准的设计概算或修正概算,是主管单位和包干单位签订合同,控制包干价的依据。

(5)设计概算是工程造价管理及编制招标标底和投标报价的依据。

(6)设计概算是控制工程造价和控制施工图预算的依据。

(7)设计概算是考核设计方案的经济合理性和控制施工图预算的依据。

2.4.2　设计概算的编制方法

1. 用概算定额编制

用概算定额编制主要是根据初步设计或扩大初步设计图纸资料和说明书,用概算定额及其工程费用指标进行编制,其方法步骤如下:

(1)根据设计图纸和概算定额划分项目按工程量计算规则计算工程量。

(2)根据工程量和概算定额的基价计算直接费用,由于按概算项目比较粗,故在按概算项目编制概算时都要增加一定的系数,作为零星项目的增加费。基价是根据编制概算定额地区的工资标准、材料及机械价格组合而成的。其他地区使用时需要进行换算。如已规定了调整系数的则应根据规定的调整系数乘以直接费用。如没有规定调整系数的,则根据编制概算定额地区和使用概算定额地区的工资标准、材料及机械的单价求出调整系数,然后根据调整系数乘以直接费用。

(3)将直接费乘以工程费用定额规定的各项费率,计算出间接费、计划利润、税金等。在直接费与各项费用之和的基础上,再计取不可预见费得出工程概算费用。

(4)上述费用只是设计概算的工程费用,在概算中还应该包括征地拆迁费、建设单位管理费、勘察设计费等。

(5)按工程总量的概算费用,应求出技术经济指标。如道路以等级按公里计、桥梁按建筑面积计、管网工程以管径按公里计等。

2. 用概算指标编制

(1)用概算指标直接编制。

如果设计对象在结构上与概算指标相符合,可以直接套用概算指标进行编制,从指标上所列的工程每单位造价和主要材料消耗量乘以设计对象的单位,得出该设计对象的全部概算费用和材料消耗量。

(2)用修正后的概算指标编制。

当设计对象与概算指标在结构特征上有局部不同,就需对概算指标进行修正后才能使用。一般来说,从原指标的单位造价中调换出不同结构构件的价值,得出单位造价的修正指标,将各修正后的单位造价相加,得出修正后的概算指标,再与设计对象相乘,就可得出概算造价。

3. 类似工程预决算法

当工程设计对象与已建或在建工程相类似,结构特征基本相同,或者概算定额和概算指标不全,就可以采用这种方法编制。

类似工程预决算法应考虑到设计对象与类似预算的设计在结构与建筑上的差异、地区工资的差异、材料预算价格的差异、施工机械使用费的差异和间接费用的差异等。其中结构设计与建筑设计的差异可参考修正概算指标的方法加以修正,而其他的差异则需编制修正系数。

计算修正系数时,先求类似预算的人工工资、材料费、机械使用费、间接费在全部价格中所占的比重,然后分别求其修正系数,最后求出总的修正系数,用总修正系数乘以类似预算的价值,就可以得到概算价值。计算公式如下:

$$工资修正系数(K_1) = \frac{编概算地区人工工资标准}{类似工程所在地区人工工资标准}$$

$$材料预算价格修正系数(K_2) = \frac{\sum\left(\begin{matrix}类似工程各主要 \\ 材料消耗量\end{matrix} \times \begin{matrix}编概算地区材料 \\ 预算价格\end{matrix}\right)}{类似工程主要材料费用}$$

$$机械使用费修正系数(K_3) = \frac{\sum\left(\begin{matrix}类似工程各主要 \\ 机械台班数\end{matrix} \times \begin{matrix}编概算地区材料 \\ 预算价格\end{matrix}\right)}{类似工程主要机械使用费}$$

$$总修正系数(K) = 类似预算工资比重 \times K_1 + 类似预算材料比重 \times K_2 +$$
$$类似预算机械费比重 \times K_3$$

当设计对象与类似工程的结构有部分不同时,就应增减工程价值,然后再求出修正后的总造价。计算公式如下:

$$修正后的类似预算总价 = (类似预算直接费 \times 总造价修正系数 \pm 结构增减值) \times$$
$$(1 + 现行间接费率)$$

2.5　市政工程施工图预算

施工图预算是确定市政工程预算造价的文件。它是在施工图设计完成后,根据施工图设计要求所计算的工程量、施工组织设计、现行预算定额、取费标准以及地区人工、材料、机械台班的预算价格进行编制的单位工程或单项工程的预算造价。

施工图预算是由单位工程设计预算、单项工程综合预算和建设项目总预算三级预算逐级汇总组成的。由于施工图预算是以单位工程为单位编制,按单项工程综合而成,所以施工图预算编制的关键在于编好单位工程施工图预算。

2.5.1　施工图预算的编制依据

施工图预算的编制依据有如下几点:

(1)经有关部门批准的市政工程建设项目的审批文件和设计文件。

(2)施工图纸是编制预算的主要依据。

(3)经批准的初步设计概算书为工程投资的最高限价,不得任意突破。

(4)经有关部门批准颁发执行的市政工程预算定额、单位估价表、机械台班费用定额、设备材料预算价格、间接费定额以及有关费用规定的文件。

(5)经批准的施工组织设计和施工方案及技术措施等。

(6)有关标准定型图集、建筑材料手册及预算手册。

(7)国务院有关部门颁发的专用定额和地区规定的其他各类建设费用取费标准。

(8)有关市政工程的施工技术验收规范和操作规程等。

(9)招投标文件和工程承包合同或协议书。

(10)市政工程预算编制办法及动态管理办法。

2.5.2　施工图预算的编制程序

编制施工图预算应在设计交底及会审图纸的基础上按以下步骤进行。

1. 熟悉施工图纸和施工说明

熟悉施工图纸和施工说明是编制工程预算的关键。因为设计图纸和设计施工说明上所表达的工程结构、材料品种、工程作法及规格质量,为编制该工程施工图预算提供并确定了所应该套用的工程项目。施工图纸中的各种尺寸、标高等,为计算每个工程项目的数量提供了基础数据。所以,只有在编制施工图预算之前,对工程全貌和设计意图有了较全面、详尽的了解后,才能结合定额项目的划分原则,正确地划分各分部分项的工程项目,才能按照工程量计算规则正确地计算工程量及工程费用。如在熟悉设计图纸过程中发现不合理或错误的地方,应及时向有关单位反映,以便及时修改纠正。

在熟悉施工图纸和施工说明时,除应注意以上所讲的内容外,还应注意以下几点。

(1)按图纸目录检查各类图纸是否齐全,图纸编号与图名是否一致。设计选用的有关标准图集名称及代号是否明确。

(2)在对图纸的标高及尺寸的审查时,各图之间易发生矛盾和错误的地方要特别注意。

(3)对图纸中采用有防水、防腐、耐酸等特殊要求的项目要单独进行记录,以便计算项目时引起注意。如采用特殊材料的项目及新产品材料、新技术工艺等项目。

(4)如在施工图纸和施工说明中遇到有与定额中的材料品种和规格质量不符或定额缺项时,应及时记录,以便在编制预算时进行调整、换算,或根据规定编制补充定额及补充单价并送有关部门审批。

2. 收集各种编制依据及材料

(1)经有关部门批准的市政工程建设项目的审批文件和设计文件。

(2)施工图纸是编制预算的主要依据。

(3)经批准的初步设计概算书,为工程投资的最高限价,不得任意突破。

(4)经有关部门批准颁发执行的市政工程预算定额、单位估价表、机械台班费用定额、设备材料预算价格、间接费定额以及有关费用规定的文件。

(5)经批准的施工组织设计和施工方案及技术措施等。

(6)有关标准定型图集、建筑材料手册及预算手册。

(7)国务院有关颁发的专用定额和地区规定的其他各类建设费用取费标准。

(8)有关市政工程的施工技术验收规范和操作规程等。

(9)招投标文件和工程承包合同或协议书。

(10)市政工程预算编制办法及动态管理办法。

3. 熟悉施工组织设计和现场情况

施工组织设计是施工单位根据工程特点及施工现场条件等情况编制的工程实施方案。由于施工方案的不同则直接影响工程造价,如需要进行地下降水、打桩、机械的选择或因场地狭小引起材料多次搬运等都应在施工组织设计中确定下来,这些内容与预算项目的选用和费用的计算都有密切关系。因此预算人员熟悉施工组织设计及现场情况对提高编制预算质量是十分重要的。

4. 学习并掌握工程定额内容及有关规定

预算定额、单位估价表及有关文件规定是编制施工图预算的重要依据。随着建筑业新材料、新技术、新工艺的不断出现和推广使用,有关部门不断地对已颁的定额进行补充和修改。因此预算人员应学习和掌握所使用定额的内容及使用方法,弄清楚定额项目的划分及各项目所包括的内容、适用范围、计量单位、工程量计算规则以及允许调整换算项目的条件和方法等,以便在使用时能够较快地查找并正确地应用。

另外,由于材料价格的调整,各地区也需要根据具体情况调整费用内容及取费标准,这些资料将直接体现在预算文件中。因此,学习和掌握有关文件规定也是搞好工程施工图预算工作不可忽视的一个方面。

5. 确定工程项目的计算工程量

确定工程项目的计算工程量是编制施工图预算的重要基础数据,工程量计算准确与否将直接影响到工程造价的准确性。同时它也是施工企业编制施工作业计划,合理安排施工进度调配劳动力、材料和机械设备,加强成本核算的重要依据。为了准确地计算工程量,提高施工图预算的质量和速度,计算工程时通常遵循以下原则。

(1)计算口径要一致。

计算工程量时,根据施工图列出的分项工程口径与定额中相应分项工程的口径相一致,因此在划分项目时一定要熟悉定额中该项目所包括的工程内容。

(2)计量单位要一致。

按施工图纸计算工程量时,各分项工程的工程量计量单位,必须与定额中相应项目的计算单位一致,不能凭个人主观随意改变。

(3)严格执行定额中的工程量计算规则。

在计算工程量时,必须严格执行工程量计算规则,以免造成工程量计算中的误差,从而影响工程造价的准确性。

(4)计算必须要准确。

在计算工程量中,计算底稿要整洁,数字要清楚,项目部位要注明,计算精度要一致。工程量的数据一般精确到小数点后两位,钢材、木材及使用贵重材料的项目可精确到小数点后三位。

(5)计算时要做到不重不漏。

计算工程量时,为了快速准确不重不漏,一般应遵循一定的顺序进行。如按一定的方向计算工程量:先横后竖、先左后右、先上后下的计算;按图纸编号顺序;按图纸上注明的不同类别的构件、配件的编号计算工程量。

6. 汇总工程量套用定额子目,编制工程预算书

将工程量计算底稿中的预算项目及数量按定额分部顺序填入工程预算表中,套用相应的定额子目,计算工程直接费,按预算费用程序表及有关费用定额计取间接费、利润和税金,将工程直接费、间接费、利润、税金汇总后,即求出该工程的工程造价以及单位造价指标。

7. 编制工料分析表

根据工程量及定额编制工料分析表,计算出用工用料数量。

8. 审核、编写说明、装订、签章及审批

市政工程施工图预算书计算完毕后,为确保其准确性,经自审及有关人员审核后编写说明及预算书封面,装订成册,再经有关部门复审后送建设单位签证、盖章,最后送有关部门审批后才能确定其合法性。

2.5.3 施工图预算的编制方法

编制施工图预算通常有实物法和单价法两种编制方法。

1. 实物法编制施工图预算

实物法是根据建筑安装工程每一对象(分部分项工程)所需人工、材料、施工机械台班数量来编制施工图预算的方法。即先根据施工图计算各个分项工程的工程量。然后从预算定额(手册)里查出各分项工程需要的人工、材料和施工机械台班数量(即工程量乘以各项目定额用量),加以汇总,就得出这个工程全部的人工、材料机械台班耗用量,再各自乘以工资单价、材料预算价格和机械台班单价,其总和就是这项工程的定额直接费,再计算各种费用得出工程费用。

$$单位工程施工图预算直接费 = \sum[工程量 \times 人工预算定额用量 \times 当地当时人工单价] +$$
$$\sum[工程量 \times 材料预算定额用量 \times 当地当时材料单价] +$$
$$\sum[工程量 \times 施工机械台班预算定额用量 \times$$
$$当地当时机械台班单价]$$

这种方法适用于量价分离编制预算,或人工、材料、机械台班因地因时发生价格变动的情况。

该方法编制后人工、材料、机械台班单价都可以调整,但工程的人工、材料、机械耗用台班数量是不变的,换算比较方便。实物法编制预算所用人工、材料、机械的单价均为当时当地实际价格,编制成的施工预算能够较为准确地反映实际水平,适合市场经济特点。但因该法所用人工、材料、机械消耗量须统计得到,所用实际价格需要做搜集调查,工作量较大,计算繁琐,不便于进行分项经济分析与核算工作,但用计算机及相应预算软件来计算也就方便了。因此,实物法是与市场经济体制相适应的编制工程图预算的较好方法。

实物法编制施工图预算的步骤如图 2.3 所示。

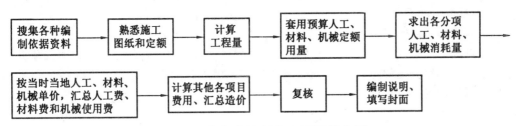

图 2.3 实物法编制施工图预算步骤

具体步骤如下所述:

(1)熟悉市政工程预算定额和有关文件及资料。

预算定额是编制施工图预算的主要依据。在编制时必须熟悉市政预算定额的有关说明、工程量计算规则以及附注说明才能准确地套用定额。

市政工程施工由于采用了新工艺、新材料,所以必须对某些市政预算定额的项目进行修改、调整和补充,由政府部门下达补充文件,作为市政预算补充定额。

在具体应用市政预算定额时,应及时了解动态的市场价格信息及相应的费率,正确编制市政工程预算造价。

在编制施工图预算时还应参考有关工具书、手册和标准通用图集等资料。

(2)熟悉施工图纸、施工组织设计,了解施工现场。

1)熟悉施工图纸(基本图、详图和标准图)和设计说明。

①细致、耐心查看图纸目录、设计总说明、总平面图、平面图、立面图、剖面图、钢筋图、详图和标准图。

②注意图纸单位尺寸,如尺寸以毫米计,标高以米计等。

③熟悉图纸上的各种图例、符号与代号。

④看图应从粗到细、从小到大。一套施工图纸是一个整体,看图时应彼此参照看、联系起来看、重点看懂关键部分。

⑤对施工图纸必须进行全面检查,检查施工图纸是否完整、有无错误,尺寸是否清楚完整。如果在看图或审图中发现图纸有错漏、尺寸不符、用料及做法不清等问题应及时与主管部门、设计单位联系解决。

⑥熟悉施工组织设计。施工组织设计是施工单位根据工程特点、现场条件等拟定施工方案,保证施工技术措施在施工过程中很好地实施。施工图预算与施工条件和所采用的施工方法有密切关系,因此在编制施工图预算以前,应熟悉施工组织设计和施工方案,了解设计意图和施工方法,明确工程全貌。

2)了解施工现场。

①了解地形和构筑物位置,核对标高。

②了解土质坚硬程度和填挖情况、场内搬运、借土或弃土地点以便确定运距等。

③了解现场是否有农作物、建筑障碍物、地下管线等需迁移或保护的设施。

④了解附近河道、池塘水位变化情况。

⑤了解水电供应和排水条件、交通运输等。

⑥了解周围空地,考虑搭建工棚、仓库、车间、堆物位置。

（3）计算工程量。

1）施工图预算的列项。

根据施工图纸和预算定额按照工程的施工程序进行列项。一般项目的列项和预算定额中的项目名称完全相同，可以直接将预算定额中的项目列出。有些项目和预算定额中的项目不一致时，要将定额项目进行换算。如果预算定额中没有图纸上表示的项目，必须按照有关规定补充定额项目及定额换算。在列项时，注意不要出现重复列项或漏项。

例如，在编制道路工程施工图预算时，要了解在编制中经常遇到的一些项目。

路基工程中有挖土、回填土、整修车行道路基、整修人行道路基、场内运土、余土外运等项目。

道路基层中有厂拌粉煤灰三渣基层等项目。

道路面层中有粗粒式沥青混凝土、中粒式沥青混凝土、细粒式沥青混凝土或水泥混凝土面层、传力杆、拉杆、小套子、涂沥青木板、涂沥青、切割缝、填缝等项目。

附属设施中有铺筑预制人行道板、砌预制混凝土侧平石（或侧石）等项目。

2）列出工程量计算式并计算。

工程量是编制预算的原始数据，也是一项工作量大又细致的工作。实际上，编制市政工程施工图预算，大部分时间是用在看图和计算工程量上，工程量的计算精确程度和快慢直接影响预算编制的质量与速度。

在预算定额说明中，对工程量计算规则做了具体规定，在编制时应严格执行。工程量计算时，必须严格按照图纸所注尺寸为依据计算，不得任意加大或缩小，任意增加或丢失。工程项目列出后，根据施工图纸按照工程量计算规则和计算顺序分别列出简单明了的分项工程量计算式，并循着一定的计算顺序依次进行计算，做到准确无误。分项工程计量单位有 m、m²、m³ 等，这在预算定额中都已注明，但在计算工程量时应该注意分清楚，以免由于计量单位搞错而影响计算工程量的准确性。对分项单位价值较高项目的工程量计算结果，除钢材（以 t 为计量单位）、木材（以 m³ 为计量单位）取 3 位小数外，一般项目如水泥、混凝土等可取小数点后两位或一位，对分项价值较低项目如土石方、人行道板等可取整数，工程量等计算小数点取位法见表 2.1。在计算工程量时要注意将计算所得的工程量按照预算定额的计量单位（100 m、100 m²、100 m³ 或 10 m、10 m²、10 m³ 或 t）进行调整，使其相同。

工程量计算完毕后必须进行自我检查复核，检查其列项、单位、计算式、数据等有无遗漏或错误。如果发现错误，应及时改正。

工程量计算的顺序，一般有以下几种：

①按施工顺序计算。即按工程施工顺序先后计算工程量。

②按顺时针方向计算。即先从图纸的左上角开始，按顺时针方向依次进行计算到左上角。

③按"先横后直"计算。即在图纸上按"先横后直"、从上到下、从左到右的顺序进行计算。

（4）套用预算定额计算各分项人工、材料、机械台班消耗数量。

按施工图预算各分项子目名称、所用材料、施工方法等条件和定额编号，在预算定额中查出各分项工程的各种人工、材料、机械台班的定额用量,并填入分析表中各相应分项工程的栏内。预算分析表中内容有工程名称、序号、定额编号、分项工程名称、计算单位、工程量、劳动力、各种材料、各种施工机械的耗用台班数量等。

表 2.1　工程量等计算小数点取位法

项目名称	计量单位	分项数量	各分项合计	项目名称	计量单位	分项数量	各分项合计
金额(费用)	元	整数	整数	管材、平侧石、窨井盖座	米或套	1 位	整数
人工(劳动力)	工日	整数	整数	人行道板	块	整数	整数
钢材	t	2 位	2 位	沥青	t	2 位	1 位
钢材	kg	整数	整数	沥青	kg	整数	整数
水泥	t	2 位	2 位	生石灰	t	2 位	1 位
水泥	kg	整数	整数	熟石灰	t	2 位	1 位
木材(模板)	m³	2 位	2 位	机械数量	台班	2 位	1 位
混凝土、水泥砂浆、沥青混凝土	m³ 或 t	2 位	1 位	土石方、道路、排水	m³,m²,m	整数	整数
沙、石料、粉煤灰	m³ 或 t	1 位	整数	桥梁结构工程	m³	2 位	整数
标准砖	千块	2 位	2 位	煤、柴油	t	2 位	1 位
标准砖	块	整数	整数	煤、柴油	kg	整数	整数

套用预算定额时,应注意分项工程名称、规格、计量单位、工程内容与定额单位估价表所列内容完全一致。如果需要套用预算定额的分项工程中没有的项目,则应编制补充预算定额,"工料机分析"是编制单位工程劳动计划和工料机具供应计划,开展班组经济核算的基础,是下达任务和考核人工材料使用情况,进行"两算"对比依据。

"工料机分析"首先把预算中各分项工程量乘以该分项工程预算定额中用工、用料数量和机械台班数量,即可得到相应的各分项工程的人工用量、各种材料用量和各种机械台班用量。

各分项工程人工用量=该分项工程工程量×相应人工时间定额

各分项工程各种材料用量=该分项工程工程量×相应材料消耗定额

各分项工程各种机械台班用量=该分项工程工程量×相应机械台班消耗定额

然后按分部分项的顺序将各分部工程所需的人工、各种材料、各种机械数量分别进行汇总,得出该分部工程的各种人工、各种材料和各种机械的数量,最后将各分部工程进行再汇总,就得出该单位工程的各种人工、各种材料和各种机械台班的总数量。

(5)计算工程费用。

1)计算直接费。按当地、当时的各类人工、各种材料和各种机械台班的市场单价分别乘以相应的人工、材料、机械台班数量,并汇总得出单位工程的人工费、材料费和机械使用费。

2)计算其他各项费用,汇总成工程预算总造价。市政工程施工费用由直接费、间接费、利润和税金组成。

(6)复核。

复核是单位工程施工图预算编制完成后,由本单位有关人员对预算进行检查核对。

复核人员应查阅有关图纸和工程量计算草稿,复核完毕应予以签章。

(7)计算技术经济指标。

单位工程预算造价确定后,根据各种单位工程的特点,按规定选用不同的计算单位,计算技术经济指标。其计算公式为:

$$技术经济指标 = \frac{单位工程预算造价}{按规定计量单位计算的工程量}$$

(8)编制说明。

编制说明主要是可以补充预算表格中表达不了的而又必须说明的问题。编制说明列于封面的下一页,其内容主要是工程修建的目的,施工图纸,工程概况,编制预算的主要依据,补充定额的编制和特殊材料的补充单价依据,特殊工程部位的技术处理方法,计算过程中对图纸不明确之处的处理,建设单位供应的材料费用的预算处理等。

(9)装订、签章。

单位工程的预算书按预算封面、编制说明、预算表、造价计算表、工料分析表、工程量计算书等内容按顺序编排装订成册。编制者应签字并盖有资格证号的章,并由有关负责人审阅、签字或盖章,最后加盖单位公章。

2. 单价法编制施工图预算

单价法是用事先编制好的分项工程的单位估价表(或综合单价表)来编制施工图预算的方法。单价法又分为工料单价法和综合单价法。

(1)工料单价法。

工料单价法是指分部分项项目及施工技术措施项目单价采用工料单价(直接工程费单价)的一种计价方法,企业管理费、利润、规费、税金按规定程序另行计算。

工料单价(直接工程费单价)是指完成一个规定计量单位项目所需的人工费、材料费、施工机械使用费。

$$单位工程施工图预算直接工程费 = \sum(工程量 \times 预算定额单价)$$

(2)工料单价法编制施工图预算的步骤。

工料单价法编制施工图预算的步骤如图 2.4 所示。

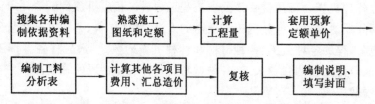

图 2.4　单价法编制施工图预算步骤

具体步骤如下所述:

1)搜集各种编制依据资料。

各种编制依据资料包括施工图纸、施工组织设计施工方案、现行市政工程预算定额、费用定额、统一的工程量计算规则和工程所在地区的材料、人工、机械台班预算价格与调价规定等。

2)熟悉施工图纸和定额。

只有对施工图和预算定额有全面详细的了解,才能全面准确地计算出工程量,进而合理地编制出施工图预算造价。

3)计算工程量。

工程量的计算在整个预算过程中是最重要、最繁重的一个环节,不仅影响预算的及时性,更重要的是影响预算造价的准确性。因此,必须在工程量计算上下工夫,确保预算质量。

计算工程量一般可按下列具体步骤进行:

①根据施工图示的工程内容和定额项目,列出计算工程量的分部分项工程。

②根据一定的计算顺序和计算规则,列出计算式。

③根据施工图示尺寸及有关数据,代入计算式进行数学计算。

④按照定额中的分部分项工程的计量单位对相应的计算结果的计量单位进行调整,使之一致。

4)套用预算定额单价。

工程量计算完毕并核对无误后,用所得到的分部分项工程量套用单位估价表中相应的定额单价,相乘后相加汇总,可求出单位工程量的直接费。

套用单价时需注意以下几点:

①分项工程量的名称、规格、计量单位必须与预算定额或单位估价表所列内容一致,否则重套、错套、漏套预算单价会引起直接工程费的偏差,导致施工图预算单价偏高或偏低。

②当施工图纸的某些设计要求与定额单价的特征不完全相符时,必须根据定额使用说明对定额单价进行调整或换算。

③当施工图纸的某些设计要求与定额单价的特征相差甚远,既不能直接套用也不能换算、调整时,必须编制补充单位估价表或补充定额。

5)编制工料分析表。

根据各分部分项工程的实物工程量和相应定额中的项目所列的人工工日及材料数目,计算出各分部分项工程所需的人工及材料数量,相加汇总得出该单位工程的所需要的各类人工和材料的数量。

6)计算其他各项目费用和汇总得到工程造价。

按照建筑安装单位工程造价构成的规定费用项目、费率及计费基数,分别计算出间接费、利润和税金,并汇总得到单位工程造价。

$$单位工程造价=直接费+间接费+利润+税金$$

7)复核。

单位工程预算编制后,有关人员对单位工程预算进行复核,以便及时发现差错,提高预算质量。复核时应对工程量计算公式和结果、套用定额单价、各项费用的取费费率及计算基础和计算结果、材料和人工预算价格及其价格调整等方面是否正确进行全面复核。

8)编制说明、填写封面。

工料单价法具有计算简单、工作量较小和编制速度较快,便于工程造价管理部门集中管理的优点。但由于是采用事先编制好的统一的单位估价表,其价格水平只能反映定额编制年份的价格水平。在市场经济价格波动较大的情况下,单价法的计算结果会偏离实际价格水平,虽然可采用调价,但调价系数和指数从测定到颁布会滞后,且计算也较繁琐。

(3)综合单价法。

综合单价法是指分部分项项目及施工技术措施项目单价采用综合单价(全费用单价)的一种计价方法,规费、税金按规定程序另行计算。

综合单价(全费用单价)是指一个规定计量单位项目所需的除规费、税金以外的全部费用,包括人工费、材料费、施工机械使用费、企业管理费、利润、风险费用。

$$单位工程造价 = \sum(工程量 \times 综合单价) + 取费基数 \times 施工组织措施费率 + 规费 + 税金$$

(4)综合单价法编制施工图预算的步骤:

1)收集、熟悉基础资料并了解现场。

①熟悉工程设计施工图纸和有关现场技术资料。

②了解施工现场情况和工程施工组织设计方案的有关要求。

2)计算工程量。

①熟悉现行市政工程预算定额的有关规定、项目划分、工程量计算规则。

②熟悉工程量清单计价规范,结合施工图纸、方案正确划分清单工程量计算项目。

③根据清单工程量计算规则正确计算清单项目工程量。

④根据工程量清单计价规范,结合施工图纸、方案确定清单项目所包含的工程内容,并确定其定额子目,根据定额计算规则计算其报价工程量。

3)套用定额。

工程量计算完毕,经整理汇总,即可套用定额,从而确定分部分项工程的定额人工、材料、机械台班消耗量,进而获得分部分项工程的综合单价。定额套用应当依据有关要求、定额说明、工程量计算规则以及工程施工组织设计。

这里特别要提到的是,工程施工组织设计与定额套用有着密切关系,直接影响着工程造价。例如,土石方开挖中的人工、机械开挖两种方式的比例,道路工程的混凝土半成品运输距离,桥梁工程的预制构件安装方式,顶管工程的管道顶进方式等都与定额的套用相关联,而这些均需要根据施工图纸、施工组织设计确定。所以,在套用定额前除了通常所说的熟悉图纸,熟悉定额规定、工程招标文件以外,还应当熟悉工程施工组织设计。

根据套用定额是否需要调整换算,定额套用一般有以下几种情况:

①直接套用。直接采用定额项目的人工、材料、机械台班消耗量、不做任何调整、换算。

②定额换算。当分部分项工程的工作内容与定额项目的工作内容不完全一致时,按定额规定对部分人工、材料或机械台班的定额消耗量等进行调整。

③定额合并。当工程量清单所包括的工作内容是几个定额项目工作内容之和时,就必须将几个相关的定额项目进行合并。

④定额补充。随着建设工程中新技术、新材料、新工艺的不断推广应用,实际中有些分部分项工程在定额中没有相同、相近的项目可以套用,这种情况下,就需要编制补充定额。

4)确定人工、材料、机械价格及各项费用取费基数、费率,计算综合单价及总造价。

①确定人工、材料、机械单价,并进行必要的定额调整换算。

②确定取费基数,并确定综合费用、利润费率,计算清单项目综合单价。

③确定施工组织措施费、规费、税金费率,计算工程总造价。

5)校核、修改。

6)编写施工图预算的编制说明。

综合单价法计算时人工、材料、机械台班的消耗量、单价均可按企业定额确定,可以体现各企业的生产力水平,也有利于市场竞争。目前,大部分施工企业是以国家或行业制定的预算定额作为编制施工图预算的依据,综合单价法计算时人工、材料、机械台班的消耗量均按预算定额确定。人工、材料、机械台班的单价,企业按市场价格信息,结合自身情况确定。

第3章 市政工程清单计价

3.1 工程量清单计价概述

1. 工程量清单

建筑工程的分部分项工程项目、措施项目、其他项目、规费项目和税金项目的名称和相应数量等的明细清单。其中分部分项工程量清单表明了建筑工程的全部实体工程的名称和相应的工程数量。措施项目清单表明了为完成工程项目施工,发生于该工程准备和施工过程中的技术、生活、安全、环境保护等方面的非工程实体项目的相关费用。

2. 工程量清单计价

工程量清单计价是指投标人完成由招标人提供的工程量清单所需的全部费用,包括分部分项工程费、措施项目费、其他项目费和规费、税金。

工程量清单计价方法,是在建设工程招投标中,招标人或委托具有资质的中介机构编制反映工程实体消耗和措施性消耗的工程量清单,并作为招标文件的一部分提供给投标人,由投标人依据工程量清单自主报价的计价方式。在工程招投标中采用工程量清单计价是国际上较为通行的做法。

工程量清单计价办法的主旨就是在全国范围内,统一项目编码、统一项目名称、统一计量单位、统一工程量计算规则。在这四统一的前提下,由国家主管职能部门统一编制《建设工程工程量清单计价规范》(GB 50500—2008),作为强制性标准,在全国统一实施。

3. 工程量清单的作用

工程量清单是工程量清单计价的基础,应作为编制招标控制价、投标报价、计算工程量、支付工程款、调整合同价款、办理竣工结算以及工程索赔等的依据之一。

4. 工程量清单计价的特点

(1)统一计价规则。

通过制定统一的建设工程量清单计价方法、统一的工程量计量规则、统一的工程量清单项目设置规则,达到规范计价行为的目的。这些规则和办法是强制性的,建设各方面都应该遵守,这是工程造价管理部门首次在文件中明确政府应管什么,不应管什么。

(2)有效控制消耗量。

通过由政府发布统一的社会平均消耗量指导标准,为企业提供一个社会平均尺度,避免企业盲目或随意大幅度减少或扩大消耗量,从而达到保证工程质量的目的。

(3)彻底放开价格。

将工程消耗量定额中的工、料、机价格和利润,管理费全面放开,由市场的供求关系自行确定价格。

（4）企业自主报价。

投标企业根据自身的技术专长、材料采购渠道和管理水平等,制定企业自己的报价定额,自主报价。企业尚无报价定额的,可参考使用造价管理部门颁布的《建设工程消耗量定额》。

（5）市场有序竞争形成价格。

通过建立与国际惯例接轨的工程量清单计价模式,引入充分竞争形成价格的机制,制定衡量投标报价合理性的基础标准,在投标过程中,有效引入竞争机制,淡化标底的作用,在保证质量、工期的前提下,按国家《招标投标法》及有关条款规定,最终以"不低于成本"的合理低价者中标。

3.2　工程量清单计价程序

工程量清单计价的基本过程为在统一的工程量清单项目设置的基础上,制定工程量清单计量规则,根据具体工程的施工图纸计算出各个清单项目的工程量,再根据各种渠道所获得的工程造价信息和经验数据计算得到工程造价。

从工程量清单计价的过程可以看出,其编制过程可以分为两个阶段:工程量清单的编制、利用工程量清单编制投标报价（或标底）。投标报价是在招标单位提供的工程量计算的基础上,投标单位根据企业自身所掌握的各种信息、资料,结合企业定额编制得出的。

工程量清单计价的基本程序如下：

（1）分部分项工程费 $= \sum($ 分部分项工程量 $\times$ 相应分部分项工程单价 $)$。

其中分部分项工程单价由人工费、材料费、机械使用费、管理费、利润等组成,并考虑风险费用,即分部分项工程综合单价。

（2）施工技术措施项目费 $= \sum($ 施工技术措施项目工程量 $\times$ 相应技术措施项目综合单价 $)$。

其中技术措施项目综合单价的构成与分部分项工程单价的构成类似。

（3）施工组织措施项目费 $= \sum($ 费用计算基数 $\times$ 相应组织措施项目费率 $)$。

（4）施工措施项目费＝施工技术措施项目费＋施工组织措施项目费。

（5）单位工程报价＝分部分项工程费＋施工措施项目费＋其他项目费＋规费＋税金。

（6）单项工程报价 $= \sum$ 单位工程报价 。

（7）建设项目总报价 $= \sum$ 单项工程报价 。

3.3　工程量清单计价格式

3.3.1　工程量清单的格式

工程量清单包括封面、总说明、分部分项工程量清单与计价表、措施项目清单与计价表,其他项目清单与计价汇总表、暂列金额明细表、材料暂估单价表、专业工程暂估价表、计日工表、总承包服务费计价表、规费、税金项目清单与计价表等内容。

1. 封面

封面格式见表 3.1。

表 3.1　封面

＿＿＿＿＿＿＿＿＿＿＿＿＿工程 **工程量清单** 招　标　人：＿＿＿＿＿＿＿＿　　工程造价 　　　　　　　　　　　　　　咨　询　人：＿＿＿＿＿＿＿ 　　　　（单位盖章）　　　　　　　　　　（单位资质专用章） 法定代表人　　　　　　　　　　法定代表人 或其授权人：＿＿＿＿＿＿＿＿　或其授权人：＿＿＿＿＿＿＿ 　　　　（签字或盖章）　　　　　　　　　（签字或盖章） 编　制　人：＿＿＿＿＿＿＿＿　复　核　人：＿＿＿＿＿＿＿ 　　（造价人员签字盖专用章）　　　（造价工程师签字盖专用章） 编制时间：　　年　　月　　日　　复核时间：　　年　　月　　日

招标人自行编制工程量清单时,由招标人单位注册的造价人员编制。招标人盖单位公章,法定代表人或其授权人签字或盖章;编制人是造价工程师的,由其签字盖执业专用章;编制人是造价员的,在编制人栏签字盖专用章,应由造价工程师复核,并在复核人栏签字盖执业专用章。

招标人委托工程造价咨询人编制工程量清单时,由工程造价咨询人单位注册的造价人员编制。工程造价咨询人盖单位资质专用章,法定代表人或其授权人签字或盖章;编制人是造价工程师的,由其签字盖执业专用章;编制人是造价员的,在编制人栏签字盖专用章,应由造价工程师复核,并在复核人栏签字盖执业专用章。

2. 总说明

工程量清单总说明的内容应包括:

(1)工程概况:如建设地址、建设规模、工程特征、交通状况、环保要求等。

(2)工程发包、分包范围。

(3)工程量清单编制依据:如采用的标准、施工图纸、标准图集等。

(4)使用材料设备、施工的特殊要求等。

(5)其他需要说明的问题。

总说明见表 3.2。

表 3.2 　总说明

工程名称： 第 页 共 页

3. 分部分项工程量清单与计价表

编制工程量清单时,使用本表在"工程名称"栏应填写详细具体的工程名称,对于房屋建筑而言,习惯上并无标段划分,可不填写"标段"栏,但相对于管道敷设、道路施工,则往往以标段划分,此时,应填写"标段"栏,其他各表涉及此类设置,道理相同。

"项目编码"栏应按《建设工程工程量清单计价规范》(GB 50500—2008)附录规定另加 3 位顺序码填写。

"项目名称"栏应按《建设工程工程量清单计价规范》(GB 50500—2008)附录规定根据拟建工程实际确定填写。

"项目特征"栏应按《建设工程工程量清单计价规范》(GB 50500—2008)附录规定根据拟建工程实际特征予以描述。

分部分项工程量清单与计价表见表 3.3。

表 3.3 　分部分项工程量清单与计价表

工程名称： 标段： 第 页 共 页

序号	项目编号	项目名称	项目特征描述	计量单位	工程数量	金额/元		
						综合单价	合价	其中:暂估价
				本页小计				
				合计				

注:根据建设部、财政部发布的《建筑安装工程费用组成》(建标[2003]206 号)的规定,为计取规费等的使用,可在表中增设其中:"直接费""人工费"或"人工费＋机械费"。

4. 措施项目清单与计价表

措施项目清单与计价表有两种表格,分别适用于以"项"计价的措施项目和以分部分项工程量清单项目综合单价方式计价的措施项目。表格中的各项根据工程实际情况填写。

措施项目清单与计价表见表 3.4、表 3.5。

表 3.4　措施项目清单与计价表(一)

工程名称：　　　　　　　　　标段：　　　　　　　　第　页　共　页

序号	项目名称	计算基础	费率/%	金额/元
1	安全文明施工费			
2	夜间施工费			
3	二次搬运费			
4	冬雨季施工			
5	大型企业机械设备进出场及安拆费			
6	施工排水			
7	施工降水			
8	地上、地下设施、建筑物的临时保护设施			
9	已完工程及设备保护			
10	各专业工程的措施项目			
11				
12				
合计				

注：1. 本表适用于以"项"计价的措施项目。

　　2. 根据建设部、财政部发布的《建筑安装工程费用组成》(建标[2003]206 号)的规定，"计算基础"可为"直接费""人工费"或"人工费＋机械费"。

表 3.5　措施项目清单与计价表(二)

工程名称：　　　　　　　　　标段：　　　　　　　　第　页　共　页

序号	项目编号	项目名称	项目特征描述	计量单位	工程数量	金额/元		
						综合单价	合价	其中：暂估价
			本页小计					
			合计					

注：本表适用于以综合单价形式计价的措施项目。

5. 其他项目清单与计价汇总表

编制工程量清单，应汇总"暂列金额"和"专业工程暂估价"以提供给投标人报价，其他项目清单与计价汇总表见表3.6。

表 3.6　其他项目清单与计价汇总表

工程名称：　　　　　　　　　　　　　标段：　　　　　　　　　　　　　　第　页　共　页

序号	项目名称	计量单位	费率/%	金额/元
1	暂列金额			
2	暂估价			
2.1	材料暂估价			
2.2	其他			
3	计日工			
4	总承包服务费			
5				
	合计			

注：材料暂估单价进入清单项目综合单价，此处不汇总。

（1）暂列金额明细表。

"暂列金额"在实际履约过程中可能发生，也可能不发生。本表要求招标人能将暂列金额与拟用项目列出明细，但如确实不能详列也可只列暂定金额总额，投标人应将上述暂列金额计入投标总价中。暂列金额明细表见表3.7。

表 3.7　暂列金额明细表

工程名称：　　　　　　　　　　　　　标段：　　　　　　　　　　　　　　第　页　共　页

序号	项目名称	计量单位	暂定金额/元	备注
1				
2				
3				
4				
5				
6				
7				
8				
9				
10				
11				
13				
	合计			—

注：此表由招标人填写，也可只列暂定金额总额，投标人应将上述暂列金额计入投标总价中。

（2）材料暂估单价表。

暂估价是在招标阶段预见肯定要发生，只是因为标准不明确或者需要由专业承包人完成，暂时无法确定具体价格。暂估价数量和拟用项目应当在本表备注栏给予补充说明。材料暂估单价表见表3.8。

表 3.8　材料暂估单价表

工程名称：　　　　　　　　　　标段：　　　　　　　　第　页　共　页

序号	材料名称、规格、型号	计量单位	单价/元	备注

注：1. 此表由招标人填写，并在备注栏说明暂估价的材料拟用在哪些清单项目上，投标人应将上述材料暂估单价计入工程量清单综合单价报价中。

　　2. 材料包括原材料、燃料、构配件以及按规定应计入建筑安装工程造价的设备。

(3)专业工程暂估价表。

专业工程暂估价应在表内填写工程名称、工程内容、暂估金额，投标人应将上述金额计入投标总价中。专业工程暂估价表见表 3.9。

表 3.9　专业工程暂估价表

工程名称：　　　　　　　　　　标段：　　　　　　　　第　页　共　页

序号	工程名称	工程内容	金额/元	备注

注：此表由招标人填写，投标人应将上述专业工程暂估价计入投标总价中。

(4)计日工表。

编制工程量清单时,"项目名称""计量单位""暂估数量"由招标人填写。计日工表见表 3.10。

表 3.10　计日工表

工程名称:　　　　　　　　　　　标段:　　　　　　　　　　第　页　共　页

编号	项目名称	单位	暂定数量	综合单价	合价
一	人工				
1					
2					
3					
		人工小计			
二	材料				
1					
2					
3					
		材料小计			
三	施工机械				
1					
2					
3					
		施工机械小计			
		合计			

注:此表项目名称、数量由招标人填写,编制招标控制价时。单价由招标人按有关计价规定确定,投标时,单价由投标人自助报价,计入投标总价中。

(5)总承包服务费计价表。

编制工程量清单时,招标人应将拟定进行专业分包的专业工程、自行采购的材料设备等决定清单,填写项目名称、服务内容,以便投标人决定报价。总承包服务费计价表见表3.11。

表 3.11　总承包服务费计价表

工程名称:　　　　　　　　　　　标段:　　　　　　　　　第　页　共　页

序号	工程名称	项目价值/元	服务内容	费率/%	金额/元
1	发包人发包专业工程				
2	发包人供应材料				
	合计				

注:此表由招标人填写,投标人应将上述专业工程暂估价计入投标总价中。

6. 规费、税金项目清单与计价表

规费、税金项目清单与计价表见表 3.12。

表 3.12　规费、税金项目清单与计价表

工程名称：　　　　　　　　　　　标段：　　　　　　　　　第　页　共　页

序号	项目名称	计算基础	费率/%	金额/元
1	规费			
1.1	工程排污费			
1.2	社会保障费			
(1)	养老保险费			
(2)	失业保险费			
(3)	医疗保险费			
1.3	住房公积金			
1.4	危险作业意外伤害保险			
1.5	工程定额测定费			
2	税金	分部分项工程费＋措施项目费＋其他项目费＋规费		
	合计			

注：根据建设部、财政部发布的《建筑安装工程费用组成》(建标[2003]206 号)的规定，"计算基础"可为"直接费""人工费"或"人工费＋机械费"。

本表按建设部、财政部印发的《建筑安装工程费用项目组成》(建标[2003]206 号)列举的规费项目列项，在施工实践中有的规费项目，如工程排污费，并非每个工程所在地都要征收，实践中可作为按实际计算的费用处理。此外，按照国务院《工伤保险条例》，工伤保险建议列入与"危险作业意外伤害保险"一并考虑。

3.3.2　工程量清单计价的格式

工程量清单计价一般需要采用统一格式，应包括封面，总说明，招标控制价、投标报价和竣工结算汇总表，分部分项工程量清单表，措施项目清单与计价表，其他项目清单表，规费、税金项目清单与计价表和工程款支付申请表等内容。

1. 工程量清单计价表格

(1)封面。

招标控制价、投标总价和竣工结算总价封面见表 3.13～表 3.15。

表 3.13　招标控制价封面

_____工程

招标控制价

招标控制价(小写)：_____

　　　　　　(大写)：_____

招　标　人：_____　　　工程造价
　　　　　　　　　　　　　　　　咨　询　人：_____

　　　　　(单位盖章)　　　　　　　　　　　　(单位资质专用章)

法定代表人　　　　　　　　　　　法定代表人
或其授权人：_____　　或其授权人：_____

　　　　(签字或盖章)　　　　　　　　　　(签字或盖章)

编　制　人：_____　　　复　核　人：_____

　　(造价人员签字盖专用章)　　　　　(造价工程师签字盖专用章)

编制时间：　年　月　日　　　　　复核时间：　年　月　日

表 3.14　投标总价封面

投标总价

招　　标　　人：_____

工　程　名　称：_____

投标总价(小写)：_____

　　　　　(大写)：_____

投　　标　　人：_____

　　　　　　　　　　　(单位盖章)

法定代表人
或其授权人：_____

　　　　　　　(签字或盖章)

编　　制　　人：_____

　　　　　　　(造价人员签字盖专用章)

编制时间：　年　月　日

表 3.15　竣工结算总价封面

_____工程

竣工结算总价

中标价(小写)：_____　　　(大写)：_____

结算价(小写)：_____　　　(大写)：_____

发包人：_____　承包人：_____　工程造价
　　　　　　　　　　　　　　　　　　　　咨 询 人：_____
　　（单位盖章）　　　　　　（单位盖章）　　　　　（单位资质专用章）

法定代表人　　　　　　法定代表人　　　　　　法定代表人
或其授权人：_____　或其授权人：_____　或其授权人：_____
　　（签字或盖章）　　　　　（签字或盖章）　　　　（签字或盖章）

编 制 人：_____　　复 核 人：_____
　　（造价人员签字盖专用章）　　　　　（造价工程师签字盖专用章）

编制时间：　　年　　月　　日　　　复核时间：　　年　　月　　日

　　招标人自行编制招标控制价时,由招标人单位注册的造价人员编制。招标人盖单位公章,法定代表人或其授权人签字或盖章;编制人是造价工程师的,由其签字盖执业专用章;编制人是造价员的,由其在编制人栏签字盖专用章,应由造价工程师复核,并在复核栏签字盖执业专用章。招标人委托工程造价咨询人编制招标控制价时,由工程造价咨询人单位注册的造价人员编制。工程造价咨询人盖单位资质专用章,法定代表人或其授权人签字或盖章;编制人是造价工程师的,由其签字盖执业专用章;编制人是造价员的,在编制人栏签字盖专用章,应由造价工程师复核,并在复核栏签字盖执业专用章。

　　投标人编制投标报价时,由投标人单位注册的造价人员编制。投标人盖单位公章,法定代表人或其授权人签字或盖章;编制的造价人员(造价工程师或造价员)签字盖执业专用章。

　　承包人自行编制竣工结算总价,由承包人单位注册的造价人员编制。承包人盖单位公章,法定代表人或其授权人签字或盖章;编制的造价人员(造价工程师或造价员)在编制人栏签字、盖执业专用章。发包人自行核对竣工结算时,由发包人单位注册的造价工程师核对。发包人盖单位公章,法定代表人或其授权人签字或盖章,造价工程师在核对人栏签字盖执业专用章。发包人委托工程造价咨询人核对竣工结算时,由工程造价咨询人单位注册的造价工程师核对。发包人盖单位公章,法定代表人或其授权人签字或盖章;工程造价咨询人盖单位资质专用章,法定代表人或其授权人签字或盖章,造价工程师在核对人栏签字盖执业专用章。除非出现发包人拒绝或不答复承包人竣工结算书的特殊情况,竣工结算办理完毕后,竣工结算总价封面发、承包双方的签字、盖章应当齐全。

(2)总说明。

总说明的格式见表 3.2。

1)编制招标控制价时,总说明的内容应包括。

①采用的计价依据。

②采用的施工组织设计。

③采用的材料价格来源。

④综合单价中风险因素、风险范围(幅度)。

⑤其他等。

2)编制投标报价时,总说明的内容应包括。

①采用的计价依据。

②采用的施工组织设计。

③综合单价中包含的风险因素,风险范围(幅度)。

④措施项目的依据。

⑤其他有关内容的说明等。

3)竣工结算时,总说明的内容应包括。

①工程概况。

②编制依据。

③工程变更。

④工程价款调整。

⑤索赔。

⑥其他等。

(3)汇总表。

工程项目招标控制价/投标报价汇总表见表 3.16。

表 3.16　工程项目招标控制价/投标报价汇总表

工程名称:　　　　　　　　　　标段:　　　　　　　　　第　页　共　页

序号	单项工程名称	金额/元	其中		
			暂估价/元	安全文明施工费/元	规费/元
	合计				

注:本表适用于工程项目招标控制价或投标报价的汇总。

单项工程招标控制价/投标报价汇总表见表 3.17。

表 3.17　单项工程招标控制价/投标报价汇总表

工程名称：　　　　　　　　　　标段：　　　　　　　　　　　　第　页　共　页

序号	单位工程名称	金额/元	其中		
			暂估价/元	安全文明施工费/元	规费/元
	合计				

注:本表适用于单项工程招标控制价或投标报价的汇总。暂估价包括分部分项工程中的暂估价和
　专业工程暂估价。

单位工程招标控制价/投标报价汇总表见表 3.18。

表 3.18　单位工程招标控制价/投标报价汇总表

工程名称：　　　　　　　　　　标段：　　　　　　　　　　　　第　页　共　页

序号	汇总内容	金额/元	其中:暂估价/元
1	分部分项工程		
1.1			
1.2			
1.3			
1.4			
2	措施项目		
2.1	安全文明施工		
3	其他项目		
3.1	暂列金额		
3.2	专业工程暂估价		
3.3	计日工		
3.4	总承包服务费		
4	规费		
5	税金		
招标控制价合计＝1＋2＋3＋4＋5			

注:本表适用于单位工程招标控制价或投标报价的汇总,如无单位工程划分,单项工程也使用本表
　汇总。

工程项目竣工结算汇总表见表 3.19。

表 3.19　工程项目竣工结算汇总表

工程名称：　　　　　　　　　　标段：　　　　　　　　　　　第　页　共　页

序号	单项工程名称	金额/元	其中	
			安全文明施工费/元	规费/元
合计				

工程竣工结算的单项工程竣工结算汇总表见表 3.20。

表 3.20　单项工程竣工结算汇总表

工程名称：　　　　　　　　　　标段：　　　　　　　　　　　第　页　共　页

序号	单位工程名称	金额/元	其中	
			安全文明施工费/元	规费/元
合计				

工程竣工结算的单位工程竣工结算汇总表见表 3.21。

表 3.21　单位工程竣工结算汇总表

工程名称：　　　　　　　　　　标段：　　　　　　　　　　第　页　共　页

序号	汇总内容	金额/元
1	分部分项工程	
1.1		
1.2		
…		
2	措施项目	
2.1	安全文明施工	
3	其他项目	
3.1	专业工程暂估价	
3.2	计日工	
3.3	总承包服务费	
4	规费	
5	税金	
竣工结算总价合计＝1＋2＋3＋4＋5		

注：如无单位工程划分，单项工程也使用本表汇总。

招标控制价使用表 3.16、3.17 和 3.18，由于编制招标控制价和投标控制价包含的内容相同，只是对价格的处理不同，因此对招标控制价和投标报价汇总表的设计使用统一表格。

投标报价与招标控制价使用的表格一致，投标报价汇总表与投标函中投标报价金额应当一致。就投标文件的各个组成部分而言，投标函是最重要的文件，其他组成部分都是投标函的支持性文件，投标函是必须经过投标人签字画押，并且在开标会上必须当众宣读的文件。如果投标报价汇总表的投标总价与投标函填报的投标总价不一致，应当以投标函中填写的大写金额为准。实践中，对该原则一直缺少一个明确的依据，为了避免出现争议，可以在"投标人须知"中给予明确，用在招标文件中预先给予明确约定的方式来弥补法律、法规依据的不足。

竣工结算汇总使用表 3.19、3.20 和表 3.21。

(4)分部分项工程量清单表。

1)分部分项工程量清单与计价表。

分部分项工程量清单与计价表见表 3.3。

编制招标控制价时，使用本表"综合单价""合价"以及"其中：暂估价"按《建设工程工程量清单计价规范》(GB 50500—2008)的规定填写。

编制投标报价时，投标人对表中的"项目编码""项目名称""项目特征""计量单位""工程量"均不应做改动。"综合单价""合价"自主决定填写，对其中的"暂估价"栏，投标人应将招标文件中提供了暂估材料单价的暂估价进入综合单价，并应计算出暂估单价的材料在"综合单价"及其"合价"中的具体数额，因此，为更详细反应暂估价情况，也可在表中增设一栏"综合单价"其中的"暂估价"。

编制竣工结算时,使用本表可取消"暂估"价。

2)工程量清单综合单价分析表。

工程量清单综合单价分析表见表 3.22。

表 3.22　工程量清单综合单价分析表

工程名称:　　　　　　　　　　　标段:　　　　　　　　　第　页　共　页

项目编码				项目名称				计量单位			
清单综合单价组成明细											
定额编号	定额名称	定额单位	数量	单价/元				合价/元			
				人工费	材料费	机械费	管理费和利润	人工费	材料费	机械费	管理费和利润
人工单价			小计								
元/工日			未计价材料费								
清单项目综合单价											
材料费明细	主要材料名称、规格、型号			单位		数量		单价/元	合价/元	暂估单价/元	暂估合价/元
	其他材料费										
	材料费小计										

　　注:1.如不使用省级或行业建设主管部门发布的计价依据,可不填定额项目、编号等。

　　　2.招标文件提供了暂估单价的材料,按暂估的单价填入表内"暂估单价"栏及"暂估合价"栏。

　　工程量清单综合单价分析表是评标委员会评审和判别综合单价组成和价格完整性、合理性的主要基础,对因工程变更调整综合单价也是必不可少的基础价格数据来源。采用经评审的最低投标价法评标时,该分析表的重要性更加突出。

　　工程量清单单价分析表集中反映了构成每一个清单项目综合单价的各个价格要素的价格及主要的"工、料、机"消耗量。投标人在投标报价时,需要对每一个清单项目进行组价,为了使组价工作具有可追溯性(回复评标质疑时尤其需要),需要表明每一个数据的来源。

　　工程量清单单价分析表一般随投标文件一同提交,作为竞标价的工程量清单的组成部分。以便中标后,作为合同文件的附属文件。一般而言,该分析表所载明的价格数据对投标人是有约束力的,但是投标人能否以此作为错报和漏报等的依据而寻求招标人的补偿是实践中值得注意的问题。比较恰当的做法是,通过评标过程中的清标、质疑、澄清、说明和补正机制,解决清单综合单价的合理性问题,将合理化的清单综合单价反馈到综合单价分析表中,形成相互衔接、相互呼应的最终成果。

编制投标报价,使用工程量清单综合单价分析表应填写使用的省级或行业建设主管部门发布的计价定额,如不使用,不填写。

(5)措施项目清单表。

措施项目清单与计价表见表3.4、表3.5。

适用于以"项"计价的措施项目如下:

1)编制招标控制价时,计费基础、费率应按省级或行业建设主管部门放入规定计取。

2)编制投标报价时,除"安全文明施工费"必须按《建设工程工程量清单计价规范》(GB 50500—2008)的强制性规定,按省级、行业建设主管部门的规定计取外,其他措施项目均可根据投标施工组织设计自主报价。

(6)其他项目清单表。

1)其他项目清单与计价汇总表。

其他项目清单与计价汇总表见表3.6。

使用其他项目清单与计价汇总表时,由于计价阶段的差异,应注意以下几点:

编制招标控制价,应按有关计划确定估算"计日工"和"总承包服务费"。如工程量清单中未列"暂列金额"和"专业工程暂估价",应按有关规定编列。

编制投标报价,应按招标文件工程量清单提供的"暂列金额"和"专业工程暂估价"填写金额,不得变动。"计日工"、"总承包服务费"自主确定报价。

编制或核对竣工结算,"专业工程暂估价"按实际分包结算价填写,"计日工"、"总承包服务费"按双方认可的费用填写,如发生"索赔"或"现场签证"费用,按双方认可的金额计入其他项目清单与计价汇总表。

2)暂列金额明细表。

暂列金额明细表见表3.7,其编制方法同工程量清单中"暂列金额明细表"的编制。

3)材料暂估单价表。

材料暂估单价表见表3.8,其编制方法同工程量清单中"材料暂估单价表"的编制。

4)专业工程暂估价表。

专业工程暂估价表见表3.9,其编制方法同工程量清单中"专业工程暂估价表"的编制。

5)计日工表。

计日工表见表3.10。

编制招标控制价时,人工、材料、机械台班单价由招标人按有关计价规定填写并计算合价。

编制投标报价时,人工、材料、机械台班单价由投标人自主确定,按已给暂估数量计算合价计入投标总价中。

6)总承包服务费计价表。

总承包服务费计价表见表3.11。编制招标控制价时,招标人应按有关计价规定计价。编制投标报价时,由投标人根据工程量清单中的总承包服务内容,自主决定报价。

　7)索赔与现场签证计价汇总表。

索赔与现场签证计价汇总表见表 3.23。

表 3.23　索赔与现场签证计价汇总表

工程名称：　　　　　　　　　　　　标段：　　　　　　　　　　　第　页　共　页

序号	签证及索赔项目名称	计量单位	数量	单价/元	合价/元	索赔及签证依据
本页合计						
合计						

注：签证及索赔依据是指经双方认可的签证单和索赔依据的编号。

本表是对发、承包双方签证认可的"费用索赔申请(核准)表"和"现场签证表"的汇总。

　8)费用索赔申请(核准)表。

费用索赔申请(核准)表见表 3.24。

表 3.24　费用索赔申请(核准)表

工程名称：　　　　　　　　　　　　标段：　　　　　　　　　　　第　页　共　页

致：_____(发包人全称)
根据施工合同条款第_____条的约定,由于_____原因,我方要求索赔金额(大写) _____元,(小写)_____元,请予核准。 附:1.费用索赔的详细理由和依据; 　　2.索赔金额的计算; 　　3.证明材料。 　　　　　　　　　　　　　　　　　　　　　承包人(章) 　　　　　　　　　　　　　　　　　　　　　承包人代表_____ 　　　　　　　　　　　　　　　　　　　　　日　　期_____

复核意见: 根据施工合同条款第_____条的约定,你方提出的费用索赔申请经复核: □不同意此项索赔,具体意见见附件。 □同意此项所赔,索赔金额的计算,由造价工程师复核。 　　　　　　　　　监理工程师_____ 　　　　　　　　　日　　期_____	复核意见: 根据施工合同条款第_____条的约定,你方提出的费用索赔申请经复核,索赔金额为(大写) _____元,(小写)_____元。 　　　　　　　　　造价工程师_____ 　　　　　　　　　日　　期_____
审核意见: □不同意此项索赔。 □同意此项索赔,与本期进度款同期支付。 　　　　　　　　　　　　　　　　　　　　　发包人(章) 　　　　　　　　　　　　　　　　　　　　　发包人代表_____ 　　　　　　　　　　　　　　　　　　　　　日　　期_____	

注:1.在选择栏中的"□"内作标识"√"。

　　2.本表一式四份,由承包人填报,发包人、监理人、造价咨询人、承包人各存一份。

本表将费用索赔申请与核准设置于一个表,非常直观。使用本表时,承包人代表应按合同条款的规定,阐述原因,附上索赔证据、费用计算报发包人,经监理工程师复核(按照发包人的授权不论是监理工程师或发包人现场代表均可),经造价工程师(此处造价工程师可以是发包人现场管理人员,也可以是发包人委托的工程造价咨询企业的人员)复核具体费用,经发包人审核后生效,该表以在选择栏中"□"内作标识"√"表示。

9)现场签证表。

现场签证表见表3.25。

表 3.25　现场签证表

工程名称:　　　　　　　　　　标段:　　　　　　　　　　第　页　共　页

施工部位		日期	
致:＿＿＿＿＿＿＿＿＿＿＿＿＿＿＿＿＿＿＿＿＿＿＿＿＿＿(发包人全称) 根据＿＿＿＿(指令人姓名)　年　月　日的口头指令或你方＿＿＿＿(或监理人)　年月　日的书面通知,我方要求完成此项工作应支付价款金额为(大写)＿＿＿＿元,(小写)＿＿＿＿元,请予核准。 附:1.签证事由及原因; 　　2.附图及计算式。 　　　　　　　　　　　　　　　　　　　　　　　　承包人(章) 　　　　　　　　　　　　　　　　　　　　　　　　承包人代表＿＿＿＿ 　　　　　　　　　　　　　　　　　　　　　　　　日　　期＿＿＿＿			
复核意见: 　　你方提出的此项签证申请经复核: 　　□不同意此项签证,具体意见见附件。 　　□同意此项签证,签证金额的计算,由造价工程师复核。 　　　　　　　　　监理工程师＿＿＿＿ 　　　　　　　　　日　　期＿＿＿＿		复核意见: 　　□此项签证按承包人中标的计日工单价计算,金额为(大写)＿＿＿＿元,(小写)＿＿＿＿元。 　　□此项签证因无计日工单价,金额为(大写)＿＿＿＿元,(小写)＿＿＿＿元。 　　　　　　　　　造价工程师＿＿＿＿ 　　　　　　　　　日　　期＿＿＿＿	
审核意见: 　　□不同意此项签证。 　　□同意此项签证,价款与本期进度款同期支付。 　　　　　　　　　　　　　　　　　　　　　　　　发包人(章) 　　　　　　　　　　　　　　　　　　　　　　　　发包人代表＿＿＿＿ 　　　　　　　　　　　　　　　　　　　　　　　　日　　期＿＿＿＿			

注:1.在选择栏中的"□"内作标识"√"。

　　2.本表一式四份,由承包人在收到发包人(监理人)的口头或书面通知后填写,发包人、监理人、造价咨询人、承包人各存一份。

本表是对"计日工"的具体化,考虑到招标时,招标人对计日工项目的预估难免会有遗漏,带来实际施工发生后,无相应的计日工单价时,现场签证职能包括单价一并处理,因此,在汇总时,有计日工单价的,可归并于计日工,如无计日工单价,归并于现场签证,以示区别。当然,现场签证全部汇总于计日工也是一种可行的处理方式。

(7)规费、税金项目清单与计价表。

规费、税金项目清单与计价表见表 3.12。

(8)工程款支付申请(核准)表。

工程款支付申请(核准)表见表 3.26。

表 3.26　工程款支付申请(核准)表

工程名称:　　　　　　　　　　标段:　　　　　　　　　　第　页　共　页

致:_____(发包人全称)

　　我方于_____至期间已完成了_____工作,根据施工合同的约定,现申请支付本期的工程款额为(大写)_____元,(小写)_____元,请予核准。

序号	名　称	金额/元	备注
1	累计已完成的工程价款		
2	累计已实际支付的工程价款		
3	本周期已完成的工程价款		
4	本周期已完成的计日工金额		
5	本周期应增加和扣减的变更金额		
6	本周期应增加和扣减的索赔金额		
7	本周期应抵扣的预付款		
8	本周期应扣减的质保金		
9	本周期应增加或扣减的其他金额		
10	本周期实际应支付的工程价款		

承包人(章)

承包人代表_____

日　期_____

复核意见:

　　□与实际施工情况不相符,修改意见见附件。

　　□与实际施工情况相符,具体金额由造价工程师复核。

监理工程师_____

日　期_____

复核意见:

你方提出的支付申请经复核,本期间已完成工程款额为(大写)_____元,(小写)_____元。本期间应支付金额为(大写)_____元,(小写)_____元。

造价工程师_____

日　期_____

审核意见:

□不同意。

□同意,支付时间为本表签发后的 15 天内。

发包人(章)

发包人代表_____

日　期_____

本表将工程款支付申请和核准设置于一表,表达直观,由承包人代表在每个计量周期结束后,向发包人提出,由发包人授权的现场代表(监理工程师)复核工程量,由发包人授权的造价工程师(可以是委托的造价咨询企业)复核应付款项,经发包人批准实施。

2. 工程量清单计价编制表的使用

招标控制价、投标报价、竣工结算的编制应符合下列规定:

(1)使用表格。

1)招标控制价使用表格包括:3—2~3—13、3—16~3—18、3—22。

2)投标报价使用的表格包括:3—2~3—12、3—14、3—16~3—18、3—22。

3)竣工结算使用的表格包括:3—2~3—12、3—15、3—19~3—26。

(2)封面应按规定的内容填写、签字、盖章,除承包人自行编制的投标报价和竣工结算外,受委托编制的招标控制价、投标报价、竣工结算若为造价员编制的,应有负责审核的造价工程师签字、盖章以及工程造价咨询人盖章。

(3)总说明应按下列内容填写。

1)工程概况:建设规模、工程特征、计划工期、合同工期、实际工期、施工现场及变化情况、施工组织设计的特点、自然地理条件、环境保护要求等。

2)编制依据等。

3.4　定额计价与工程量清单计价的差别

1. 编制工程量的单位不同

传统定额预算计价办法是:建设工程的工程量分别由招标单位和投标单位分别按图计算。工程量清单计价是:工程量由招标单位统一计算或委托有工程造价咨询资质单位统一计算,"工程量清单"是招标文件的重要组成部分,各投标单位根据招标人提供的"工程量清单",根据自身的技术装备、施工经验、企业成本、企业定额、管理水平自主填写报价单。

2. 编制工程量清单时间不同

传统的定额预算计价法是在发出招标文件后编制(招标与投标人同时编制或投标人编制在前,招标人编制在后)。工程量清单报价法必须在发出招标文件前编制。

3. 表现形式不同

采用传统的定额预算计价法一般是总价形式。工程量清单报价法采用综合单价形式,综合单价包括人工费、材料费、机械使用费、管理费、利润,并考虑风险因素。工程量清单报价具有直观、单价相对固定的特点,工程量发生变化时,单价一般不作调整。

4. 编制依据不同

传统的定额预算计价法依据图纸;人工、材料、机械台班消耗量依据建设行政主管部门颁发的预算定额;人工、材料、机械台班单价依据工程造价管理部门发布的价格信息进行计算。工程量清单报价法,根据建设部第107号令规定,标底的编制根据招标文件中的工程量清单和有关要求、施工现场情况、合理的施工方法以及按建设行政主管部门制定的有关工程造价计价办法编制。企业的投标报价则根据企业定额和市场价格信息,或参照建设行政主管部门发布的社会平均消耗量定额编制。

5. 费用组成不同

传统预算定额计价法的工程造价由直接工程费、现场经费、间接费、利润、税金组成。工程量清单计价法工程造价包括分部分项工程费、措施项目费、其他项目费、规费、税金；包括完成每项工程包含的全部工程内容的费用；包括完成每项工程内容所需的费用（规费、税金除外）；包括工程量清单中没有体现的，施工中又必须发生的工程内容所需费用，包括风险因素而增加的费用。

6. 评标所用的方法不同

传统预算定额计价投标一般采用百分制评分法。采用工程量清单计价法投标，一般采用合理低报价中标法，既要对总价进行评分，还要对综合单价进行分析评分。

7. 项目编码不同

采用传统的预算定额项目编码，全国各省市采用不同的定额子目，采用工程量清单计价全国实行统一编码，项目编码采用十二位阿拉伯数字表示。一到九位为统一编码，其中，一、二位为附录顺序码，三、四位为专业工程顺序码，五、六位为分部工程顺序码。七、八、九位为分项工程项目名称顺序码，十到十二位为清单项目名称顺序码。前九位码不能变动，后三位码，由清单编制人根据项目设置的清单项目编制。

8. 合同价调整方式不同

传统的定额预算计价合同价调整方式有：变更签证、定额解释、政策性调整。工程量清单计价法合同价调整方式主要是索赔。工程量清单的综合单价一般通过招标中报价的形式体现，一旦中标，报价作为签订施工合同的依据相对固定下来，工程结算按承包商实际完成工程量乘以清单中相应的单价计算。采用传统的预算定额经常有定额解释及定额规定，结算中又有政策性文件调整。工程量清单计价单价不能随意调整，减少了调整活口。

9. 工程量计算时间前置

工程量清单在招标前由招标人编制。也可能业主为了缩短建设周期，通常在初步设计完成后就开始施工招标，在不影响施工进度的前提下陆续发放施工图纸，因此承包商据以报价的工程量清单中各项工作内容下的工程量一般为概算工程量。

10. 投标计算口径达到了统一

因为各投标单位都根据统一的工程量清单报价，达到了投标计算口径统一。不再是传统预算定额招标，各投标单位各自计算工程量，各投标单位计算的工程量均不一致。

11. 索赔事件增加

因承包商对工程量清单单价包含的工作内容一目了然，故凡建设方不按清单内容施工的，任意要求修改清单的，都会增加施工索赔的因素。

第4章 市政工程制图与识图

市政工程图是重要的技术资料,是施工的依据。为了使工程图样图形准确统一,图面清晰,符合生产要求和便于技术交流,以适应工程建设的需要,国家制定了《房屋建筑制图统一标准》(GB/T 50001—2001)、《总图制图标准》(GB/T 50103—2001)、《建筑制图标准》(GB/T 50104—2001)、《建筑结构制图标准》(GB/T 50105—2001)、《给水排水制图标准》(GB/T 50106—2001)和《暖通空调制图标准》(GB/T 50114—2001)等国家制图标准,分别对图幅大小、图线线型、尺寸标注、图例符号、字体等内容作了统一的规定。

4.1 市政工程制图图例

4.1.1 市政工程识图基础

1.图幅与图框

(1)图幅及图框尺寸应符合表 4.1 的规定(图 4.1)。

表 4.1 图幅及图框尺寸   单位:mm

尺寸代号 \ 图幅代号	A0	A1	A2	A3	A4
$b \times l$	841×1 189	594×841	420×594	297×420	210×297
a	35	35	35	30	25
c	10	10	10	10	10

注:b、l、a、c 的意义见图 4.1。

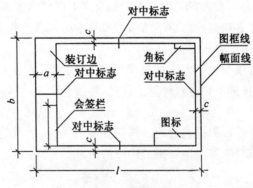

图 4.1 幅面格式

(2)需要缩微后存档或复制的图纸,图框四边均应具有位于图幅长边、短边中点的对中标志(图 4.1),并应在下图框线的外侧,绘制一段长 100 mm 标尺,其分格为 10 mm。对中标志的线宽宜采用大于或等于 0.5 mm、标尺线的线宽宜采用 0.25 mm 的实线绘制(图 4.2)。

(3)图幅的短边不得加长。长边加长的长度,图幅 A0、A2、A4 应为 150 mm 的整倍数;图幅 A1、A3 应为 210 mm 的整倍数。

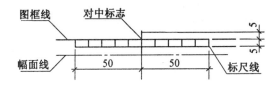

图 4.2　对中标志及标尺

2.图线

(1)图线的宽度(b)应从 2.0、1.4、1.0、0.7、0.5、0.35、0.25、0.18、0.13(mm)中选取。

(2)每张图上的图线线宽不宜超过 3 种。基本线宽(b)应根据图样比例和复杂程度确定。线宽组合宜符合表 4.2 的规定。

表 4.2　线宽组合

线宽类别	线　宽　系　列/mm				
b	1.4	1.0	0.7	0.5	0.35
$0.5b$	0.7	0.5	0.35	0.25	0.25
$0.25b$	0.35	0.25	0.18(0.2)	0.13(0.15)	0.13(0.15)

注:表中括号内的数字为代用的线宽。

(3)图纸中常用线型及线宽应符合表 4.3 的规定。

表 4.3　常用线型及线宽

名　称	线　型	线　宽
加粗粗实线		$(1.42\sim2.0)b$
粗实线		b
中粗实线		$0.5b$
细实线		$0.25b$
粗虚线		b
中粗虚线		$0.5b$
细虚线		$0.25b$
粗点画线		b
中粗点画线		$0.5b$
细点画线		$0.25b$
粗双点画线		b
中粗双点画线		$0.5b$
细双点画线		$0.25b$
折断线		$0.25b$
波浪线		$0.25b$

(4)虚线、长虚线、点画线、双点画线和折断线应按图 4.3 绘制。

(5)相交图线的绘制应符合下列规定。

1)当虚线与虚线或虚线与实线相交接时,不应留空隙[图 4.4(a)]。

2)当实线的延长线为虚线时,应留空隙[图 4.4(b)]。

3)当点画线与点画线或点画线与其他图线相交时,交点应设在线段处[图 4.4(c)]。

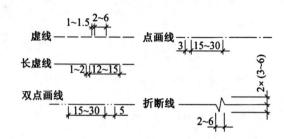

图 4.3　图线的画法

(6)图线间的净距不得小于 0.7 mm。

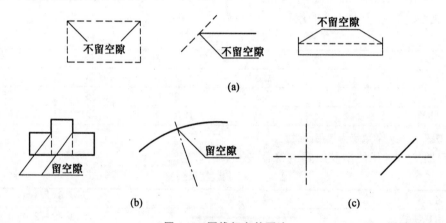

(a)

(b)　　　　　　　　　(c)

图 4.4　图线相交的画法

3.坐标网与指北针

(1)坐标网。

坐标网是用细实线绘制的,南北方向轴线代号为 X,东西方向轴线代号为 Y。坐标网格也可采用十字线代替。坐标值的标注应靠近被标注点,书写方向应平行于网格延长线上,数值前应标注坐标轴线代号。当无坐标轴线代号时,图纸上应绘制指北标志。如图4.5(a)、(b)所示。

(2)指北针。

指北针宜用细实线绘制,如图 4.6 所示,圆的直径应为 24 mm,指针尾部的宽度为3 m。在指北针的端处应标注"北"字。

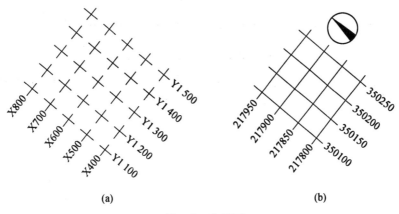

(a)　　　　　　　　　　　　　　　　　　(b)

图 4.5　坐标网

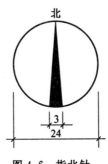

图 4.6　指北针

4.比例

图样上的比例,是指图形与实物相对应的线性尺寸之比。比例的大小,指其比值的大小,如 1:50 大于 1:100。比例的大小应以阿拉伯数字表示,标注为 1:1,1:2,1:100等。

比例宜注写在图名的右侧,字的基准线应与图名取平;比例的字高宜比图名的字高小1 号或 2 号字,如图 4.7 所示。

平面图　　　　　　　1:100　　　⑥　　　1:200

图 4.7 比例的注写

绘图所用的比例,应根据图样的用途与被绘对象的复杂程度,从表 4.4 中选用,并优先选用表中常用比例。

表 4.4　绘图所用的比例

常用比例	1:1,1:2,1:5,1:10,1:50,1:100,1:150,1:200,1:500,1:1 000,1:2 000,1:5 000, 1:10 000,1:20 000,1:50 000,1:100 000,1:200 000
可用比例	1:3,1:4,1:6,1:15,1:25,1:30,1:40,1:60,1:80,1:250,1:300,1:400,1:600

5.尺寸标注

市政工程图中,除了依照比例画出道路等构筑物的形状外,还必须标注其完整的实际尺寸,以作为施工的依据。

尺寸应标注在视图醒目的位置。计量时,应以标注的尺寸数字为准,不得用量尺直接从图中量取。

(1)尺寸标注的组成。

1)图样上的尺寸标注,是由尺寸界线、尺寸线、尺寸起止符号和尺寸数字四部分组成的,如图4.8所示。

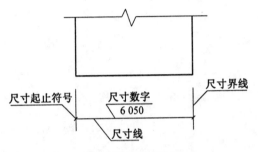

图4.8　尺寸的组成

2)尺寸界线应用细实线绘制,一般应与被注长度垂直,其一端应离开图样轮廓线不小于2 mm,另一端宜超出尺寸线2~3 mm。图样轮廓线可用作尺寸线,如图4.9所示。

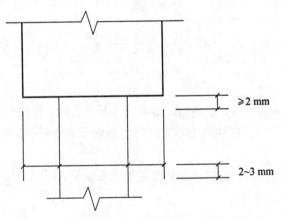

图4.9　尺寸界线

3)尺寸线应用细实线绘制,应与被注长度平行。图样本身的任何图线均不得用作尺寸线。

4)尺寸起止符号一般用中粗斜短线绘制,其倾斜方向应与尺寸界线成顺时针45°,长宜为2~3 mm。半径、直径、角度与弧长的尺寸起止符号,宜用箭头表示,如图4.10所示。

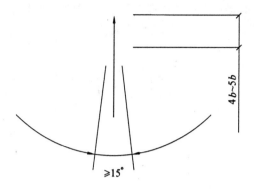

图 4.10　箭头尺寸起止符号

5)道路工程图中尺寸起止符号宜采用单边箭头表示,箭头在尺寸界线的右边时,应标注在尺寸线之上;反之应标注在尺寸线之下。箭头大小可按绘图比例取值。在连续表示的小尺寸中,也可在尺寸界线同一水平的位置,用黑圆点表示。

(2)尺寸数字的标注方法。

1)图样上的尺寸,应以尺寸数字为准,不得从图上直接量取。

2)图样上的尺寸单位,除标高及总平面以米为单位外,其他必须以毫米为单位。

3)尺寸数字的方向,应按图 4.11 的规定注写。若尺寸数字在 30°斜线区内,宜按图 4.12 的形式注写。

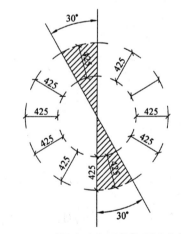

图 4.11　30°斜线区内严禁注写尺寸数字

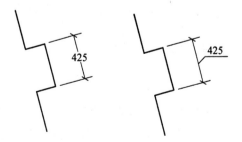

图 4.12　30°斜线区内注写尺寸数字的形式

4)尺寸数字一般应依据其方向注写在靠近尺寸线的上方中部。如没有足够的注写位置，最外边的尺寸数字可注写在尺寸界线的外侧，中间相邻的尺寸数字可错开注写，如图4.13所示。

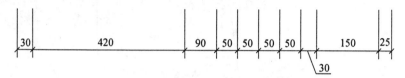

图 4.13　尺寸数字的注写位置

（3）圆、圆弧、球体等尺寸的标注。

1)圆的尺寸标注。在标注圆的半径或直径尺寸数字前面应标注"R"或"ϕ"，如图 4.14、图 4.15 所示。在圆内标注的直径尺寸线应通过圆心，两端画箭头指至圆弧；较小圆的直径尺寸可标注在圆外，其直径尺寸也应通过圆心，如图 4.14、图 4.15 所示。当圆的直径较大时，半径尺寸可不从圆心开始，如图 4.16 所示。

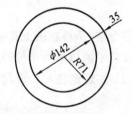

图 4.14　半径的标注　　　图 4.15　直径的标注

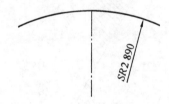

图 4.16　半径的标注　　　图 4.17　球体的标注

2)球的尺寸标注。标注球的半径尺寸时，应在尺寸数字前加注符号"SR"。标注球的直径时，应在尺寸数字前加注符号"$S\phi$"。注写方式与圆弧半径和圆直径的尺寸标注方法相同，如图 4.17 所示。

（4）角度、弧长、弦长的标注。

1)标注角度时，角度尺寸线应以圆弧表示，圆弧的圆心是该角度的顶点，角的两边为尺寸界线，角度数值宜写在尺寸线的上方中部。当角度太小时，可将尺寸线标注在角的两条边的外侧。角度数字宜按图 4.18(a)所示标注。

2)标注圆弧的弧长时，其尺寸线应是圆弧的同心圆弧，尺寸界线则垂直于该圆弧的弦，起止符号以单箭头表示，弧长数字标注在尺寸线上方中间部位。如图 4.18(b)所示。当弧长分为数段标注时，尺寸界线也可沿径向引出，如图 4.18(c)所示。

3)标注圆弧的弦长时,尺寸线应平行该弦的直线表示,尺寸界线应垂直于该弦,起止符号以单箭头表示如图 4.18(d)所示。

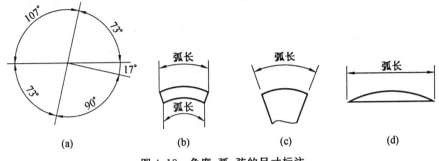

图 4.18　角度、弧、弦的尺寸标注

(5)其他项的标注。

1)标高的标注。建筑物或构筑物上的标高符号画法如图 4.19 所示。标高符号应采用细实线绘制的等腰三角形表示,高为 2~3 mm,底角为 45°,顶角应指至被标注的高度,顶角向上、向下均可。标高数字宜标注在三角形的右边。负标高应在标高数字前标以"一"号,正标高(包括零标高)数字前不应冠以"＋"号。当图形复杂时,也可采用引出线形式标注。标高的数字应以 m 为单位。一般市政工程图上除水准点标高数字注写至小数点后三位外,其余注至小数点后两位即可。

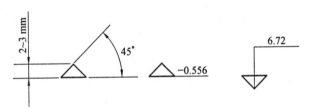

图 4.19　标高的标注

2)坡度的标注。斜面的倾斜度称为坡度,市政工程图中常用的坡度标注方式有用百分率表示和用比例的形式表示两种。

①当坡度值较小时,坡度的标注宜用百分率表示,并应标注坡度符号。坡度符号应由细实线、单边箭头,以及在其上标注的百分率组成。坡度符号的箭头指向下坡,如图 4.20(a)所示。

②坡度值较大时,坡度的标注宜用比例的形式表示,即 1∶n,如 1∶2,1∶10,如图 4.20(b)所示。

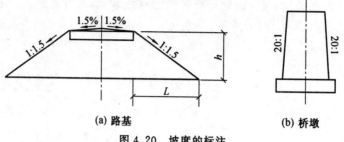

(a) 路基　　　　　　　　　　(b) 桥墩

图 4.20　坡度的标注

3)倒角尺寸的标注。倒角尺寸的标注方式如图 4.21(a)所示,当倒角为 45°时,也可按图 4.21(b)所示的方法标注。

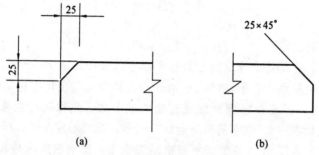

(a)　　　　　　　　　　　　　　(b)

图 4.21　倒角尺寸的标注

(6)尺寸的简化标注。

1)连续排列的等长尺寸可采用"间距数乘以间距尺寸"的形式标注。如图 4.22(a)所示。

2)两个相似图形可仅绘制一个,未示出图形的尺寸数字可用括号表示。如有数个相似图形,当尺寸数值各不相同时,可用字母表示,其尺寸数值应在图中适当位置列表示出,如图 4.22(b)所示。

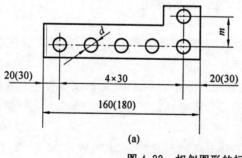

编号	尺寸	
	m	d
1	25	10
2	40	20
3	60	30

(a)　　　　　　　　　　　　(b)

图 4.22　相似图形的标注

4.1.2　市政工程制图常用图例

一般市政工程制图常用图例见表 4.5。

表 4.5　市政工程常用图例

项目	序号	名　称	图　例
平　面	1	涵　洞	
	2	通　道	
	3	分离式立交 a. 主线上跨 b. 主线下穿	
	4	桥　梁 （大、中桥按实际长度绘）	
	5	互通式立交 （按采用形式绘）	
	6	隧　道	
	7	养护机构	
	8	管理机构	
	9	防护网	
	10	防护栏	
	11	隔离墩	

续表 4.5

项目	序号	名　称	图　例
纵断	12	箱　涵	
	13	管　涵	
	14	盖板涵	
	15	拱　涵	
	16	箱型通道	
	17	桥　梁	
	18	分离式立交 a. 主线上跨 b. 主线下穿	
	19	互通式立交 a. 主线上跨 b. 主线下穿	
材料	20	细粒式沥青混凝土	
	21	中粒式沥青混凝土	
	22	粗粒式沥青混凝土	
	23	沥青碎石	
	24	沥青贯入碎砾石	
	25	沥青表面处置	
	26	水泥混凝土	
	27	钢筋混凝土	
	28	水泥稳定土	

续表 4.5

项目	序号	名　称	图　例
材料	29	水泥稳定砂砾	
	30	水泥稳定碎砾石	
	31	石灰土	
	32	石灰粉煤灰	
	33	石灰粉煤灰土	
	34	石灰粉煤灰砂砾	
	35	石灰粉煤灰碎砾石	
	36	泥结碎砾石	
	37	泥灰结碎砾石	
	38	级配碎砾石	
	39	填隙碎石	
	40	天然砂砾	
	41	干砌片石	
	42	浆砌片石	
	43	浆砌块石	

续表 4.5

项目	序号	名　　称		图　　例
材料	44	木材	横	
			纵	
	45	金属		
	46	橡胶		
	47	自然土		
	48	夯实土		

4.2　城市道路制图与识图

4.2.1　道路工程平面图

1. 图线要求

平面图中常用的图线应符合下列规定：

(1)设计路线应采用加粗粗实线表示,比较线应采用加粗粗虚线表示。

(2)道路中线应采用细点画线表示。

(3)中央分隔带边缘线应采用细实线表示。

(4)路基边缘线应采用粗实线表示。

(5)导线、边坡线、护坡道边缘线、边沟线、切线、引出线、原有道路边线等,应采用细实线表示。

(6)用地界线应采用中粗点画线表示。

(7)规划界线应采用粗双点画线表示。

(8)图中原有管线应采用细实线表示;设计管线应采用粗实线表示,规划管线应采用虚线表示。

(9)边沟水流方向应采用单边箭头表示。

(10)水泥混凝土路面的胀缝应采用两条细实线表示,假缝应采用细虚线表示,其余应采用细实线表示。

2. 标注要求

(1)里程桩号的标注应在道路中线上从路线起点至终点,按从小到大、从左到右的顺序排列。公里桩宜标注在路线前进方向的左侧,用符号"○"表示;百米桩宜标注在路线前进方向的右侧,用垂直于路线的短线表示。也可在路线的同一侧,均采用垂直于路线的短线表示公里桩和百米桩。

（2）平曲线特殊点如第一缓和曲线起点、圆曲线起点、圆曲线中点，第二缓和曲线终点、第二缓和曲线起点、圆曲线终点的位置，宜在曲线内侧用引出线的形式表示，并应标注点的名称和桩号。

（3）在图纸的适当位置，应列表标注平曲线要素：交点编号、交点位置、圆曲线半径、缓和曲线长度、切线长度、曲线总长度、外距等。高等级公路应列出导线点坐标表。

（4）缩图（示意图）中的主要构造物可按图4.23标注。

（5）图中的文字说明除"注"外，宜采用引出线的形式标注（图4.24）。

图 4.23　构造物的标注　　　　　　　　图 4.24　文字的标注

4.2.2　道路工程横断面图

1.路面结构图

（1）当路面结构类型单一时，可在横断面图上，用竖直引出线标注材料层次及厚度，如图 4.25（a）所示。

（2）当路面结构类型较多时，可按各路段不同的结构类型分别绘制，并标注材料图例（或名称）及厚度，如图 4.25（b）所示。

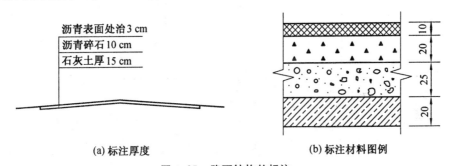

（a）标注厚度　　　　　　　　　　（b）标注材料图例

图 4.25　路面结构的标注

2.图样表示方法

（1）路面线、路肩线、边坡线、护坡线均应采用粗实线表示；路面厚度应采用中粗实线表示；原有地面线应采用细实线表示；设计或原有道路中线应采用细点画线表示（图4.26）。

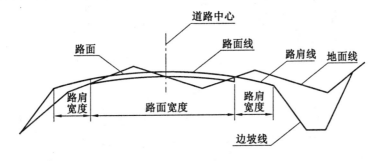

图 4.26　横断面图

（2）当道路分期修建、改建时，应在同一张图纸中示出规划、设计、原有道路横断面，并注明各道路中线之间的位置关系。规划道路中线应采用细双点画线表示。规划红线应采用粗双点画线表示。在设计横断面图上，应注明路侧方向（图 4.27）。

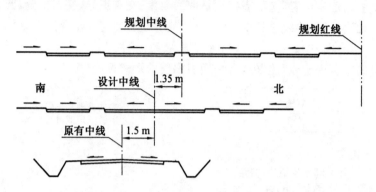

图 4.27　不同设计阶段横断面

（3）在路拱曲线大样图的垂直和水平方向上，应按不同比例绘制（图 4.28）。

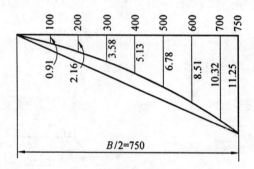

图 4.28　路拱曲线大样

（4）当采用徒手绘制实物外形时，其轮廓应与实物外形相近。当采用计算机绘制此类实物时，可用数条间距相等的细实线组成与实物外形相近的图样（图 4.29）。

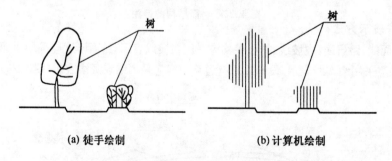

（a）徒手绘制　　　　　　　　　（b）计算机绘制

图 4.29　实物外形的绘制

（5）在同一张图纸上的路基横断面，应按桩号的顺序排列，并从图纸的左下方开始，先由下向上，再由左向右排列（图 4.30）。

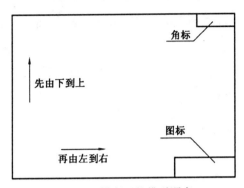

图 4.30　横断面的排列顺序

3. 图样标注

(1)横断面图中,管涵、管线的高程应根据设计要求标注。管涵、管线横断面应采用相应图例(图 4.31)。

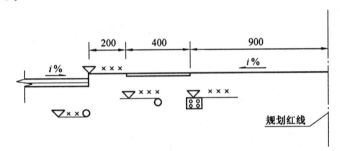

图 4.31　横断面图中管涵、管线的标注

(2)道路的超高、加宽应在横断面图中示出(图 4.32)。

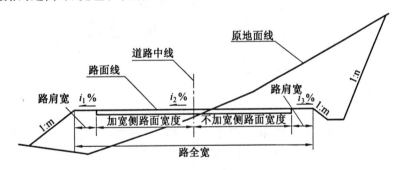

图 4.32　道路超高、加宽的标注

(3)用于施工放样及土方计算的横断面图应在图样下方标注桩号。图样右侧应标注填高、挖深、填方、挖方的面积,并采用中粗点画线示出征地界线(图 4.33)。

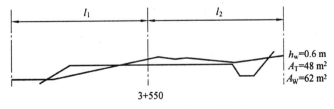

图 4.33　横断面图中填挖方的标注

（4）当防护工程设施标注材料名称时，可不画材料图例，其断面阴影线可省略（图 4.34）。

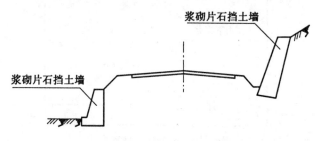

图 4.34　防护工程设施的标注

4.2.3　道路交叉口施工图

1. 图样表示方法

（1）当交叉口改建（新旧道路衔接）及旧路面加铺新路面材料时，可采用图例表示不同贴补厚度及不同路面结构的范围（图 4.35）。

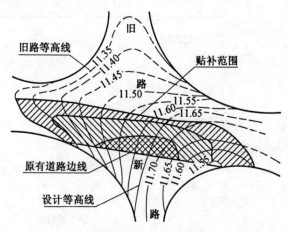

图 4.35　新旧路面的衔接

（2）水泥混凝土路面的设计高程数值应标注在板角处，并加注括号。在同一张图纸中，当设计高程的整数部分相同时，可省略整数部分，但应在图中说明（图 4.36）。

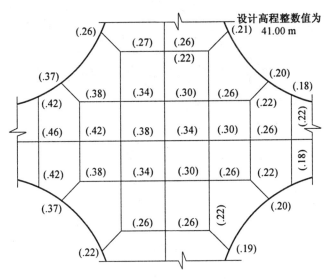

图 4.36　水泥混凝土路面高程标注

(3)在立交工程纵断面图中,机动车与非机动车的道路设计线均应采用粗实线绘制,其测设数据可在测设数据表中分别列出。

(4)在立交工程纵断面图中,上层构造物宜采用图例表示,并示出其底部高程,图例的长度为上层构造物底部全宽(图 4.37)。

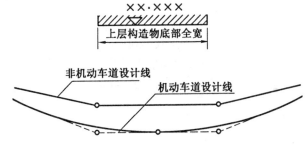

图 4.37　立交工程上层构造物的标注

(5)在互通式立交工程线形布置图中,匝道的设计线应采用粗实线表示,干道的道路中线应采用细点画线表示(图 4.38)。图中的交点、圆曲线半径、控制点位置、平曲线要素及匝道长度均应列表示出。

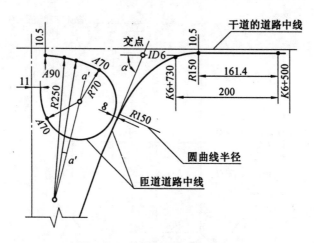

图 4.38　立交工程线形布置图

(6)在互通式立交工程纵断面图中,匝道端部的位置、桩号应采用竖直引出线标注,并在图中适当位置用中粗实线绘制线形示意图和标注各段的代号(图 4.39)。

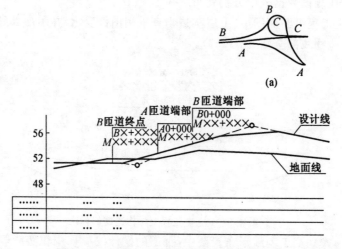

图 4.39　互通立交纵断面图匝道及线形示意

(7)在简单立交工程纵断面图中,应标注低位道路的设计高程;其所在桩号用引出线标注。当构造物中心与道路变坡点在同一桩号时,构造物应采用引出线标注(图 4.40)。

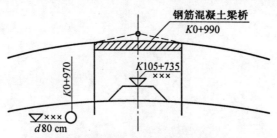

图 4.40　简单立交中低位道路及构造物标注

（8）在立交工程交通量示意图中（图 4.41），交通量的流向应采用涂黑的箭头表示。

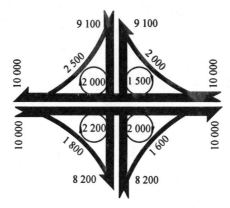

图 4.41 立交工程交通量示意图

2. 交叉口竖向设计高程标注

交叉口竖向设计高程的标注应符合下列规定：

（1）较简单的交叉口可仅标注控制点的高程、排水方向及其坡度，如图 4.42（a）所示；排水方向可采用单边箭头表示。

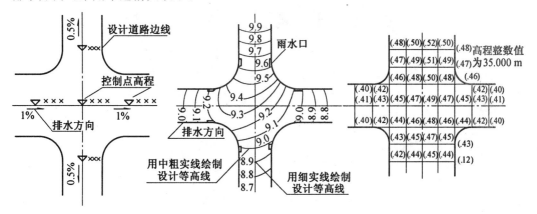

(a)较简单的交叉口　　(b)用等高线表示的平交口　　(c)用网格高程表示的平交口

图 4.42 竖向设计高程的标注

（2）用等高线表示的平交口，等高线宜用细实线表示，并每隔四条细实线绘制一条中粗实线，如图 4.42（b）所示。

（3）用网格高程表示的平交路口，其高程数值宜标注在网格交点的右上方，并加括号。若高程整数值相同时，可省略。小数点前可不加"0"定位。高程整数值应在图中说明。网格应采用平行于设计道路中线的细实线绘制，如图 4.42（c）所示。

4.3　桥涵、隧道施工图制图与识图

4.3.1　桥涵工程施工图

1.桥涵结构图

(1)砖石、混凝土结构。

1)砖石、混凝土结构图中的材料标注,可在图形中适当位置,用图例表示(图 4.43)。当材料图例不便绘制时,可采用引出线标注材料名称及配合比。

2)边坡和锥坡的长短线引出端,应为边坡和锥坡的高端。坡度用比例标注,其标注应符合相关的规定(图 4.44)。

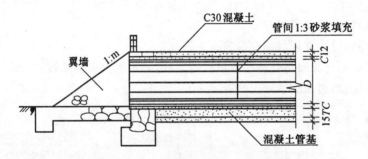

图 4.43　砖石、混凝土结构的材料标注

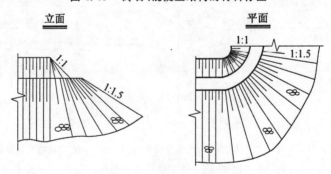

图 4.44　边坡和锥坡的标注

3)当绘制构造物的曲面时,可采用疏密不等的影线表示(图 4.45)。

(2)预应力混凝土结构。

1)预应力钢筋应采用粗实线或 2 mm 直径以上的黑圆点表示。图形轮廓线应采用细实线表示。当预应力钢筋与普通钢筋在同一视图中出现时,普通钢筋应采用中粗实线表示。一般构造图中的图形轮廓线应采用中粗实线表示。

2)在预应力钢筋布置图中,应标注预应力钢筋的数量、型号、长度、间距、编号。编号应以阿拉伯数字表示。编号格式应符合下列规定:

①在横断面图中,宜将编号标注在与预应力钢筋断面对应的方格内[图 4.46(a)]。

②在横断面图中,当标注位置足够时,可将编号标注在直径为 4~8 mm 的圆圈内[图 4.46(b)]。

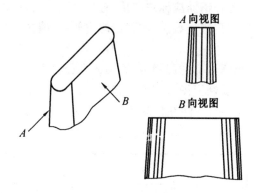

图 4.45　曲面的影线表示法

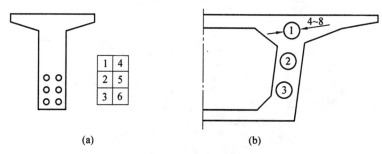

图 4.46　预应力钢筋的标注

③在纵断面图中,当结构简单时,可将冠以 N 字的编号标注在预应力钢筋的上方。当预应力钢筋的根数大于 1 时,也可将数量标注在 N 字之前;当结构复杂时,可自拟代号,但应在图中说明。

3)在预应力钢筋的纵断面图中,可采用表格的形式,以每隔 0.5~1 mm 的间距,标出纵、横、竖三维坐标值。

4)预应力钢筋在图中的几种表示方法应符合下列规定:

①预应力钢筋的管道断面:○

②预应力钢筋的锚固断面:⊕

③预应力钢筋断面:┼

④预应力钢筋的锚固侧面:├─

⑤预应力钢筋连接器的侧面:──

⑥预应力钢筋连接器断面:⊙

5)对弯起的预应力钢筋应列表或直接在预应力钢筋大样图中,标出弯起角度、弯曲半径切点的坐标(包括纵弯或既纵弯又平弯的钢筋)及预留的张拉长度(图 4.47)。

(3)钢筋混凝土结构。

1)钢筋构造图应置于一般构造之后。当结构外形简单时,二者可绘于同一视图中。

2)在一般构造图中,外轮廓线应以粗实线表示,钢筋构造图中的轮廓线应以细实线表示。钢筋应以粗实线的单线条或实心黑圆点表示。

3)在钢筋构造图中,各种钢筋应标注数量、直径、长度、间距、编号,其编号应采用阿拉伯数字表示。当钢筋编号时,宜先编主、次部位的主筋,后编主、次部位的构造筋。编号格式应符合下列规定:

①编号宜标注在引出线右侧的圆圈内,圆圈的直径为 4～8 mm[图 4.48(a)]。

②编号可标注在与钢筋断面图对应的方格内[图 4.48(b)]。

③可将冠以 N 字的编号,标注在钢筋的侧面,根数标注在 N 字之前[图 4.48(c)]。

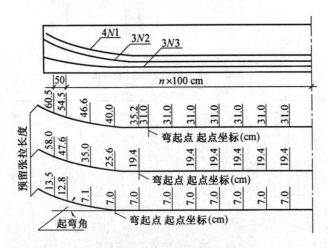

图 4.47 预应力钢筋大样

4)钢筋大样应布置在钢筋构造图的同一张图纸上。钢筋大样的编号宜按图 4.48 标注。当钢筋加工形状简单时,也可将钢筋大样绘制在钢筋明细表内。

5)钢筋末端的标准弯钩可分为 90°、135°、180°三种(图 4.49)。当采用标准弯钩时(标准弯钩即最小弯钩),钢筋直段长的标注可直接注于钢筋的侧面(图 4.48)。

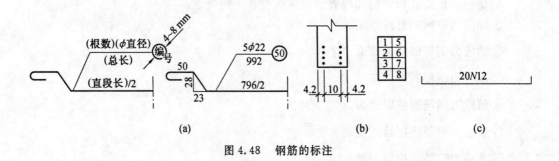

图 4.48 钢筋的标注

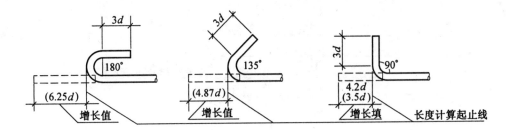

图 4.49　标准弯钩

注:图中括号内数值为圆钢的增长值。

6)当钢筋直径大于 10 mm 时,应修正钢筋的弯折长度。45°、90°的弯折修正值可按《道路工程制图标准》附录二采用。除标准弯折外,其他角度的弯折应在图中画出大样,并示出切线与圆弧的差值。

7)焊接的钢筋骨架可按图 4.50 标注。

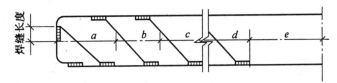

图 4.50　焊接钢筋骨架的标注

8)箍筋大样可不绘出弯钩[图 4.51(a)],当为扭转或抗震箍筋时,应在大样图的右上角,增绘两条倾斜 45°的斜短线[图 4.51(b)]。

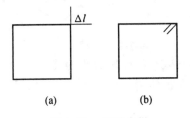

图 4.51　箍筋大样

9)在钢筋构造图中,当有指向阅图者弯折的钢筋时,应采用黑圆点表示;当有背向阅图者弯折的钢筋时,应采用"×"表示(图 4.52)。

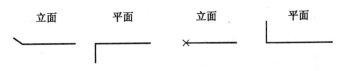

图 4.52　钢筋弯折的绘制

10)当钢筋的规格、形状、间距完全相同时,可仅用两根钢筋表示,但应将钢筋的布置范围及钢筋的数量、直径、间距示出(图 4.53)。

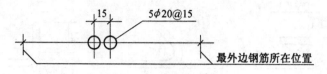

图 4.53　钢筋的简化标注

2.桥涵视图

(1)斜桥涵视图。

1)斜桥涵视图及主要尺寸的标注应符合下列规定：

①斜桥涵的主要视图应为平面图。

②斜桥涵的立面图宜采用与斜桥纵轴线平行的立面或纵断面表示。

③各墩台里程桩号、桥涵跨径、耳墙长度均采用立面图中的斜投影尺寸，但墩台的宽度仍应采用正投影尺寸。

④斜桥倾斜角 α，应采用斜桥平面纵轴线的法线与墩台平面支承轴线的夹角标注(图4.54)。

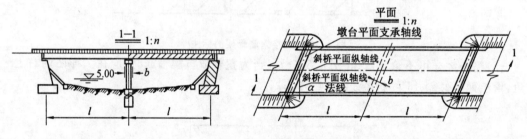

图 4.54　斜桥视图

2)当绘制斜板桥的钢筋构造图时，可按需要的方向剖切。当倾斜角较大而使图面难以布置时，可按缩小后的倾斜角值绘制，但在计算尺寸时，仍应按实际的倾斜角计算。

(2)弯桥视图。

1)弯桥视图应符合下列规定：

①当全桥在曲线范围内时，应以通过桥长中点的平曲线半径为对称线；立面或纵断面应垂直对称线，并以桥面中心线展开后进行绘制(图4.55)。

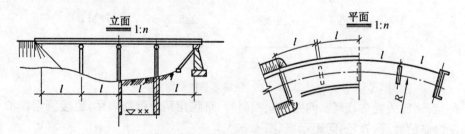

图 4.55　弯桥视图

②当全桥仅一部分在曲线范围内时，其立面或纵断面应平行于平面图中的直线部分，并以桥面中心线展开绘制，展开后的桥墩或桥台间距应为跨径的长度。

③在平面图中,应标注墩台中心线间的曲线或折线长度、平曲线半径及曲线坐标。曲线坐标可列表示出。

④在立面和纵断面图中,可略去曲线超高投影线的绘制。

2)弯桥横断面宜在展开后的立面图中切取,并应表示超高坡度。

(3)坡桥视图。

1)在坡桥立面图的桥面上应标注坡度。墩台顶、桥面等处,均应注明标高。竖曲线上的桥梁亦属坡桥,除应按坡桥标注外,还应标出竖曲线坐标表。

2)斜坡桥的桥面四角标高值应在平面图中标注;立面图中可不标注桥面四角的标高。

4.3.2　隧道工程施工图

1.隧道组成

(1)洞身。

洞身是隧道主体的重要组成部分,如图 4.56(a)所示,在洞门容易坍塌地段,应接长洞身或加筑明洞洞口,如图 4.56(b)所示。

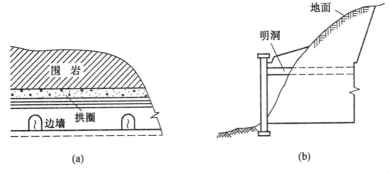

图 4.56　隧道洞身示意图

(2)洞门。

隧道两端的出入口都要修建洞门,如图 4.57 所示。洞门的作用是保持洞口仰坡和路堑边坡的稳定,汇集和排除地面水流,保护洞门附近岩(土)体的稳定和使车辆不受崩塌、落石等的威胁,确保行车安全。

图 4.57　隧道洞门示意图

洞门具有不同的形式,如图 4.58 所示,应根据实际情况进行选择。

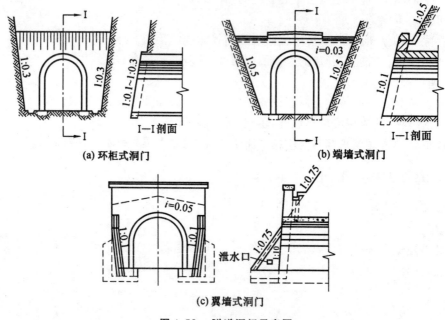

图 4.58　隧道洞门示意图

2. 隧道视图

隧道洞门的正投影应为隧道立面。无论洞门是否对称均应全部绘制。洞顶排水沟应在立面图中用标有坡度符号的虚线表示。隧道平面与纵断面可仅示洞口的外露部分(图4.59)。

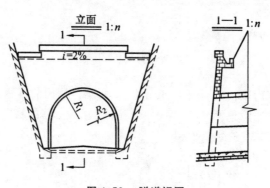

图 4.59　隧道视图

4.4　交通工程制图与识图

交通工程施工图是城市道路交通工程的一个重要组成部分,它关系到车辆的疏散运行安全和生命财产的安全。交通工程施工图主要包括交通标线施工图和交通标志施工图。

1. 交通标线的图示内容

(1)交通标线应采用 1～2 mm 宽度的虚线或实线表示。

(2)车行道中心线的绘制应符合下列规定：中心虚线采用粗虚线绘制；中心单实线采用粗实线绘制；中心双实线采用两条平行的粗实线绘制，两线净距离为 1.5～2 mm；中心虚、实线采用一条粗实线和一条粗虚线绘制，两线净距离为 1.5～2 mm。如图 4.60 所示。

中心虚线：

中心单实线：

中心双实线：

中心虚、实线：

图 4.60　车行道中心线示意图

(3)车行道分界线应采用粗虚线绘制。

(4)车行道边缘线应采用粗实线绘制。

(5)停止线应起于车行道中心线，止于路缘石边线。如图 4.61 所示。

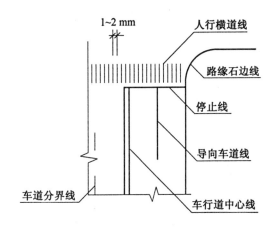

图 4.61　停止线示意图

(6)人行横道线应采用竖条间隔 1～2 mm 的平行细实线绘制。

(7)减速让人行线应采用两条粗虚线绘制。粗虚线间净距离为 1.5～2 mm。

(8)导流线应采用斑马线绘制。斑马线的线宽及间距宜采用 2～4 mm，斑马线的图案可采用平行式或折线式。如图 4.62 所示。

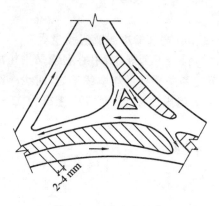

图 4.62　导流线示意图

（9）停车位标线应由中线与边线组成。中线采用一条粗虚线绘制,边线采用两条粗虚线绘制。中、边线倾斜的角度可按设计需要采用。如图 4.63 所示。

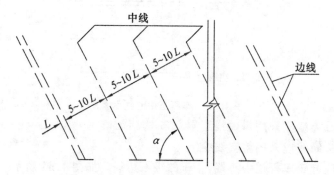

图 4.63　停车位标线示意图

（10）出口标线应采用指向匝道的黑粗双边箭头表示。入口标线应采用指向主干道的黑粗双边箭头表示。斑马线拐角尖的方向应与双边箭头的方向相反。如图 4.64 所示。

（11）港式停靠站标线应由数条斑马线组成。如图 4.65 所示。

（12）车流向标线应采用黑粗双边箭头表示。如图 4.66 所示。

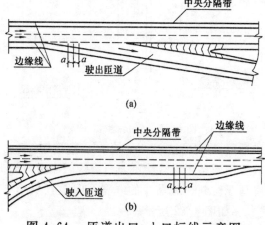

图 4.64　匝道出口、入口标线示意图

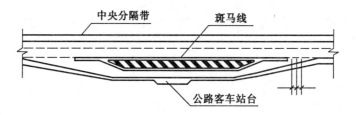

图 4.65　港式停靠站示意图

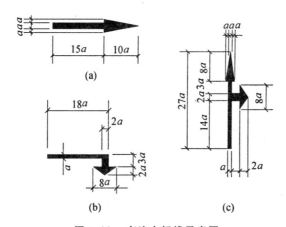

图 4.66　车流向标线示意图

2. 交通标志的图示内容

(1)交通岛应采用实线绘制。转角处应采用斑马线绘制。如图 4.67 所示。

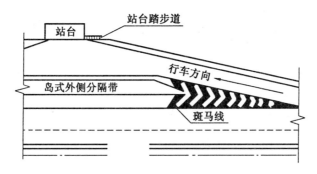

图 4.67　交通岛标志示意图

(2)标志的支撑图式应采用粗实线绘制。支撑的画法应符合表 4.6 的规定。

表 4.6　标志的支撑图示

名称	单柱式	双柱式	悬臂式	门式	附　着　式
图示	○	▭	▭	▭	将标志直接标注在结构物上

　　(3)在路线或交叉口平面图中应示出交通标志的位置。标志的图号、图名应采用现行的国家标准《道路交通标志与标线》(GB 5768—2009)的规定表示。标志的尺寸与画法应符合表 4.7 的规定。

表 4.7　标志示意图的形式与尺寸

规格种类	形状	尺寸				
警告标志		警告标志的边长、边宽的一般值应根据设计速度取定：				
		速度/(km·h⁻¹)	100～120	71～99	40～70	<40
		边长 A/cm	130	110	90	70
		黑边宽度 B/cm	9	8	6.5	5
		圆角半径 R/cm	6	5	4	3
		衬边宽度 C/cm	1.0	0.8	0.6	0.4

规格种类	形状	尺寸					
禁令标志		禁令标志的边长、边宽的一般值应根据设计速度取定：					
		速度/(km·h⁻¹)		100～120	71～99	40～70	<40
		圆形标志/cm	外径 D	120	100	80	60
			宽度 a	12	10	8	6
			宽度 b	9	7.5	6	4.5
			宽度 C	1.0	0.8	0.6	0.4
		三角形标志/cm	边长 a	—	—	90	70
			宽度 b	—	—	9	7
			宽度 C	—	—	0.6	0.4
		八角标志/cm	外径 D	—	—	80	60
			宽度 b	—	—	3.0	2.0

规格种类	形状	尺寸				
指示标志		指示标志的边长、边宽的一般值应根据设计速度取定：				
		速度/(km·h⁻¹)	100～120	71～99	40～70	<40
		圆形直径 D/cm	120	100	80	60
		正方形边长 A/cm	120	100	80	60
		长方形边长 $A×B$/cm	190×140	160×120	140×100	—
		衬边宽度 C/cm	1.0	0.8	0.6	0.4

4.5　市政管网制图与识图

4.5.1　给水排水工程施工图

市政给水排水工程图主要包括建筑物室外管网平面布置图、管网总平面图、管道纵断面图和管道节点详图等内容。

1.建筑物室外管网平面布置图的制图与识图

为了说明新建房屋室内给水排水管道与室外管网的连接情况,通常要用小比例(1:500,1:1000)画出室外管网的平面布置图。在这一类图中,只画出局部室外管网的干管,说明与给水引入管和排水排出管的连接情况即可。一般用中实线画出建筑物外墙轮廓线,粗实线表示给水管道,粗虚线表示排水管道,检查井用直径 2～3 mm 的小圆表示。

2.管网总平面图的画法与识图

管网总平面布置图应以建筑总平面图为设计依据,以管网布置为重点,用粗实线画出管道,用中实线画出房屋外轮廓,用细实线画出其余地物、地貌、道路,绿化可略去不画。

(1)给水管道、排水管道、雨水管道、热水管道、消防管道等管道用不同线型绘制在一张图纸上,分别用符号 J、P、Y、R 等加以标注。如管道种类较多、地形复杂,可按不同管道种类分别绘制在不同的图纸上。

(2)应表示出城市同类管道及连接的位置、连接点井号、管径、标高、坐标及流水方向等。

(3)应表示出各建筑物、构筑物的引入管、排出管,并标注出位置尺寸。

(4)图上应注明各类管道的管径、坐标或定位尺寸。

1)用坐标时,应标注管道弯转点(井)等处坐标,构筑物标注中心或两对角处坐标。

2)用控制尺寸时,以建筑物外墙或轴线,或道路中线为定位起始基线。

(5)只有本专业管道的单体建筑物局部总平面图,可从阀门井、检查井绘引出线,线上标注井盖面标高,线下标注管底或管中心标高。

(6)图的右上角绘制风向频率玫瑰图,无污染时绘制指北针。

(7)建筑物、构筑物、道路的形状、编号、坐标、标高等的表示方法应与总图各专业图相一致。

3.管道纵断面图的制图与识图

管道纵断面图由图样和资料表两部分构成。

(1)用单粗实线绘制的为压力流管道,当管径大于 400 mm 时,压力流管道可用双中粗实线绘制。

(2)用双中粗实线绘制的为重力流管道,其对应平面示意图用单中粗实线绘制。

(3)设计地面线、阀门井或检查井、竖向定位线用细实线表示,自然地面线则采用细虚线表示。

(4)表示出与本管道相交的道路、铁路、河谷及其他专业管道、管沟及电缆等的水平距离和标高。

(5)当不绘制重力流管道纵断面图时,可采用管道高程表表示重力流管道,见表4.8。

表4.8　管道高程表

序号	管段编号		管长/m	管径/m	坡度/%	管底坡降/m	管底跌落/m	设计地面标高		管内底标高		埋深/m		备注
	起点	终点						起点	终点	起点	终点	起点	终点	

4. 管道节点详图的制图与识图

详图采用的比例较大,安装详图必须按照施工安装的需要表达得详尽、具体、明确,一般都用正投影绘制。

(1)详图中管道节点位置、编号应与总平面图相一致,管道应标注管径、管长。

(2)节点图应绘制所包括的平面形状和大小、阀门、管件、连接方式、管径及定位尺寸。必要时,阀门井节点应绘制剖面图。

4.5.2　供热工程施工图

1. 锅炉房图样制图与识图

锅炉是专业性很强的大型热源设备。组成锅炉系统的各种设备交织在一起,形成一个复杂的系统。

锅炉房的管道系统有:动力管道系统、水处理系统、锅炉排污系统等。

锅炉房管道施工图包括管道流程图、平面图、剖面图、详图等。有的设计单位不绘制剖面图,而绘制管道系统轴测图。

(1)流程图制图与识图。

管道流程图又称汽水流程图或热力系统图。锅炉房内管道系统的流程图,主要表明锅炉系统的作用和汽水的流程,同时反映设备之间的关系。

1)流程图一般将锅炉房的主要设备以方块图或形状示意图的形式表现出来。

2)流程图的管道通常应标注管径和管路代号。

3)流程图用示意图表示汽水的流程,图中表示出各设备之间的关系,供管道安排时查对管路流用。另外阀门方向也要依据流程图安装。管路的具体走向、位置、标高等则需要查阅平面图、剖面图或系统轴测图。

(2)管道平面图制图与识图。

锅炉房管道平面图主要表示锅炉、辅助设备和管道的平面布置,以及设备与管路之间的关系。

1)表明锅炉房设备的平面位置和数量。通过各个设备的中心线至建筑物的距离,表明设备的定位尺寸、设备接管的具体位置和方向。

2)表明采暖管道的布置、管径及阀门位置,表明分水缸的安装位置、进出管道位置和方向。

3)表明水处理及其他系统的平面布置,标注管路的位置、走向、阀门设置以及管径、标高等。

(3)管道剖面图的制图与识图。

剖面图是设计人员根据需要有选择地绘制的,用来表示设备及其接管的立面布置。

1)表明锅炉及辅助设备的立面布置及标高,标注有关设备接口的位置和方向。

2)表明管路的立面布置,标注管路的标高、管径、阀门设置。特别是泵类在管路上的止回阀、闸阀、截止阀等,同时各设备上的安全阀、压力表、温度计、调节阀、液位计等的类型、型号、连接方法及相对位置,也都应在剖面图上反映出来。

(4)鼓、引风系统管道平面图、剖面图的画法。

1)鼓、引风系统管道平面图、剖面图单独绘制。

2)按比例绘制烟道、风管道及附件、设备简化轮廓线,管道及附件均应编号,并与材料或零部件明细表相对应。

3)应详细标注管道的长度、断面尺寸及支吊架的安装位置。对有些部件、零部件应绘出详图和材料或零部件明细表。

2.热网图样制图与识图

室外供热管道施工图,主要有管道平面图、纵断面图、横断面图、管道节点安装详图等。

(1)热网管道平面图。

热网管道平面图是室外供热管道的主要图纸,用来表示管道的具体走向,应在供热区域平面图或地形图的基础上绘制。供热区域平面图或地形图上的内容应采用细线绘制。

1)图上应表明管道名称、用途、平面位置、管道直径和连接方式。室外供热管道中有蒸汽管道和凝结水管道或供水管道和回水管道。同时还要表明室外供热管道中有无其他不同用途的管线。用粗实线绘制管线中心线,管沟敷设时,管沟轮廓线采用中实线绘制。

2)应绘出管路附件或其检查室,以及管线上为检查、维修、操作所设置的其他设施或构筑物。地上敷设时,尚应绘出各管架;地下敷设时,应标注固定墩、固定支座等,并标注上述各部位中心线的间距尺寸。应用代号加序号对以上各部位编号。

3)注明平面图上管道节点及纵、横断面图的编号,以便按照这些编号查找有关图纸。对枝状管网其剖视方向应从热源向热用户观看。

4)表示管道组时,可采用同一线型加注管道代号及规格,亦可采用不同线型加注管道规格来表示各种管道。

5)应在热网管道平面图上注释采用的线型、代号和图形符号。如图 4.68 所示。

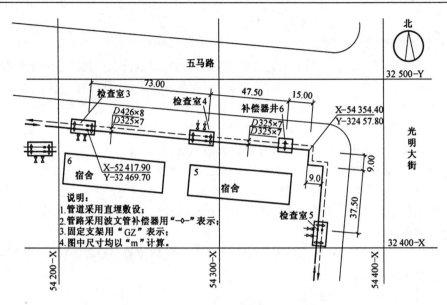

图 4.68　室外小区供热管道平面图

(2)热网管道纵断面图。

管道纵、横断面图:室外供热管道的纵、横断面图,主要反映管道及构筑物(地沟、管架)纵、横立面的布置情况,并将平面图上无法表示的立体情况予以表示清楚,所以是平面图的辅助性图纸。纵、横断面图并不对整个系统都作绘制,而只绘制某些局部地段。如图4.69 所示,图示内容如下。

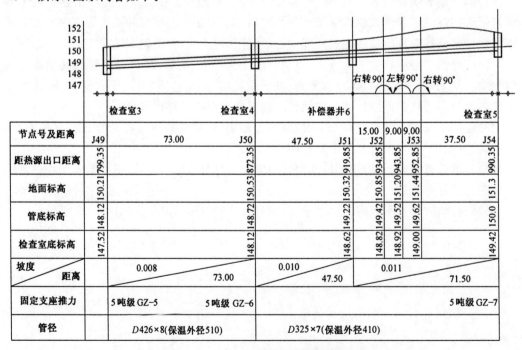

图 4.69　室外小区供热管道纵断面图

1)管道纵断面图表示管道纵向布置,应按管线的中心线展开绘制。

2)管线纵断面图应由管线纵断面示意图、管线平面展开图和管线敷设情况表组成。

3)绘制管线纵断面示意图时,距离和高程应按比例绘制,铅垂与水平方向应选用不同的比例,并应绘出铅垂方向的标尺。水平方向的比例应与热网管道平面图的比例一致;绘出地形、管线的纵断面;绘出与管线交叉的其他管线、道路、铁路、沟渠等,并标注与热力管线直接相关的标高,用距离标注其位置;地下水位较高时应绘出地下水位线。

4)管线平面展开图上应绘出管线、管路附件,及管线设施或其他构筑物的示意图,并在各转角点应表示出展开前管线的转角方向。非 90°角尚应标出小于 180°角的角度值。

5)管线敷设情况表可按表 4.9 的形式绘制,表中内容可适当增减。

表 4.9　管线敷设情况表

管底标高/m			
管架顶面标高/m			
管沟内底标高/m			
槽底标高/m			
距离/m			
里程/m			
坡度距离/m			
横断面编号			
代号及规格			

6)设计地面线应采用细实线绘制,自然地面线应采用细虚线绘制,地下水位线应采用双点划线绘制;其余图线应与热网管道平面图上采用的图线对应。

7)在管线始端、末端、转角点等平面控制点处应标注标高;管线上设置有管路附件或检查室处,应标注标高;管线与道路、铁路、涵洞及其他管线的交叉处应标注标高。

8)各管段的坡度数值应计算到小数点后三位,精度要求高时应计算到小数点后五位。

(3)热网管道横断面图。

1)管道横断面图的图名编号应与热网管线平面图上的编号一致。用粗实线绘出管道轮廓,用细实线绘出保温结构外轮廓、支架和支墩的简化外形轮廓,用中实线绘出支座简化外形轮廓。

2)标注各管道中心线的间距。标注管道中心线与沟、槽、管架的相关尺寸,以及沟、槽、管架的轮廓尺寸。标注管道代号、规格和支座的型号。

(4)管线节点及检查室图。

1)管线节点俯视图的方位应与热网管线平面图上该节点的方位相同。图中应绘出检查室、保护穴等节点构筑物的内轮廓、检查室的入孔、爬梯和集水坑。

2)管沟敷设时,绘出与检查室相连的一部分管沟,地上敷设时,应绘出操作平台或有关构筑物的外轮廓和爬梯。

3)图中应标注管道代号、规格、管道中心线间距、管道与构筑物轮廓的距离、管路附件的主要外形尺寸、管路附件之间的安装尺寸、检查室的内轮廓尺寸、操作平台的主要外轮廓尺寸及标高等,图中还应标出供热介质流向、管道坡度。

4)补偿器安装图应注明管道代号及规格、计算热伸长量、补偿器型号、安装尺寸及其他技术数据。

3. 热力站和中继泵站制图与识图

(1)设备、管道平面图和剖面图的制图与识图。

1)在建筑平面图的基础上,按比例绘出各种设备并编号,编号应与设备明细表或设备与主要材料表相对应。

2)图中应标注设备、设备基础和管道的定位尺寸和标高,应标注设备、管道和管路附件的安装尺寸。

3)各种管道均应注明管道代号及规格、介质流向等。

4)在平面图和剖面图上用图形符号表示管道支吊架,绘制吊点位置图。支吊架类型较多时可编号并列表说明。

(2)管道系统图的制图与识图。

1)管道系统图采用轴测投影法绘制,用单线绘制管道并标注标高,各种管道均应注明管道代号及规格、介质流向。设备和需要特指的管路附件应编号,应与设备和主要材料表相对应。

2)管道系统图应绘出管道放气装置和放水装置,用图形符号表示管道支吊架。绘出设备和管路上的就地仪表。绘制带控制点的管道系统图时,应满足自控专业的制图要求。

第5章 土石方工程工程量计算

5.1 土石方工程全统市政定额工程量计算规则

5.1.1 土石方工程预算定额的一般规定

1.定额说明

(1)干、湿土的划分首先以地质勘察资料为准,含水率≥25％为湿土;或以地下常水位为准,常水位以上为干土,以下为湿土。挖湿土时,人工和机械乘以系数1.18,干、湿土工程量分别计算。采用井点降水的土方应按干土计算。

(2)人工夯实土堤、机械夯实土堤执行本章人工填土夯实平地、机械填土夯实平地子目。

(3)挖土机在垫板上作业,人工和机械乘以系数1.25,搭拆垫板的人工、材料和辅机摊销费另行计算。

(4)推土机推土或铲运机铲土的平均土层厚度小于30 cm时,其推土机台班乘以系数1.25,铲运机台班乘以系数1.17。

(5)在支撑下挖土,按实挖体积,人工乘以系数1.43,机械乘以系数1.20。先开挖后支撑的不属支撑下挖土。

(6)挖密实的钢渣,按挖四类土人工乘以系数2.50,机械乘以系数1.50。

(7)0.2 m³抓斗挖土机挖土、淤泥、流砂按0.5 m³抓铲挖掘机挖土、淤泥、流砂定额消耗量乘以系数2.50计算。

(8)自卸汽车运土,如是反铲挖掘机装车,则自卸汽车运土台班数量乘以系数1.10;拉铲挖掘机装车,自卸汽车运土台班数量乘以系数1.20。

(9)石方爆破按炮眼法松动爆破和无地下渗水积水考虑,防水和覆盖材料未在定额内。采用火雷管可以换算,雷管数量不变,扣除胶质导线用量,增加导火索用量,导火索长度按每个雷管2.12 m计算。抛掷和定向爆破另行处理。打眼爆破若要达到石料粒径要求,则增加的费用另计。

(10)定额不包括现场障碍物清理,障碍物清理费用另行计算。弃土、石方的场地占用费按当地规定处理。

(11)开挖冻土套拆除素混凝土障碍物子目乘以系数0.8。

(12)定额为满足环保要求而配备了洒水汽车在施工现场降尘,若实际施工中未采用洒水汽车降尘的,在结算中应扣除洒水汽车和水的费用。

2.关于人工土方

定额把劳动定额中的一、二类土设1个子目,取一类土5％、二类土95％,将砂性淤泥和黏性淤泥综合设一个子目,取砂性淤泥 10％、黏性淤泥 90％。

(1)挖土方。定额用工数按劳动定额计算。

(2)沟槽土方。沟槽宽度按劳动定额综合,取底宽 1.5 m 内 50％,3 m 内 45％,7 m 内 5％,深度按劳动定额每米分层定额取算术平均值。

(3)基坑土方。基坑底面积按劳动定额综合,取 5 m² 内 30％,10 m² 内 30％,20 m² 内 15％,50 m² 内 15％,100 m² 内 10％,深度按劳动定额每米分层定额取算术平均值。

(4)开挖冻土按拆除混凝土障碍物子目乘以系数 0.8。

(5)人工运土。按劳动定额计算。

(6)平整场地、填土夯实。平整场地用工按劳动定额一、二类土,三类土,四类土综合,各取 1/3。填土夯实密实度综合比例为 85％、90％、95％,各取 1/3。

(7)土壤含水量超过 25％以上时,由于土壤密度增加和对机具的黏附作用,挖运土方时,人工和机械乘以系数 1.18,土方工程量按计算规则计算。

3. 关于机械土方

(1)机械土方项目划分主要是依据机械的作业性能划分。土方调运应按调运距离短、调运量少、调运费最低的原则编制施工组织设计。

机械台班预算定额数量的计算公式为:

$$机械台班数量＝1\,000\ m^3 \div 劳动定额台班产量 \times 幅度差系数$$

(2)推土机、铲运机。55 kW 以内推土机推土距离到 40 m 止,75 kW 以上的推土机推土、石推距到 80 m 止。推距接近或超过最大推距,则工效降低、费用增加,应采取铲运机调运土方。拖式 3 m³ 铲运机调运土方,调运距离到 500 m 止。拖式 6～8 m³ 铲运机调运土方距离调到 800 m 止。拖式 8～10 m³、10～12 m³ 铲运机调运土距离调到 800 m 止。自行式铲运机调运土方距离调到 1 800 m 止。

拖式及自行式铲运机,均按主机台班数的 10％配推土机作辅机,以完成推开工作面、修整边坡等工作。

(3)挖掘机。

1)以挖掘机挖斗容量划分,并考虑正铲、反铲、拉铲挖掘形式,分装车和不装车编制定额项目。挖掘机挖土(石)的台班产量,按劳动定额中挖掘深(高)度综合计算台班产量,再换算为预算定额中机械台班数。

2)辅助机械以 75 kW 推土机配备,并随主机的工作条件选定配置台班数如下:配合挖掘机挖土不装车按主机台班量的 10％配置;配合挖掘机挖土装车按主机台班量的 90％配置;配合挖掘机挖渣不装车按主机台班量的 100％配置;配合挖掘机挖渣装车按主机台班量的 140％配置。

(4)装载机装运土方。定额中分轮胎式装载机装松散土(装车)和自装自运土方的项目。装载机在装松散土装车前,如是原状土,则应由推土机破土,编制预算时增加推土机推土一项。

(5)自卸汽车运土。定额中自卸汽车运土,适合配挖掘机。各种铲斗和装载机,也适合配人工装车。自卸汽车车型分为 4.5 t、6.5 t、8 t、10 t、12 t、15 t,运输距离分为 1 km、3 km、5 km、7 km、10 km、13 km、16 km、20 km、25 km、30 km。

自卸汽车运输道路条件按一、二、三类道路各占 1/3 综合计算。自卸汽车运输中对路面清扫和降低装载量(防止满载时的泼洒)的因素,在施工时应结合当地情况按各市定额管理部门规定作适当调整。

(6)抓铲挖掘机挖土、淤泥、流砂。抓铲挖掘机挖土、淤泥、流砂按抓斗 0.5 m³、1.0 m³ 选配机型,若采用 0.2 m³ 的机型则按 0.5 m³ 定额台班量乘以系数 2.5 计算,并考虑了装车、不装车因素按深 6 m 以内、6 m 以外编制。辅助工按 4 人/台班(协助抓土 3 人,卸土或装车 1 人)配备,挖淤泥、流砂的湿度系数为 1.25,难度系数为 1.5。

机械台班数量＝1 000 m³÷劳动定额台班产量×幅度差系数×湿度系数×难度系数

(7)有关辅助工工日的计算。机械土石方施工中,必不可缺少辅助人工,其工作内容为:工作面内排水,机械行走道路的养护,配合洒水汽车洒水,清除车、铲斗内积土,现场机械工作时的看护。根据《全国统一建筑工程基础定额》,推土、铲土、装载、挖填土方,按每1 000 m³ 配 6 工日。

(8)洒水汽车及水量。为保障土石方工程施工人员的健康和保障施工质量及安全行车,根据《全国统一建筑工程基础定额》,综合考虑了洒水汽车台班及水量。

(9)机械幅度差系数。机械幅度差系数按建设部统一规定:土方为 1.25、石方为1.33,内容包括:

1)施工中工序之间间隔、机械转移、配套机械之间的相互影响。

2)施工初期与结束的工作条件,造成的工效差。

3)工程质量、安全生产的检查发生的影响。

4)正常条件下,施工机械排除故障的影响。

4.关于石方

岩石以普氏系数划分为松石、次坚石、普坚石和特坚石,以强度系数 f 表示。松石 f 为 1.5～4;次坚石 f 为 4～8;普坚石 f 为 8～12;特坚石 f 为 12～16。

定额中未考虑 f16 以上的岩石开挖,若发生时需另行处理。

(1)人工凿石。人工凿石用工根据各省市现行定额对比分析,各类岩石用工级差取定为 1.52,以松石为 1,则次坚石 1.52,普坚石 2.31,特坚石 3.51。松石用工采用湖南省1980 年市政劳动定额,每立方米 0.82 个工日,其他各类岩石乘以上述系数,另按湖南省市政劳动定额,每立方米增加 0.293 个运输工作为人工清渣等辅助用工。

(2)人工打眼爆破。人工打眼爆破采用《全国统一建筑工程基础定额》的相应子目。

(3)机械打眼爆破。机械打眼爆破石方采用《全国统一建筑工程基础定额》的相应子目。

5.需说明的有关问题

(1)土石方体积均以天然密实体积(自然方)计算,回填土按碾压后的体积(实方)计算。定额给出了土方体积换算表。有的地区存在大孔隙土,利用大孔隙土挖方作填方时,其挖方量的系数应增加,数值可由各地定额管理部门确定。

(2)定额中管道作业坑和沿线各种井室(包括沿线的检查井、雨水井、阀门井和雨水进水口等)所需增加开挖的土方量按有关规定如实计算。

(3)定额中所有填土(包括松填、夯填、碾压)均是按就近 5 m 内取土考虑的,超过 5 m按以下办法计算:

1)就地取余松土或堆积土回填者,除按填方定额执行外,另按运土方定额计算土方费用。

2)外购土者,应按实计算土方费用。

(4)定额中的工料机消耗水平是按劳动定额、施工验收规范、合理的施工组织设计以及多数施工企业现有的施工机械装备水平,根据有关规定计算的,在执行中不得因工程的施工方法和工、料、机等用量与定额有出入而调整定额(定额中规定允许调整的除外)。

5.1.2　土石方工程预算定额工程量计算规则

(1)定额的土、石方体积均以天然密实体积(自然方)计算,回填土按碾压后的体积(实方)计算。土方体积换算见表5.1。

表5.1　土方体积换算表

虚方体积	天然密实度体积	夯实后体积	松填体积
1.00	0.77	0.67	0.83
1.30	1.00	0.87	1.08
1.50	1.15	1.00	1.25
1.20	0.92	0.80	1.00

(2)土方工程量按图纸尺寸计算,修建机械上、下坡的便道土方量并入土方工程量内。石方工程量按图纸尺寸加允许超挖量。开挖坡面每侧允许超挖量:松、次坚石20 cm,普、特坚石15 cm。

(3)夯实土堤按设计断面计算。清理土堤基础按设计规定以水平投影面积计算,清理厚度为30 cm内,废土运距按30 m计算。

(4)人工挖土堤台阶工程量,按挖前的堤坡斜面面积计算,运土应另行计算。

(5)人工铺草皮工程量以实际铺设的面积计算,花格铺草皮中的空格部分不扣除。花格铺草皮,设计草皮面积与定额不符时可以调整草皮数量,人工按草皮增加比例增加,其余不调整。

(6)管道接口作业坑和沿线各种井室所需增加开挖的土石方工程量按有关规定如实计算。管沟回填土应扣除管径在200 mm以上的管道、基础、垫层和各种构筑物所占的体积。

(7)挖土放坡和沟、槽底加宽应按图纸尺寸计算,如无明确规定,可按表5.2、表5.3计算。

挖土交接处产生的重复工程量不扣除。如在同一断面内遇有数类土壤,其放坡系数可按各类土占全部深度的百分比加权计算。

表5.2　放坡系数

土壤类别	放坡起点深度/m	机械开挖		人工开挖
		坑内作业	坑上作业	
一、二类土	1.20	1：0.33	1：0.75	1：0.50
三类土	1.50	1：0.25	1：0.67	1：0.33
四类土	2.00	1：0.10	1：0.33	1：0.25

表 5.3　管沟底部每侧工作面宽度

管道结构宽 /cm	混凝土管道 基础 90°	混凝土管道 基础＞90°	金属管道	构筑物	
				无防潮层	有防潮层
50 以内	40	40	30	40	60
100 以内	50	50	40		
250 以内	60	50	40		

　　管道结构宽:无管座按管道外径计算,有管座按管道基础外缘计算,构筑物按基础外缘计算,如设挡土板则每侧增加 10 cm。

　　(8)土石方运距应以挖土重心至填土重心或弃土重心最近距离计算,挖土重心、填土重心、弃土重心按施工组织设计确定。如遇下列情况应增加运距。

　　1)人力及人力车运土、石方上坡坡度在 15% 以上,推土机、铲运机重车上坡坡度大于 5%,斜道运距按斜道长度乘以表 5.4 中系数。

表 5.4　斜道运距系数

项　　目	推土机、铲运机				人力及人力车
坡度/%	5～10	15 以内	20 以内	25 以内	15 以上
系数	1.75	2	2.25	2.5	5

　　2)采用人力垂直运输土、石方,垂直深度每米折合水平运距 7 m 计算。

　　3)拖式铲运机 3 m³ 加 27 m 转向距离,其余型号铲运机加 45 m 转向距离。

　　(9)沟槽、基坑、平整场地和一般土石方的划分:底宽 7 m 以内,底长大于底宽 3 倍以上按沟槽计算;底长小于底宽 3 倍以内按基坑计算,其中基坑底面积在 150 m² 以内执行基坑定额。厚度在 30 cm 以内就地挖、填土按平整场地计算。超过上述范围的土、石方按挖土方和石方计算。

　　(10)机械挖土方中如需人工辅助开挖(包括切边、修整底边),机械挖土按实挖土方量计算,人工挖土土方量按实套相应定额乘以系数 1.5。

　　(11)人工装土汽车运土时,汽车运土定额乘以系数 1.1。

　　(12)土壤及岩石分类见表 5.5。

表 5.5　土壤及岩石(普氏)分类表

定额分类	普氏分类	土壤及岩石名称	天然湿度下平均容重 /(kg·m⁻³)	极限压碎强度 /(kg·cm⁻²)	用轻钻孔机钻进 1 m 耗时(min)	开挖方法及工具	紧固系数 f
一、二类土壤	I	砂	1 500			用尖锹开挖	0.5~0.6
		砂壤土	1 600				
		腐植土	1 200				
		泥炭	600				
	II	轻壤土和黄土类土	1 600			用锹开挖并少数用镐开挖	0.6~0.8
		潮湿而松散的黄土,软的盐渍土和碱土	1 600				
		平均 15 mm 以内的松散而软的砾石	1 700				
		含有草根的密实腐植土	1 400				
		含有直径在 30 mm 以内根类的泥炭和腐植土	1 100				
		掺有卵石、碎石和石屑的砂和腐植土	1 650				
		含有卵石或碎石杂质的胶结成块的填土	1 750				
		含有卵石、碎石和建筑料杂质的砂壤土	1 900				
三类土壤	III	肥粘土其中包括石炭纪侏罗纪的粘土和冰粘土	1 800			用尖锹并同时用镐开挖(30%)	0.81~1.0
		重壤土、粗砾石、粒径为 15~40 mm 的碎石和卵石	1 750				
		干黄土和掺有碎石和卵石的自然含水量黄土	1 790				
		含有直径大于 30 mm 根类的腐植土或泥炭	1 400				
		掺有碎石或卵石和建筑碎料的土壤	1 900				
四类土壤	IV	含碎石重粘土,其中包括侏罗和石炭纪的硬粘土	1 950			用尖锹并同时用镐和撬棍开挖(30%)	1.0~1.5
		含有碎石、卵石、建筑碎料和重达 25 kg 的顽石(总体积 10%以内)等杂质的肥粘土和重壤土	1 950				
		冰碛粘土,含有重量在 50 kg 以内的巨砾,其含量为总体积 10%以内的泥板岩	2 000				
			2 000				
		不含或含有重量达 10 kg 的顽石	1 950				

续表 5.5

定额分类	普氏分类	土壤及岩石名称	天然湿度下平均容重/(kg·m⁻³)	极限压碎强度/(kg·cm⁻²)	用轻钻孔机钻进 1 m 耗时(min)	开挖方法及工具	紧固系数 f
松石	V	含有重量在 50 kg 以内的巨砾（占体积 10％以上）的冰碛石	2 100	小于 200	小于 3.5	部分用手凿工具，部分用爆破开挖	1.5～2.0
		矽藻岩和软白垩岩	1 800				
		胶结力弱的砾岩	1 900				
		各种不坚实的片岩	2 600				
		石膏	2 200				
次坚石	Ⅵ	凝灰岩和浮石	1 100	00～400	3.5	用风镐和爆破法开挖	2～4
		松软多孔和裂隙严重的石灰岩和介质石灰岩	1 200				
		中等硬变的片岩	2 700				
		中等硬变的泥灰岩	2 300				
次坚石	Ⅶ	石灰石胶结的带有卵石和沉积岩的砾石	2 200	400～600	6.0	用爆破方法开挖	4～6
		风化的和有大裂缝的粘土质砂岩	2 000				
		坚实的泥板岩	2 800				
		坚实的泥灰岩	2 500				
	Ⅷ	砾质花岗岩	2 300	600～800	8.5	用爆破方法开挖	6～8
		泥灰质石灰岩	2 300				
		粘土质砂岩	2 200				
		砂质云片石	2 300				
		硬石膏	2 900				
普坚石	Ⅸ	严重风化的软弱的花岗岩、片麻岩和正长岩	2 500	800～1 000	11.5	用爆破法开挖	8～10
		滑石化的蛇纹岩	2 400				
		致密的石灰岩	2 500				
		含有卵石、沉积岩的硅质胶结和砾石	2 500				
		砂岩	2 500				
		砂质石灰质片岩	2 500				
		菱镁矿	3 000				
普坚石	Ⅹ	白云岩	2 700	1 000～1 200	15.0	用爆破方法开挖	10～12
		坚固的石灰岩	2 700				
		大理岩	2 700				
		石灰岩质胶结的致密砾石	2 600				
		坚固砂质片岩	2 600				

续表 5.5

定额分类	普氏分类	土壤及岩石名称	天然湿度下平均容重 /(kg·m⁻³)	极限压碎强度 /(kg·cm⁻²)	用轻钻孔机钻进1 m耗时(min)	开挖方法及工具	紧固系数 f
特坚石	Ⅷ	粗花岗岩	2 800	1 200~1 400	18.5	用爆破方法开挖	12~14
		非常坚硬的白云岩	2 900				
		蛇纹岩	2 600				
		石灰质胶结的含有火成岩之卵石的砾石	2 800				
		石英胶结的坚固砂岩	2 700				
		粗粒正长岩	2 700				
	Ⅻ	具有风化痕迹的安山岩和玄武岩	2 700	1 400~1 600	22.0	用爆破方法开挖	14~16
		片麻岩	2 600				
		非常坚固的石灰岩	2 900				
		硅质胶结的含有火成岩之卵石的砾岩	2 900				
		粗石岩	2 600				
特坚石	Ⅶ	中粒花岗岩	3 100	1 600~1 800	27.5	用爆破方法开挖	16~18
		坚固的片麻岩	2 800				
		辉绿岩	2 700				
		玢岩	2 500				
		坚固的粗石岩	2 800				
		中粒正长岩	2 800				
	Ⅶ	非常坚固的细粒花岗岩	3 300	1 800~2 000	32.5	用爆破方法开挖	18~20
		花岗岩麻岩	2 900				
		闪长岩	2 900				
		高硬度的石灰岩	3 100				
		坚固的玢岩	2 700				
	Ⅶ	安山岩,玄武岩,坚固的角页岩	3 100	2 000~2 500	46.0	用爆破法开挖	20~25
		高硬度的辉绿岩和闪长岩	2 900				
		坚固的辉长岩和石英岩	2 800				
	Ⅶ	拉长玄武岩和橄榄玄武岩	3 300	>2 500	>60	用爆破法开挖	>25
		特别坚固的辉长辉绿岩,石英石和玢岩	3 000				

5.2　土石方工程工程量清单计算规则

5.2.1　土石方工程工程量清单项目设置及工程量计算规则

(1)挖土方工程工程量清单项目设置及工程量计算规则见表 5.6。

表 5.6　挖土方(编码:040101)

项目编码	项目名称	项目特征	计量单位	工程量计算规则	工程内容
040101001	挖一般土方			按设计图示开挖线以体积计算	
040101002	挖沟槽土方	1. 土壤类别 2. 挖土深度		原地面线以下按构筑物最大水平投影面积乘以挖土深度(原地面平均标高至槽坑底高度)以体积计算	1. 土方开挖 2. 围护、支撑 3. 场内运输 4. 平整、夯实
040101003	挖基坑土方		m³	原地面线以下按构筑物最大水平投影面积乘以挖土深度(原地面平均标高至坑底高度)以体积计算	
040101004	竖井挖土方	1. 土壤类别 2. 挖土深度		按设计图示尺寸以体积计算	1. 土方开挖 2. 围护、支撑 3. 场内运输
040101005	暗挖土方	土壤类别		按设计图示断面乘以长度以体积计算	1. 土方开挖 2. 围护、支撑 3. 洞内运输 4. 场内运输
040101006	挖淤泥	挖淤泥深度		按设计图示的位置及界限以体积计算	1. 挖淤泥 2. 场内运输

注:1. 挖方应按天然密实度体积计算,填方应按压实后体积计算。

2. 沟槽、基坑、一般土石方的划分应符合下列规定:

(1)底宽 7 m 以内,底长大于底宽 3 倍以上应按沟槽计算。

(2)底长小于底宽 3 倍以下,底面积在 150 m² 以内应按基坑计算。

(3)超过上述范围,应按一般土石方计算。

(2)挖石方工程工程量清单项目设置及工程量计算规则见表 5.7。

表 5.7　挖石方(编码:040102)

项目编码	项目名称	项目特征	计量单位	工程量计算规则	工程内容
040102001	挖一般石方			按设计图示开挖线以体积计算	
040102002	挖沟槽石方	1. 岩石类别 2. 开凿深度	m³	原地面线以下按构筑物最大水平投影面积乘以挖石深度(原地面平均标高至槽底高度)以体积计算	1. 石方开凿 2. 围护、支撑 3. 场内运输 4. 修整底、边
040102003	挖基坑石方			按设计图示尺寸以体积计算	

注:沟槽、基坑、一般土石方的划分应符合下列规定:

1. 底宽 7 m 以内,底长大于底宽 3 倍以上应按沟槽计算。

2. 底长小于底宽 3 倍以下,底面积在 150 m² 以内应按基坑计算。

3. 超过上述范围,应按一般土石方计算。

(3)填方及土石方运输工程工程量清单项目设置及工程量计算规则见表5.8。

表5.8　填方及土石方运输(编码:040103)

项目编码	项目名称	项目特征	计量单位	工程量计算规则	工程内容
040103001	填方	1.填方材料品种 2.密实度	m³	1.按设计图示尺寸以体积计算 2.按挖方清单项目工程量减基础、构筑物埋入体积加原地面线至设计要求标高间的体积计算	1.填方 2.压实
040103002	余方弃置	1.废弃料品种 2.运距		按挖方清单项目工程量减利用回填方体积(正数)计算	余方点装料运输至弃置点
040103003	缺方内运	1.填方材料品种 2.运距		按挖方清单项目工程量减利用回填方体积(负数)计算	取料点装料运输至缺方点

注:填方应按压实后体积计算。

5.2.2　土石方工程工程量清单项目说明

1.挖土方工程

(1)挖一般土方。

1)挖一般土方在编列清单项目时,按划分的原则进行列项。

2)挖一般土方的清单工程量按原地面线与开挖达到设计要求线间的体积计算。

3)挖一般土方,就市政工程来说一般是路基挖方和广场挖方。路基挖方一般用平均横断面法计算,广场挖方一般采用方格网法进行计算。如遇到原有道路拆除,拆除部分应另列清单项目。道路的挖方量应不包括拆除量。

(2)挖沟槽土方。

1)挖沟槽土方在编列清单项目时,按划分的原则进行列项。

2)挖沟槽土方的清单工程量,按原地面线以下构筑物最大水平投影面积乘以挖土深度(原地面平均标高至坑、槽底平均标高的高度)以体积计算,如图5.1所示。

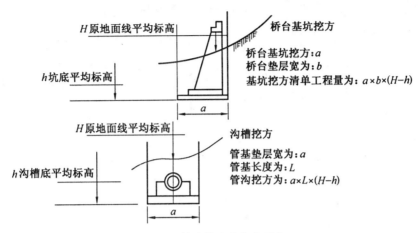

图 5.1　挖沟槽和基坑土石方

3)挖沟槽土方的清单工程量按原地面以下的构筑物最大水平投影乘以水平挖方深度计算。

(3)挖基坑土方。挖基坑土方与挖沟槽土方相同,其清单工程量亦按原地面以下的构筑物最大水平投影乘以水平挖方深度计算。

(4)竖井挖土方。

1)竖井挖土方,指在土质隧道、地铁中除用盾构法挖竖井外,其他方法挖竖井土方用此项目。

2)市政管网中各种井的井位挖方计算。因为管沟挖方的长度按管网铺设的管道中心线的长度计算,所以管网中的各种井的井位挖方清单工程量必须扣除与管沟重叠部分的方量,如图 5.2 所示只计算斜线部分的方量。

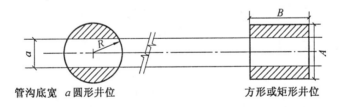

管沟底宽　a 圆形井位　　　　　　　　　　方形或矩形井位

图 5.2　井位挖方示意图

(5)暗挖土方。暗挖土方指在土质隧道、地铁中除用盾构掘进和竖井挖土外,用其他方法挖洞内土方工程用此项目。

2.挖石方工程

(1)挖一般石方。

1)石方体积以天然密实体积(自然方)计算,回填土按碾压后的体积(实方)计算。有的地区存在大孔隙土,利用大孔隙土挖方作填方时,其挖方量的系数应增加,数值可由各地定额管理部门确定。

2)挖一般石方一般是中基和广场挖方,应分别采用平均横断面法和方格网法计算。如遇到原有道路拆除,拆除部分应另外列项,挖方量不应包括拆除量。

（2）挖沟槽、基坑石方。挖沟槽、基坑石方工程清单项目的适用范围与相关说明参见"挖土方中挖沟槽、基坑土方"的相关内容。

3.填方及土石方运输

（1）填方。

1）填方，包括用各种不同的填筑材料填筑的填方均用此项目。

2）填方以压实（夯实）后的体积计算。

3）道路填方按设计线与原地面线之间的体积计算，如图 5.3 所示。

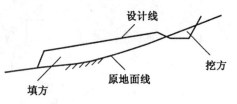

图 5.3　道路填方示意图

4）沟槽及基坑填方按沟槽或基坑挖方清单工程量减埋入构筑物的体积计算，如有原地面以上填方则再加上这部体积即为填方量。

5）路基填方按路基设计线与原地面线之间的体积计算。

6）沟槽、基坑填方的清单工程量，按相关的挖方清单工程量减包括垫层在内的构筑物埋入体积计算；如设计填筑线在原地面以上的话，还应加上原地面线至设计线之间的体积。

（2）土方运输。每个单位工程的挖方与填方应进行平衡，多余部分应列余方弃置的项目。如招标文件中指明弃置地点的，应列明弃置点及运距；如招标文件中没有列明弃置点的，将由投标人考虑弃置点及运距。缺少部分（即缺方部分）应列缺方内运清单项目。如招标文件中指明取方点的，则应列明到取方点的平均运距；如招标文件和设计图及技术文件中，对填方材料品种、规格有要求的也应列明，对填方密实度有要求的应列明密实度。

5.3　土石方工程工程量计算示例

【示例 5.1】

人工挖沟槽，三类湿土，7.3 m 深。求定额基价。

分析：

干、湿土的划分首先以地质勘察资料为准，含水率≥25%为湿土；或以地下常水位为准，常水位以上为干土，以下为湿土。挖湿土时，人工和机械乘以系数 1.18。

【解】

选用《全国统一市政工程预算定额》中 1—11 定额换算。

$$定额基价＝2\ 287.00×1.18＝2\ 698.66\ 元/100\ m^3$$

【示例 5.2】

人工挖沟槽，四类湿土，4.5 m 深，一侧抛弃土。求定额基价。

分析：

人工挖沟、槽土方，一侧弃土时，乘以系数 1.13。

【解】

选用《全国统一市政工程预算定额》中 1—14 定额换算。

$$定额基价＝2\ 470.35×1.18×1.13＝3\ 293.96\ 元/100\ m^3$$

【示例 5.3】

按土方量汇总表(见表 5.9);图 5.4(a)中,桩号 0+0.20 的填方横断面积为 2.8 m²,挖方横截面面积为 10.25 m²,两桩间的距离为 25 m,如图 5.4(b)所示,设桩号 0+0.00 的填方横截面积为 3.2 m²,挖方横截面积为 5.6 m²;试计算其挖填方量。

【解】

$$V_{挖方}/m^3 = \frac{1}{2}(5.6+10.25)\times25 = 198.125$$

$$V_{填方}/m^3 = \frac{1}{2}(3.2+2.8)\times25 = 75$$

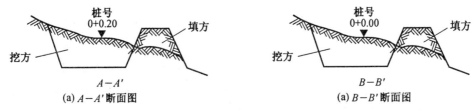

(a) $A-A'$ 断面图　　　　　　　　(a) $B-B'$ 断面图

图 5.4　填方横截面图

挖填方量汇总表见表 5.9。

表 5.9　土方量汇总表

断面	填方面积/m²	挖方面积/m²	截面间距/m	填方体积/m³	挖方体积/m³
$A-A'$	3.2	5.6	25	32	56
$B-B'$	2.8	10.25	25	28	102.5
合计				75	198.125

【示例 5.4】

某挖沟槽工程,如图所示管道为直径 500 mm 的钢筋混凝土管,混凝土基础宽度 $b=0.7$ m,设沟槽长度 $L=90$ mm,$H=4.250$ m,$h=1.250$ m。试分别计算清单工程量、工程量清单计价工程量及施工工程量。

【解】

(1)清单工程量:"挖沟槽"清单项目工程量计算规则计算。

$$V/m^3 = B_1 + (H-h)\times L = 0.7\times(4.25-1.25) = 189$$

(2)清单计价工程量:

当支护开挖时,按照选用的综合定额工程量计算规则:

$$B_2 = 0.7+2\times0.3+0.2 = 1.5\ m$$

$$V/m^3 = B_2 + (H-h)\times L = 1.5\times(4.25-1.25)\times90 = 405$$

当放坡开挖时,按照选用的综合定额工程量计算规则:

$b_2 = 0.7+2\times0.3 = 1.3$ m,若边坡为 1:0.5,则:

$$V/\mathrm{m^3} = [b_2 + m(H-h)] \times (H-h) \times L$$
$$= [1.3 + 0.5 \times (4.25 - 1.25)] \times (4.25 - 1.25) \times 90$$
$$= 756$$

定额工程量：$V_1/\mathrm{m^3} = b_1 \times (H-h) \times L = 1.3 \times (4.25-1.25) \times 90 = 350$

放坡增加工程量：$V_2/\mathrm{m^3} = V - V_1 = 406$

(3)施工工程量

选择支护开挖方案。管基、稳管、管座、抹带采用"四合一"施工方法，考虑排管的需要，开挖加宽一侧为 0.55 m，另一侧为 0.35 m，则：

$$b_2 = 0.7 + 0.55 + 0.35 = 1.6 \text{ m}$$
$$V/\mathrm{m^3} = b_2 \times (H-h) \times L = 1.6 \times (4.25-1.25) \times 90 = 432$$

【示例 5.5】

如图 5.5 所示，某构筑物基础为满堂基础，基础垫层为无筋混凝土，长宽方向的外边线尺寸为 8.2 m 和 5.8 m，垫层厚 20 cm，垫层顶面标高为 −4.55 m，室外地面标高为 −0.65 m，地下常水位置高为 −3.5 m，该处土壤类别为三类土（放坡系数 $K = 0.33$），人工挖土，试计算挖土方工程量。

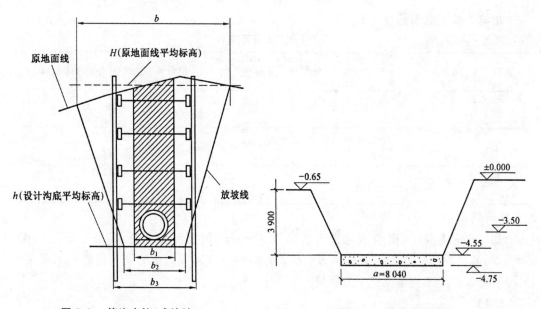

图 5.5　管沟支护（或放坡）　　　　图 5.6　满堂基础基坑

【解】

基础埋至地下常水位以下，坑内有干、湿土，应分别计算：

(1)挖干湿土总量

设垫层部分的土方量为 V_1，垫层以上的土方量为 V_2，总土方量为 V_0，则：

$$V_0/\mathrm{m^3} = V_1 + V_2 = a \times b \times 0.2 + (a+kh)(b+kh) \times h + \frac{1}{3} k^2 h^3$$
$$= 8.2 \times 5.8 \times 0.2 + 9.487 \times 7.087 \times 3.9 + 2.15$$
$$= 273.88$$

（2）挖湿土量

按图所示，放坡部分挖湿土深度为 1.05 m，则 $\frac{1}{3}k^2h^3=0.042$，设湿土量为 V_3，则：

$$V_3/m^3=V_1+(8.2+0.33\times1.05)(8.2+0.33\times1.05)\times1.05+0.042=64.71$$

（3）挖干土量 V_4

$$V_4/m^3=V_0-V_3=273.88-64.71=209.17$$

【示例 5.6】

某市一号道路修筑起点 0＋000、终点 0＋600，路面修筑路宽度为 14 m，路肩各宽 1 m，土质为四类，余方运至 5 km 处弃置点，填方要求密实度达到 95%。道路工程土方计算表见表 5.10。试编制土石方工程工程量清单项目表和综合单价计算表。

【解】

1. 工程量清单编制

根据道路土方工程量计算表我们可以看到土方平衡后，有 330 m² 需要余土弃置。现编制如下道路土方工程的工程量清单表（表 5.11）。

表 5.10　道路工程土方工程量计算表

工程名称：一号路道路工程　　　　　　标段：0＋000～0＋600　　　　　　第　页　共　页

桩号	距离 /m	挖土			填土		
		断面积 /m²	平均断面积 /m²	体积 /m³	断面积 /m²	平均断面积 /m²	体积 /m³
0＋000	50	0	1.5	75	3.00	3.2	160
0＋050	50	3.00	3.0	150	3.40	4.0	200
0＋100	50	3.00	3.4	170	4.60	4.5	225
0＋150	50	3.80	3.6	180	4.40	5.2	260
0＋200	50	3.40	4.0	200	6.00	5.2	-260
0＋250	50	3.60	4.4	220	4.40	6.2	310
0＋300	50	4.20	4.6	230	8.00	6.6	330
0＋350	50	5.00	5.1	255	5.20	8.1	405
0＋400	50	5.20	6.0	300	11.00		
0＋450	50	6.80	4.8	240			
0＋500	50	2.80	2.4	120			
0＋550	50	2.00	6.8	340			
0＋600		11.60					
合　计				2 480			2 150

表 5.11　分部分项工程量清单与计价表

工程名称:一号路道路工程　　　　　　　　标段:0+000~0+600　　　　　　　第　页　共　页

序号	项目编号	项目名称	项目特征描述	计量单位	工程数量	综合单价	合价	其中:暂估价
						金额/元		
1	040101001001	挖一般土方	四类土	m³	2 480			
2	040103001001	填方	密实度 95%	m³	2 150			
3	040103002001	余方弃置	运距:5 km	m³	330			
合计								

2.工程量清单计价

(1)施工方案。

1)挖土数量不大,拟用人工挖土。

2)土方平衡部分场内运输考虑用手推车运土,从道路工程土方计算表中可看出运距在 200 m 内。

3)余方弃置拟用人工装车,自卸汽车运输。

4)路基填土压实拟用路基碾压、碾压厚度每层不超过 30 cm,并分层检验密实度,达到要求的密实度后再填筑上一层。

5)路床碾压为保证质量按路面宽度每边加宽 30 cm,路床碾压面积为:(14+0.6)×600=8 760 m²

6)路肩整形碾压面积为:2×600=1 200 m²

(2)参照定额及管理费、利润的取定。

1)定额拟按全国统一市政工程预算定额。

2)管理费按直接费的 10%考虑,利润按直接费的 5%考虑。

根据上述考虑作如下综合单价分析。(见"工程量清单综合单价分析表"表 5.12~表 5.14)

表 5.12　工程量清单综合单价分析表

工程名称:一号路道路工程　　　　　　标段:0+000～0+600　　　　第 页 共 页

项目编码	040101001001		项目名称	挖一般 土石方 (四类土)	计量单位		m³

清单综合单价组成明细

定额编号	定额名称	定额单位	数量	单价/元				合价/元			
				人工费	材料费	机械费	管理费和利润	人工费	材料费	机械费	管理费和利润
1-3	人工挖路槽土方(四类土)	100 m³	0.01	1 129.34	—	—	169.40	11.29	—	—	1.69
1-45	双轮斗车运土(运距50 m以内)	100 m³	0.01	431.65	—	—	64.75	4.32	—	—	0.65
1-46	双轮斗车运土(增运距150 m)	100 m³	0.01	256.17	—	—	20.27	2.56	—	—	0.61
人工单价		小计						18.17	—	—	2.95
22.47 元/工日		未计价材料费									
清单项目综合单价								21.12			

	主要材料名称、规格、型号		单位	数量	单价/元	合价/元	暂估单价/元	暂估合价/元
材料费明细								
	其他材料费					—		—
	材料费小计					—		—

注:"数量"栏为"投标方工程量÷招标方工程量÷定额单位数量",如"0.01"为"2 480÷2 480÷100"。

表 5.13　工程量清单综合单价分析表

工程名称:一号路道路工程　　　　标段:0+000~0+600　　　　第　页　共　页

项目编码	040103001001	项目名称	填方(密实度95%)	计量单位	m³

清单综合单价组成明细

定额编号	定额名称	定额单位	数量	单价/元				合价/元			
				人工费	材料费	机械费	管理费和利润	人工费	材料费	机械费	管理费和利润
1—359	填土压路机碾压(密实度95%)	1 000 m³	0.001	134.82	6.75	1 803.45	291.75	0.13	0.007	1.80	0.29
2—1	路床碾压检验	100 m²	0.035	8.09	—	73.69	12.27	0.28	—	2.58	0.43
2—2	路肩整形碾压	100 m²	0.006	38.65	—	7.91	6.98	0.23	—	0.05	0.04
人工单价			小计					0.64	0.007	4.43	0.76
22.47 元/工日			未计价材料费								
清单项目综合单价								5.84			

材料费明细	主要材料名称、规格、型号	单位	数量	单价/元	合价/元	暂估单价/元	暂估合价/元
	水	m³	0.015	0.45	0.007		
	其他材料费			—		—	
	材料费小计			—	0.007	—	

注:"数量"栏为"投标方工程量÷招标方工程量÷定额单位数量",如"0.001"为"2 150÷2 150÷1 000"。

表 5.14　工程量清单综合单价分析表

工程名称：一号路道路工程　　　　　标段：0+000~0+600　　　　　第　页　共　页

项目编码	040103001001		项目名称	余方弃置 (运距 5 km)		计量单位	m³

<table>
<tr><td colspan="14" align="center">清单综合单价组成明细</td></tr>
<tr>
<td rowspan="2">定额
编号</td>
<td rowspan="2">定额名称</td>
<td rowspan="2">定额
单位</td>
<td rowspan="2">数量</td>
<td colspan="4">单价/元</td>
<td colspan="4">合价/元</td>
</tr>
<tr>
<td>人工费</td><td>材料费</td><td>机械费</td><td>管理费
和利润</td>
<td>人工费</td><td>材料费</td><td>机械费</td><td>管理费
和利润</td>
</tr>
<tr>
<td>1—49</td><td>人工装汽
车(土方)</td><td>100 m³</td><td>0.01</td>
<td>370.76</td><td>—</td><td>—</td><td>55.61</td>
<td>3.71</td><td>—</td><td>—</td><td>0.56</td>
</tr>
<tr>
<td>1—27
2</td><td>自卸汽车
运土(运
距 5 km)</td><td>1 000
m³</td><td>0.001</td>
<td>—</td><td>5.40</td><td>10 691.7
9</td><td>1 604.5
8</td>
<td>—</td><td>0.005</td><td>10.69</td><td>1.60</td>
</tr>
<tr><td></td><td></td><td></td><td></td><td></td><td></td><td></td><td></td><td></td><td></td><td></td><td></td></tr>
<tr><td></td><td></td><td></td><td></td><td></td><td></td><td></td><td></td><td></td><td></td><td></td><td></td></tr>
<tr><td></td><td></td><td></td><td></td><td></td><td></td><td></td><td></td><td></td><td></td><td></td><td></td></tr>
<tr><td></td><td></td><td></td><td></td><td></td><td></td><td></td><td></td><td></td><td></td><td></td><td></td></tr>
<tr>
<td colspan="2" align="center">人工单价</td>
<td colspan="4" align="center">小计</td>
<td>3.71</td><td>0.005</td><td>10.69</td><td>2.16</td>
</tr>
<tr>
<td colspan="2" align="center">22.47 元/工日</td>
<td colspan="4" align="center">未计价材料费</td>
<td colspan="4"></td>
</tr>
<tr>
<td colspan="6" align="center">清单项目综合单价</td>
<td colspan="4" align="center">16.57</td>
</tr>
<tr>
<td rowspan="5">材料
费明
细</td>
<td colspan="3" align="center">主要材料名称、规格、型号</td>
<td align="center">单位</td><td align="center">数量</td>
<td>单价/元</td><td>合价/元</td><td>暂估单
价/元</td><td>暂估合
价/元</td>
</tr>
<tr>
<td colspan="3" align="center">水</td>
<td align="center">m³</td><td>0.012</td>
<td>0.45</td><td>0.005</td><td></td><td></td>
</tr>
<tr><td colspan="3"></td><td></td><td></td><td></td><td></td><td></td><td></td></tr>
<tr>
<td colspan="5" align="center">其他材料费</td>
<td>—</td><td></td><td>—</td><td></td>
</tr>
<tr>
<td colspan="5" align="center">材料费小计</td>
<td>—</td><td>0.005</td><td>—</td><td></td>
</tr>
</table>

注："数量"栏为"投标方工程量÷招标方工程量÷定额单位数量"，如"0.01"为"330÷330÷100"。

表 5.15　分部分项工程量清单与计价表

工程名称：一号路道路工程　　　　　　标段：0+000~0+600　　　　　　第　页　共　页

序号	项目编号	项目名称	项目特征描述	计量单位	工程数量	综合单价	合价	其中：暂估价
							金额/元	
1	040101001001	挖一般土方	四类土	m³	2 480	21.12	5 2377.60	
2	040103001001	填方	密实度95%	m³	2 150	5.84	1 2556.00	
3	040103002001	余方弃置	运距：5 km	m³	330	16.57	5 468.10	
							7 0401.70	

5.4　土石方工程工程量计算常用公式

5.4.1　土石方开挖工程量计算常用公式

1.挖沟槽土石方工程量计算

外墙沟槽：$V_{挖}=S_{断}L_{外中}$

内墙沟槽：$V_{挖}=S_{断}L_{基底净长}$

管道沟槽：$V_{挖}=S_{断}L_{中}$

其中沟槽断面有如下形式：

(1)钢筋混凝土基础有垫层时。

1)两面放坡如图 5.7(a)所示。

$S_{断}=[(b+2×0.3)+mh]h+(b'+2×0.1)×h'$

2)不放坡无挡土板如图 5.7(b)所示。

$S_{断}=(b+2×0.3)h+(b'+2×0.1)×h'$

3)不放坡加两面挡土板如图 5.7(c)所示。

$S_{断}=(b+2×0.3+2×0.1)h+(b'+2×0.1)×h'$

4)一面放坡一面挡土板如图 5.7(d)所示。

$S_{断}=[(b+2×0.3+0.1+0.5)mh]h+(b'+2×0.1)×h'$

(2)基础有其他垫层时。

1)两面放坡如图 5.7(e)所示。

$S_{断} = [(b' + mh)h + b'h']$

2)不放坡无挡土板如图 5.7(f)所示。

$S_{断} = b'(h + h')$

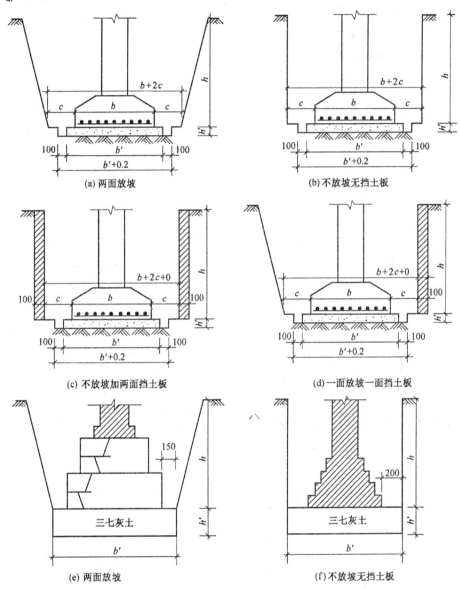

图 5.7　沟槽断面

注：(a)～(d)图为基础有垫层时，(e)、(f)图为基础有其他垫层时。

(3)基础无垫层时。

1)两面放坡如图 5.8(a)所示。

$S_{断} = [(b + 2c) + mh]h$

2)不放坡无挡土板如图 5.8(b)所示。

$S_{断} = (b + 2c)h$

3)不放坡加两面挡土板如图 5.8(c)所示。

$$S_{断}=(b+2c+2\times0.1)h$$

4)一面放坡一面挡土板如图 5.8(d)所示。

$$S_{断}=(b+2c+0.1+0.5mh)h$$

式中　$S_{断}$——沟槽断面面积(m^2)；

　　　　m——放坡系数；

　　　　c——工作面宽度(m)；

　　　　h——从室外设计地面至基础底深度，即垫层上基槽开挖深度(m)；

　　　　h'——基础垫层高度(m)；

　　　　b——基础底面宽度(m)；

　　　　b'——垫层宽度(m)。

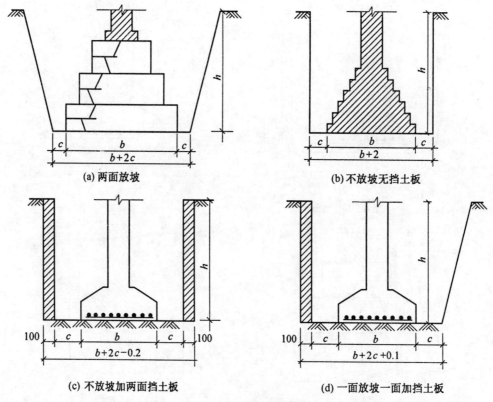

图 5.8　沟槽断面示意图

注：(a)～(d)图为基础无垫层时。

2.边坡土方工程量计算

为了保持土体的稳定和施工安全,挖方和填方的周边都应修筑成适当的边坡。边坡的表示方法如图 5.9(a)所示。图中 m 为边坡底的宽度 b 与边坡高度 h 的比,称为坡度系数。当边坡高度 h 为已知时,所需边坡底宽 b 即等于 mh($1:m=h:b$)。若边坡高度较大,可在满足土体稳定的条件下,根据不同的土层及其所受的压力,将边坡修筑成折线形,如图 5.9(b)所示,以减小土方工程量。

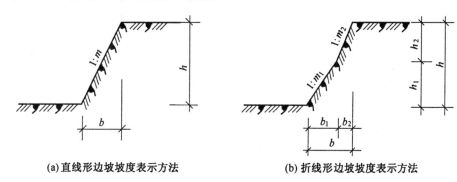

(a)直线形边坡坡度表示方法　　　　　　(b)折线形边坡坡度表示方法

图 5.9　土体边坡表示方法

边坡的坡度系数(边坡宽度:边坡高度)根据不同的填挖高度(深度)、土的物理性质和工程的重要性,在设计文件中应有明确的规定。常用的挖方边坡坡度和填方高度限值,见表 5.16 和表 5.17。

表 5.16　水文地质条件良好时永久性土工构筑物挖方的边坡坡度

项次	挖 方 性 质	边坡坡度
1	在天然湿度、层理均匀,不易膨胀的黏土、粉质黏土、粉土和砂土(不包括细砂、粉砂)内挖方,深度不超过 3 m。	$1:1\sim1:1.25$
2	土质同上,深度为 3~12 m。	$1:1.25\sim1:1.50$
3	干燥地区内土质结构未经破坏的干燥黄土及类黄土,深度不超过 12 m。	$1:0.1\sim1:1.25$
4	在碎石和泥灰岩土内的挖方,深度不超过 12 m,根据土的性质、层理特性和挖方深度确定。	$1:0.5\sim1:1.5$

表 5.17　填方边坡为 1:1.5 时的高度限制

项次	土的种类	填方高度/m	项次	土的种类	填方高度/m
1	黏土类土、黄土、类黄土	6	4	中砂和粗砂	10
2	粉质黏土、泥灰岩土	6~7	5	砾石和碎石土	10~12
3	粉土	6~8	6	易风化的岩石	12

3.石方开挖爆破每 1 m³ 耗炸药量

石方开挖爆破每 1 m³ 耗炸药量见表 5.18。

表 5.18　石方开挖爆破每 1 m³ 耗炸药量表

炮眼种类		炮眼耗药量				平眼及隧洞耗药量			
炮眼深度		1～1.5 m		1.5～2.5 m		1～1.5 m		1.5～2.5 m	
岩石种类		软石	坚石	软石	坚石	软石	坚石	软石	坚石
炸药种类	梯恩梯	0.30	0.25	0.35	0.30	0.35	0.30	0.40	0.35
	露天铵梯	0.40	0.35	0.45	0.40	0.45	0.40	0.50	0.45
	岩石铵梯	0.45	0.40	0.48	0.45	0.50	0.48	0.53	0.50
	黑炸药	0.50	0.55	0.55	0.60	0.55	0.60	0.65	0.68

5.4.2　大型土石方工程工程量计算常用公式

（1）土石方工程中开挖线起伏变化不大时，可采用方格网法计算工程量。方格法的计算公式见表 5.19。

表 5.19　常用方格网点计算公式

项　目	图　式	计 算 公 式
一点填方或挖方（三角形）		$V = \dfrac{1}{2}bc\dfrac{\sum h}{3} = \dfrac{bch_3}{6}$ 当 $b=c=a$ 时，$V = \dfrac{a^2 h_3}{6}$
二点填方或挖方（梯形）		$V = \dfrac{b+c}{2}a\dfrac{\sum h}{4} = \dfrac{a}{8}(b+c)(h_1+h_3)$ $V = \dfrac{d+e}{2}a\dfrac{\sum h}{4} = \dfrac{a}{8}(d+e)(h_2+h_4)$
三点填方或挖方（五角形）		$V = \left(a^2 - \dfrac{bc}{2}\right)\dfrac{\sum h}{5}$ $= \left(a^2 - \dfrac{bc}{2}\right)\dfrac{h_1+h_2+h_4}{5}$
四点填方或挖方（正方形）		$V = \dfrac{a^2}{4}\sum h = \dfrac{a^2}{4}(h_1+h_2+h_3+h_4)$

注：1. a——方格网的边长(m)；b、c——零点到一角的边长(m)；h_1、h_2、h_3、h_4——方格网四角点的施工高程(m)，用绝对值代入；$\sum h$——填方或挖方施工高程的总和(m)，用绝对值代入；V——挖方或填方体积(m³)。

2. 本表公式是按各计算图形底面积乘以平均施工高程而得出的。

在实际计算过程中,划分完方格网后,计算具体工程量前,还需要计算方格网的零点位置,方格网的零点位置计算示意图如图 5.10 所示。

零点位置计算式:

$$x_1 = \frac{h_1}{h_1 + h_2} \times a$$

$$x_2 = \frac{h_1}{h_1 + h_2} \times a$$

式中　x_1、x_2——角点至零点的距离(m);

　　　h_1、h_2——相邻两角点的施工高度(m)的绝对值;

　　　a——方格网的边长。

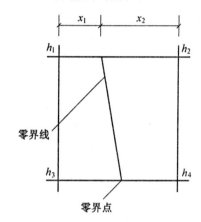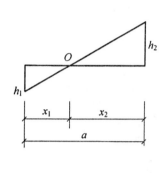

图 5.10　零点位置计算示意图

(2)大型土石方工程工程量横截面计算。

1)计算横截面面积:按表 5.20 的面积计算公式,计算每个截面的填方或挖方截面积。

2)计算土方量:根据截面面积计算土方量。

$$V = \frac{1}{2}(A_1 + A_2)L$$

式中　V——表示相邻两截面间的土方量(m³);

　A_1,A_2——表示相邻两截面的挖(填)方截面积(m²);

　　　L——表示相邻两截面间的间距(m)。

表 5.20　常用横截面积计算

图　　示	面积计算公式
	$A = h(b + nh)$
	$A = h\left[b + \dfrac{h(m+n)}{2}\right]$
	$A = b\dfrac{h_1 + h_2}{2} + nh_1 h_2$
	$A = h_1\dfrac{a_1 + a_2}{2} + h_2\dfrac{a_2 + a_3}{2} + h_3\dfrac{a_3 + a_4}{2} + h_4\dfrac{a_4 + a_5}{2}$
	$A = \dfrac{1}{2}a(h_0 + 2h + h_n)$ $h = h_1 + h_2 + h_3 + \cdots + h_n$

第6章 道路工程工程量计算

6.1 道路工程全统市政定额工程量计算规则

6.1.1 道路工程预算定额的一般规定

1.定额说明

(1)路床(槽)整形

1)路床(槽)整形包括路床(槽)整形、路基盲沟、基础弹软处理、铺筑垫层料等共计39个子目。

2)路床(槽)整形项目的内容,包括平均厚度10 cm以内的人工挖高填低、整平路床,使之形成设计要求的纵横坡度,并应经压路机碾压密实。

3)边沟成型,综合考虑了边沟挖土的土类和边沟两侧边坡培整面积所需的挖土、培土、参整边坡及余土抛出沟外的全过程所需人工。边坡所出余土弃运路基50 m以外。

4)混凝土滤管盲沟定额中不含滤管外滤层材料。

5)粉喷桩定额中,桩直径取定50 cm。

(2)道路基层

1)道路基层包括各种级配的多合土基层共计195个子目。

2)石灰土基、多合土基、多层次铺筑时,其基础顶层需进行养护。养护期按7d考虑。其用水量已综合在顶层多合土养护定额内,使用时不得重复计算用水量。

3)各种材料的底基层材料消耗中不包括水的使用量,当作为面层封顶时如需加水碾压,加水量由各省、自治区、直辖市自行确定。

4)多合土基层中各种材料是按常用的配合比编制的,当设计配合比与定额不符时,有关的材料消耗量可由各省、自治区、直辖市另行调整,但人工和机械台班的消耗不得调整。

5)石灰土基层中的石灰均为生石灰的消耗量,土为松方用量。

6)道路基层中设有"每增减"的子目,适用于压实厚度20 cm以内。压实厚度在20 cm以上应按两层结构层铺筑。

(3)道路面层

1)道路面层包括简易路面、沥青表面处治、沥青混凝土路面及水泥混凝土路面等71个子目。

2)沥青混凝土路面、黑色碎石路面所需要的面层熟料实行定点搅拌时,其运至作业面所需的运费不包括在该项目中,需另行计算。

3)水泥混凝土路面,综合考虑了前台的运输工具不同所影响的工效及有筋无筋等不同的工效。施工中无论有筋无筋及出料机具如何均不换算。水泥混凝土路面中未包括钢筋用量。如设计有筋时,套用水泥混凝土路面钢筋制作项目。

4)水泥混凝土路面均按现场搅拌机搅拌。如实际施工与定额不符时,由各省、自治区、直辖市另行调整。

5)水泥混凝土路面定额中,不含真空吸水和路面刻防滑槽。

6)喷洒沥青油料定额中,分别列有石油沥青和乳化沥青两种油料,应根据设计要求套用相应项目。

(4)人行道侧缘石及其他

1)人行道侧缘石及其他包括人行道板、侧石(立缘石)、花砖安砌等 45 个子目。

2)人行道侧缘石及其他所采用的人行道板、侧石(立缘石)、花砖等砌料及垫层如与设计不同时,材料量可按设计要求另计其用量,但人工不变。

2.有关数据的取定

(1)人工。

1)定额中人工量以综合工日数表示,不分工种及技术等级。内容包括:基本用工和其他用工。其他用工包括:人工幅度差、超运距用工和辅助用工。

2)综合工日＝基本用工×(1＋人工幅度差)＋超运距用工＋辅助用工,人工幅度差综合取定 10%。人工是随机械产量计算的,人工幅度差率按机械幅度差率计算。定额中基本运距为 50 m,超运距综合取定为 100 m。

(2)材料。

1)主要材料、辅助材料凡能计量的均应按品种、规格、数量,并按材料损耗率规定增加损耗量后列出。其他材料以占材料费的百分比表示,不再计入定额材料消耗量。其他材料费道路工程综合取为 0.50%。

2)主要材料的压实干密度、松方干密度、压实系数按相关规定计取。

3)各种材料消耗均按统一规定计算,另根据混合料配比不同,其用水量如下:

①弹软土基处理(人工、机械掺石灰、水泥稳定土壤)均按 15%水量计入材料消耗量,砂底层铺入垫层料均按 8%用水量计入材料消耗量。

②石灰土基、多合土基均按 15%用水量计入材料消耗量,其他类型基层均按 8%用水量计入材料消耗量。

③水泥混凝土路面均按 20%用水量计入材料消耗量,水泥混凝土路面层养护、简易路面按 5%用水量计入材料消耗量。

④人行道、侧缘石铺装均按 8%用水量计入材料消耗量。

(3)机械。

定额中所列机械,综合考虑了目前市政行业普遍使用的机型、规格,对原定额中道路基层、面层中的机械配置进行了调整,以满足目前高等级路面技术质量的要求及现场实际施工水平的需要。定额中在确定机械台班使用量时,均计入了机械幅度差。

6.1.2　道路工程预算定额工程量计算规则

1. 路床(槽)整形

道路工程路床(槽)碾压宽度计算应按设计车行道宽度另计两侧加宽值,加宽值的宽度由各省、自治区、直辖市自行确定,以利路基的压实。

2. 道路基层

(1)道路工程路基应按设计车行道宽度另计两侧加宽值,加宽值的宽度由各省、自治区、直辖市自行确定。

(2)道路工程石灰土、多合土养护面积计算,按设计基层、顶层的面积计算。

(3)道路基层计算不扣除各种井位所占的面积。

(4)道路工程的侧缘(平)石、树池等项目以延米计算,包括各转弯处的弧形长度。

3. 道路面层

(1)水泥混凝土路面以平口为准,如设计为企口时,其用工量按道路工程定额相应项目乘以系数 1.01。木材摊销量按本定额相应项目摊销量乘以系数 1.051。

(2)道路工程沥青混凝土、水泥混凝土及其他类型路面工程量以设计长乘以设计宽计算(包括转弯面积),不扣除各类井所占面积。

(3)伸缩缝以面积为计量单位。此面积为缝的断面积,即设计宽乘以设计厚。

(4)道路面层按设计图所示面积(带平石的面层应扣除平石面积)以 m^2 计算。

4. 人行道侧缘石及其他

人行道板、异型彩色花砖安砌面积计算按实铺面积计算。

6.2　道路工程工程量清单计算规则

6.2.1　工程量清单项目设置及工程量计算规则

(1)路基处理工程工程量清单项目设置及工程量计算规则见表 6.1。

表 6.1　路基处理(编码:040201)

项目编码	项目名称	项目特征	计量单位	工程量计算规则	工程内容
040201001	强夯土方	密实度	m^2	按设计图示尺寸以面积计算	土方强夯
040201002	掺石灰	含灰量			掺石灰
040201003	掺干土	1. 密实度 2. 掺土率	m^3	按设计图示尺寸以体积计算	掺干土
040201004	掺石	1. 材料 2. 规格 3. 掺石率			掺石
040201005	抛石挤淤	规格			抛石挤淤

续表 6.1

项目编码	项目名称	项目特征	计量单位	工程量计算规则	工程内容
040201006	袋装砂井	1. 直径 2. 填充料品种	m	按设计图示以长度计算	成孔、装袋砂
040201007	塑料排水板	1. 材料 2. 规格			成孔、打塑料排水板
040201008	石灰砂桩	1. 材料配合比 2. 桩径			成孔、石灰、砂填充
040201009	碎石桩	1. 材料规格 2. 桩径			1. 振冲器安装、拆除 2. 碎石填充、振实
040201010	喷粉桩	1. 桩径 2. 水泥含量		按设计图示以长度计算	成孔、喷粉固化
040201011	深层搅拌桩				1. 成孔 2. 水泥浆制作 3. 压浆、搅拌
040201012	土工布	1. 材料品种 2. 规格	m²	按设计图示尺寸以面积计算	土工布铺设
040201013	排水沟、截水沟	1. 材料品种 2. 断面 3. 混凝土强度等级 4. 砂浆强度等级	m	按设计图示以长度计算	1. 垫层铺筑 2. 混凝土浇筑 3. 砌筑 4. 勾缝 5. 抹面 6. 盖板
040201014	盲沟	1. 材料品种 2. 断面 3. 材料规格			盲沟铺筑

(2)道路基层工程工程量清单项目设置及工程量计算规则见表 6.2。

表 6.2　道路基层(编码:040202)

项目编码	项目名称	项目特征	计量单位	工程量计算规则	工程内容
040202001	垫层	1.厚度 2.材料品种 3.材料规格	m²	按设计图示尺寸以面积计算,不扣除各种井所占面积	1.拌和 2.铺筑 3.找平 4.碾压 5.养护
040202002	石灰稳定土	1.厚度 2.含灰量			
040202003	水泥稳定土	1.水泥含量 2.厚度			
040202004	石灰、粉煤灰、土	1.厚度 2.配合比			
040202005	石灰、碎石、土	1.厚度 2.配合比 3.碎石规格			
040202006	石灰、粉煤灰、碎(砾)石	1.材料品种 2.厚度 3.碎(砾)石规格 4.配合比			
040202007	粉煤灰	厚度			
040202008	砂砾石				
040202009	卵石				
040202010	碎石				
040202011	块石				
040202012	炉渣				
040202013	粉煤灰三渣	1.厚度 2.配合比 3.石料规格			
040202014	水泥稳定碎(砾)石	1.厚度 2.水泥含量 3.石料规格			
040202015	沥青稳定碎石	1.厚度 2.沥青品种 3.石料粒径			

(3)道路面层工程工程量清单项目设置及工程量计算规则见表 6.3。

表 6.3　道路面层(编码:040203)

项目编码	项目名称	项目特征	计量单位	工程量计算规则	工程内容
040203001	沥青表面处治	1.沥青品种 2.层数	m²	按设计图示尺寸以面积计算,不扣除各种井所占面积	1.洒油 2.碾压
040203002	沥青贯入式	1.沥青品种 2.厚度			
040203003	黑色碎石	1.沥青品种 2.厚度 3.石料最大粒径			1.洒铺底油 2.铺筑 3.碾压
040203004	沥青混凝土	1.沥青品种 2.石料最大粒径 3.厚度			
040203005	水泥混凝土	1.混凝土强度等级、石料最大粒径 2.厚度 3.掺和料 4.配合比			1.传力杆及套筒制作、安装 2.混凝土浇筑 3.拉毛或压痕 4.伸缝 5.缩缝 6.锯缝 7.嵌缝 8.路面养护
040203006	块料面层	1.材质 2.规格 3.垫层厚度 4.强度			1.铺筑垫层 2.铺砌块料 3.嵌缝、勾缝
040203007	橡胶、塑料弹性面层	1.材料名称 2.厚度			1.配料 2.铺贴

（4）人行道及其他工程工程量清单项目设置及工程量计算规则见表6.4。

表 6.4　人行道及其他（编码：040204）

项目编码	项目名称	项目特征	计量单位	工程量计算规则	工程内容
040204001	人行道块料铺设	1. 材质 2. 尺寸 3. 垫层材料品种、厚度、强度 4. 图形	m²	按设计图示尺寸以面积计算，不扣除各种井所占面积	1. 整形碾压 2. 垫层、基础铺筑 3. 块料铺设
040204002	现浇混凝土人行道及进口坡	1. 混凝土强度等级、石料最大粒径 2. 厚度 3. 垫层、基础：材料品种、厚度、强度			1. 整形碾压 2. 垫层、基础铺筑 3. 混凝土浇筑 4. 养护
040204003	安砌侧（平、缘）石	1. 材料 2. 尺寸 3. 形状 4. 垫层、基础：材料品种、厚度、强度	m	按设计图示中心线长度计算	1. 垫层、基础铺筑 2. 侧（平、缘）石安砌
040204004	现浇侧（平、缘）石	1. 材料品种 2. 尺寸 3. 形状 4. 混凝土强度等级、石料最大粒径 5. 垫层、基础：材料品种、厚度、强度			1. 垫层铺筑 2. 混凝土浇筑 3. 养护
040204005	检查井升降	1. 材料品种 2. 规格 3. 平均升降高度	座	按设计图示路面标高与原有的检查井发生正负高差的检查井的数量计算	升降检查井
040204006	树池砌筑	1. 材料品种、规格 2. 树池尺寸 3. 树池盖材料品种	个	按设计图示数量计算	1. 树池砌筑 2. 树池盖制作、安装

（5）交通管理设施工程工程量清单项目设置及工程量计算规则见表6.5。

表 6.5 交通管理设施(编码:040205)

项目编码	项目名称	项目特征	计量单位	工程量计算规则	工程内容
040205001	接线工作井	1.混凝土强度等级、石料最大粒径 2.规格	座	按设计图示数量计算	浇筑
040205002	电缆保护管铺设	1.材料品种 2.规格	m	按设计图示以长度计算	电缆保护管制作、安装
040205003	标杆	3.基础材料品种、厚度、强度	套	按设计图示数量计算	1.基础浇捣 2.标杆制作、安装
040205004	标志板	类型	块		标志板制作、安装
040205005	视线诱导器	—	只		安装
040205006	标线	1.油漆品种 2.工艺 3.线型	km	按设计图示以长度计算	画线
040205007	标记	1.油漆品种 2.规格 3.形式	个	按设计图示以数量计算	
040205008	横道线	形式	m²	按设计图示尺寸以面积计算	
040205009	清除标线	清除方法			清除
040205010	交通信号灯安装	型号	套	按设计图示数量计算	1.基础浇捣 2.安装
040205011	环形检测线安装	1.类型 2.垫层、基础:材料品种、厚度、强度	m	按设计图示以长度计算	
040205012	值警亭安装		座	按设计图示数量计算	
040205013	隔离护栏安装	1.部位 2.形式 3.规格 4.类型 5.材料品种 6.基础材料品种、强度	m	按设计图示以长度计算	1.基础浇筑 2.安装
040205014	立电杆	1.类型 2.规格 3.基础材料品种、强度	根	按设计图示数量计算。	1.基础浇筑 2.安装
040205015	信号灯架空走线	规格	km	按设计图示以长度计算	架线
040205016	信号机箱	1.形式 2.规格 3.基础材料品种、强度	只	按设计图示数量计算。	1.基础浇筑或砌筑 2.安装 3.系统调试
040205017	信号灯架		组		
040205018	管内穿线	1.规格 2.型号	km	按设计图示以长度计算	穿线

6.2.2　道路工程工程量清单项目说明

1.路基处理

(1)弹软土基处理,主要包括掺石灰、掺干土、掺石、抛石挤淤等项目,计量单位和计算方法是根据土基处理不同形式方法要求,按照不同厚度或立方米、延长米分别计列。

(2)弹软土基处理均按 15% 水量计算入材料消耗量,砂底层铺入垫层料均按 8% 用水量计处材料消耗量。

(3)主要材料、辅助材料凡能计量的均应按品种、规格、数量,并按材料损耗率规定增加损耗量后列出。其他材料以占材料费的百分比表示,不再计入定额材料消耗量。其他材料费道路工程综合取定为 0.50%。主要材料的压实密度、松方干密度、压实系数及材料损耗率及损耗系数按相关规定计取。

(4)排水沟、截水沟、暗沟多适用于中小城市及郊区公路的需要,其土质为综合取定:二类土占 50%,三类土占 25%,四类土占 25%。

(5)路基处理清单工程量按《建设工程工程量清单计价规范》(GB 50500—2008)规定的计量单位和计算规则计算。

2.道路基层

(1)道路基层厚度以压实后的厚度为准。

(2)道路基层工程量按设计图示尺寸以面积计算,不扣除各种井所占面积。

(3)道路基层按不同结构分别分层设立清单项目。

3.道路面层

(1)道路面层按不同结构分层设立清单项目。

(2)道路面层的厚度以压实后的厚度为准。

(3)道路面层清单工程量按设计图示尺寸以面积计算,不扣除各种井所占面积。

(4)常见沥青混凝土路面配合比及水泥混凝土路面配合比按相关规定计取。

4.人行道及其他

(1)人行道及其他工程的不同项目分别按《建设工程工程量清单计价规范》(GB 50500—2008)规定的计量单位和计算规则计算清单工程量。

(2)人行道及其他工程按不同规格材料及不同材料整层分列子目,供各地区选用。

5.交通管理设施

(1)作为完整的道路工程,应设立交通管理设施这部分内容。

(2)交通管理设施的不同项目按《建设工程工程量清单计价规范》(GB 50500—2008)规定的计量单位和计算规则计算清单工程量。

6.3　道路工程工程量计算示例

【示例 6.1】

人工拌合石灰土路基 18 cm 厚(含灰量 8%),求定额基价。

【解】

选用《全国统一市政工程预算定额》中 2—41、2—51 换算。黄土按 15 元/m³ 计算。

$$定额基价 = 611.52 + 36.44 \times 3 + (20.63 + 1.38) \times 15$$
$$= 611.52 + 109.32 + 330.15$$
$$= 1\ 050.99\ 元/100\ m^2$$

【示例 6.2】

C25 水泥混凝土路面 20 cm 厚,企口。求定额基价。C25 混凝土单价 210 元/10 m³。

分析:

水泥混凝土路面以平口为准,如设计为企口时,其用工量按本定额相应项目乘以系数 1.01。木材摊销量按本定额相应项目摊销量乘以系数 1.051。

【解】

选用《全国统一市政工程预算定额》中 2—289 换算。

$$其他材料费 = (124.09 \div 1.005 + 0.049 \times 1\ 764 \times 0.051) \times 0.005$$
$$= (123.47 + 4.41) \times 0.005$$
$$= 0.64\ 元/10\ m^2$$

$$定额基价 = 753.87 \times 1.01 + 0.049 \times 1.051 \times 1\ 764 + 20.40 \times 210 +$$
$$0.20 \times 6.66 + 6.50 \times 3.83 + 24 \times 0.45 + 0.64 + 84.41$$
$$= 761.41 + 90.84 + 4\ 284 + 1.33 + 24.90 + 10.8 + 85.05$$
$$= 5\ 258.33\ 元/10\ m^2$$

【示例 6.3】

某市 4 号楼 0+000~0+500 为混凝土结构,道路宽 16 m,道路两边铺砌侧缘石,道路结构如图 6.1 所示,沿线有检查井 14 座,雨水井 28 座,不考虑道路土方,求该道路工程清单工程量。

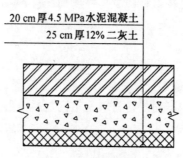

20 cm 厚 4.5 MPa 水泥混凝土
25 cm 厚 12% 二灰土

图 6.1　道路结构图

【解】

1)25 cm 二类土底基层面积

$$S_1/m^2 = 500 \times 16 = 8\ 000$$

2)20 cm 二灰碎石基层面积

$$S_2/m^2 = 500 \times 16 = 8\ 000$$

3)沥青混凝土面积

$$S_3/m^2 = 500 \times 16 = 8\ 000$$

(注:3 cm 细粒式、4 cm 中粒式、5 cm 粗粒式面积相等)

4)侧缘石长度

$$L/m=500\times2=1\ 000$$

【示例 6.4】

某道路桩号为 0+000~1+180,路幅宽度为 30.8 m,两侧为甲型路牙,高出路面 15.0 m,两侧人行道宽为 6 m,土路肩各为 0.45 m,边坡坡比 1:1.5,道路车行道横坡为 2%,(双面)人行道横坡为 1.5%,如图 6.2 所示,试计算人行道整形、整理路肩及边坡的面积。

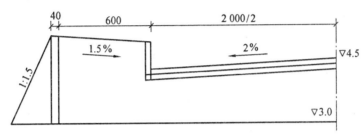

图 6.2　道路横断面图

【解】:

1)整理人行道

$$S_1/m^2=1\ 180\times(6-0.125)\times2=13\ 865$$

2)整理路肩

$$S_2/m^2=1\ 180\times0.45\times2=1\ 062$$

【示例 6.5】

某沥青混凝土路面面层采用 3 cm 细粒式沥青混凝土,4 cm 中粒式沥青混凝土,5 cm 粗粒式沥青混凝土,见图 6.3 所示,该路长 520 m,宽 14 m,甲型路牙沿,乙型窨井 25 座,求沥青面层工程量。

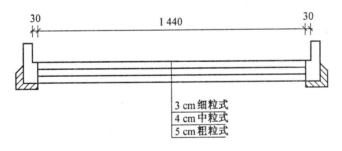

图 6.3　道路横断面图

【解】

1)浇透层油面积

$$S_1/m^2=520\times(14-0.3\times2)=6\ 968$$

2)其余各层(细、中、粗)沥青混凝土面积均为

$$S_2/m^2=520\times(14-0.3\times2)=6\ 968$$

【示例 6.6】

某市 2 号路线为 $K0+000 \sim K0+900$，道路结构图如图 6.4 所示。两侧人行道宽均为 6 m，混合车行道宽为 25 m，且路基两侧分别加宽 0.5 m。其人行道结构示意图为 6.4 所示，计算人行道垫层、基层以及人行道板的工程量。

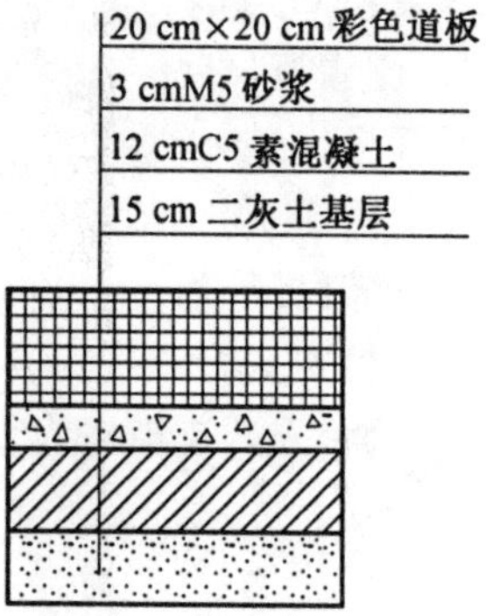

20 cm×20 cm 彩色道板
3 cmM5 砂浆
12 cmC5 素混凝土
15 cm 二灰土基层

图 6.4　道路结构图

【解】

(1)清单工程量

二层土基层面积：$2 \times 900 \times 6 = 10\ 800$ m²

素混凝土面积：$2 \times 900 \times 6 = 10\ 800$ m²

素混凝土体积：$10\ 800 \times 0.12 = 12\ 960$ m³

砂浆面层面积：$2 \times 900 \times 6 = 10\ 800$ m²

砂浆体积：$10\ 800 \times 0.03 = 324$ m³

彩色道板路面面积：$2 \times 900 \times 6 = 10\ 800$ m²

清单工程量计算见表 6.6。

表 6.6　清单工程量计算表

项目编码	项目名称	项目特征描述	计量单位	工程量
040202004001	石灰、粉煤灰、土	15 cm 二灰土基层	m²	10 800
040202001001	垫层	12 cm 厚 C5 素混凝土	m²	10 800
040203006001	块料面层	3 cm 厚 M5 砂浆	m²	10 800
040204001001	人行道块料铺设	20 cm×20 cm 彩色道板	m²	10 800

(2)定额工程量

二层土基层面积：

$$900 \times (2 \times 6 + 2 \times 0.5) = 11\ 700\ \text{m}^2$$

素混凝土面积：

$$900 \times (2 \times 6 + 2 \times 0.5) = 11\ 700\ \text{m}^2$$

素混凝土体积：

$$11\ 700 \times 0.12 = 1\ 404\ \text{m}^3$$

砂浆面层面积：

$$2 \times 900 \times 6 = 10\ 800\ \text{m}^2$$

砂浆体积：

$$10\ 800 \times 0.03 = 324\ \text{m}^3$$

彩色道板路面面积：

$$2 \times 900 \times 6 = 10\ 800\ \text{m}^2$$

【示例 6.7】

某道路工程长 1 000 m，路面宽度为 12 m，路基两侧均加宽 20 cm，并设路缘石，以保证路基稳定性。在路面每隔 5 cm 用切缝机切缝，下图 6.5 为锯缝断面示意图，试求路缘石及锯缝长度。

【解】

(1)清单工程量

路缘石长度:1 000×2＝2 000 m

锯缝个数:1 000÷5－1＝199 条

锯缝总长度:199×12＝2 388 m

锯缝面积:2 388×0.006＝14.328 m²

清单工程量计算见表 6.7。

表 6.7　清单工程量计算表

项目编码	项目名称	项目特征描述	计量单位	工程量
040204003001	安砌侧(平、缘)石	C30 混凝土缘石安砌	m	2 000
040203005001	水泥混凝土	切缝机锯缝宽 0.6 cm	m²	14.238

(2)定额工程量

路缘石长度:1 000×2＝2 000 m

锯缝个数:1 000÷5－1＝199 条

锯缝总长度:199×12＝2 388 m

锯缝面积:2 388×0.006＝14.328 m²

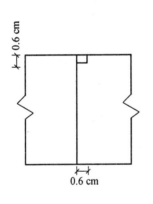

图 6.5　锯缝断面示意图

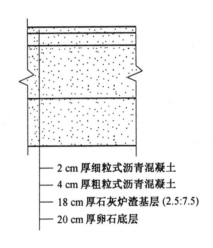

— 2 cm 厚细粒式沥青混凝土
— 4 cm 厚粗粒式沥青混凝土
— 18 cm 厚石灰炉渣基层 (2.5:7.5)
— 20 cm 厚卵石底层

图 6.6　道路结构图

【示例 6.8】

某市一号道路桩号 K0＋150～K0＋450 为沥青混凝土结构,道路结构如图 6.6 所示。路面修筑宽度为 11.5 m,路肩各宽 1 m,路面两边铺侧缘石。试编制工程量清单和工程量清单报价表。

【解】

1.工程量清单编制

(1)计算工程量:

道路长度为:450－150＝300 m

挖一般土方(一、二类土):1 890 m³,填方(密实度 95％):1 645 m³

余土外运(运距 10 km):1 890－1 645＝245 m³

砂砾石底层(20 cm 厚):300×11.5＝3 450 m²

石灰炉渣基层(18 cm 厚):300×11.5＝3 450 m²

粗粒式沥青混凝土(4 cm 厚):300×11.5＝3 450 m²

细粒式沥青混凝土(2 cm 厚):300×11.5＝3 450 m²

侧缘石:300×2＝600 m

(2)根据计算出的工程量编制分部分项工程量清单与计价表见表 6.8。

表 6.8　分部分项工程量清单与计价表

工程名称:一号道路工程　　　　　标段:0＋150～0＋450　　　　　　　　第　页　共　页

序号	项目编号	项目名称	项目特征描述	计量单位	工程数量	金额/元		
						综合单价	合价	其中:暂估价
1	040101001001	挖一般土方	挖一般土方,四类土	m³	1 890			
2	040103001001	填方	填方,密实度 95%	m³	1 645			
3	040103002001	余方弃置	余土外运,运距 5 km	m³	245			
4	040202008001	砂砾石	砂砾石底层,20 cm 厚	m²	3 450			
5	040202006001	石灰、粉煤灰、碎(砾)石	石灰炉渣(2.5:7.5),18 cm 厚	m²	3 450			
6	040203004001	沥青混凝土	粗粒式沥青混凝土,4 cm 厚,最大粒径 5 cm,石油沥青	m²	3 450			
7	040203004002	沥青混凝土	细粒式沥青混凝土,2 cm 厚,最大粒径 3 cm,石油沥青	m²	3 450			
8	040204003001	安砌侧(平、缘)石	侧缘石安砌,600 m	m	600			
			合计					

2. 工程量清单计价

(1)首先确定施工方案。

1)土石方施工方案:挖方数量不大,采用人工开挖;土方平衡时考虑用手推车,运距在 200 m 以内;余方弃置采用人工装车,自卸车外运;路基填土采用压路机碾压、每层厚度不超过 30 cm,并分层检验,达到要求后填筑下一层;路床整形碾压按路宽每边再加宽 30 cm,路床碾压面积为:(11.5＋0.6)×300＝3 630 m²;路肩整形碾压面积为:2×300＝600 m²。

2)砂砾石底层采用人工铺装,压路机碾压。

3)石灰炉渣基层用拌和机拌和、机械铺装、压路机碾压,顶层用人工洒水养护。

4)用喷洒机喷洒粘层沥青。

5)机械摊铺沥青混凝土,粗粒式沥青混凝土用厂拌运到现场,运距 5 km,到场价为 680.82 元/ m³;细粒式沥青混凝土到场价为 812.6 元/m³。

6)定额采用全国市政工程预算定额:管理费按直接费的 17%,利润按直接费的 8%。

7)侧缘石每块 8 元。

(2)工程量计算。

1)路床面积:300×(11.5+0.6)=3 630 m²

2)砂砾石基层面积:300×11.5=3 450 m²

3)石灰炉渣基层面积:3 450 m²

4)沥青混凝土面积:3 450 m²

5)安砌路缘石长度:300×2=600 m

表 6.9　工程量清单综合单价分析表

工程名称:一号道路工程　　　　　　　标段:0+150～0+450　　　　　　　第　页　共　页

项目编码	040101001001		项目名称		挖一般土方		计量单位		m³	
清单综合单价组成明细										
定额编号	定额名称	定额单位	数量	单价/元				合价/元			
				人工费	材料费	机械费	管理费和利润	人工费	材料费	机械费	管理费和利润
1—3	人工挖土方,四类土	100 m³	0.01	1 129.34	—	—	282.34	11.29	—	—	2.82
1—45	双轮车运土,运距 50 m	100 m³	0.01	431.65	—	—	107.91	4.32	—	—	1.08
1—46	增运 150 m	100 m³	0.01	256.17	—	—	64.04	2.56	—	—	0.64
人工单价			小计								
22.47 元/工日			未计价材料费								
清单项目综合单价								22.71			

材料费明细	主要材料名称、规格、型号		单位	数量	单价/元	合价/元	暂估单价/元	暂估合价/元
	其他材料费				—		—	
	材料费小计				—		—	

注:"数量"栏为"投标方工程量÷招标方工程量÷定额单位数量",如"0.01"为"1 890÷1 890÷100"。

分部分项工程量清单综合单价分析表见表 6.9～表 6.16,该道路工程分部分项工程量清单与计价表见表 6.17。

表 6.10　　工程量清单综合单价分析表

工程名称:一号道路工程　　　　　　　标段:0+150~0+450　　　　　　　第 页 共 页

项目编码	040103001001	项目名称	填方	计量单位	m³

清单综合单价组成明细

定额编号	定额名称	定额单位	数量	单价/元				合价/元			
				人工费	材料费	机械费	管理费和利润	人工费	材料费	机械费	管理费和利润
1—359	压路机碾压(密实度95%)	1 000 m³	0.001	134.82	6.75	1 803.45	486.25	0.14	0.007	1.80	0.49
2—1	路床碾压检验	100 m²	0.022	8.09	—	73.69	20.44	0.18	—	1.62	0.45
2—2	人行道整形碾压	100 m²	0.004	38.65	—	7.91	11.64	0.16	—	0.03	0.05
人工单价			小计					0.48	0.007	3.45	0.99
22.47 元/工日			未计价材料费								
清单项目综合单价								4.93			

材料费明细	主要材料名称、规格、型号			单位	数量	单价/元	合价/元	暂估单价/元	暂估合价/元
	其他材料费					—		—	
	材料费小计					—		—	

注:"数量"栏为"投标方工程量÷招标方工程量÷定额单位数量",如"0.001"为"1 645÷1 645÷1 000"。

表 6.11　工程量清单综合单价分析表

工程名称:一号道路工程　　　　　　　　标段:0+150~0+450　　　　　　　　第　页　共　页

项目编码	040103002001	项目名称	余方弃置	计量单位	m³

清单综合单价组成明细

定额编号	定额名称	定额单位	数量	单价/元				合价/元			
				人工费	材料费	机械费	管理费和利润	人工费	材料费	机械费	管理费和利润
1—49	人工装汽车运土方	100 m³	0.01	37.76	—	—	9.44	0.38	—	—	0.09
1—272	自卸汽车外运 5 km	1 000 m³	0.001	—	5.40	10 691.79	2 674.30	—	0.005	10.69	2.67
人工单价		小计						0.38	0.005	10.69	2.76
22.47 元/工日		未计价材料费									
清单项目综合单价								13.84			

材料费明细	主要材料名称、规格、型号		单位	数量	单价/元	合价/元	暂估单价/元	暂估合价/元
	其他材料费					—		—
	材料费小计					—		—

注:"数量"栏为"投标方工程量÷招标方工程量÷定额单位数量",如"0.001"为"245÷245÷1 000"。

表 6.12　工程量清单综合单价分析表

工程名称：一号道路工程　　　　　　　标段：0+150~0+450　　　　　　　第　页　共　页

项目编码	040202008001	项目名称	砂砾石	计量单位	m²

<table>
<tr><td colspan="13" align="center">清单综合单价组成明细</td></tr>
<tr><td rowspan="2">定额编号</td><td rowspan="2">定额名称</td><td rowspan="2">定额单位</td><td rowspan="2">数量</td><td colspan="4">单价/元</td><td colspan="4">合价/元</td></tr>
<tr><td>人工费</td><td>材料费</td><td>机械费</td><td>管理费和利润</td><td>人工费</td><td>材料费</td><td>机械费</td><td>管理费和利润</td></tr>
<tr><td>2—182</td><td>天然砂砾石垫层，厚 20 cm</td><td>100 m²</td><td>0.01</td><td>160.66</td><td>1 084.61</td><td>71.63</td><td>329.23</td><td>1.61</td><td>10.85</td><td>0.72</td><td>3.29</td></tr>
<tr><td></td><td></td><td></td><td></td><td></td><td></td><td></td><td></td><td></td><td></td><td></td><td></td></tr>
<tr><td></td><td></td><td></td><td></td><td></td><td></td><td></td><td></td><td></td><td></td><td></td><td></td></tr>
<tr><td></td><td></td><td></td><td></td><td></td><td></td><td></td><td></td><td></td><td></td><td></td><td></td></tr>
<tr><td></td><td></td><td></td><td></td><td></td><td></td><td></td><td></td><td></td><td></td><td></td><td></td></tr>
<tr><td></td><td></td><td></td><td></td><td></td><td></td><td></td><td></td><td></td><td></td><td></td><td></td></tr>
<tr><td colspan="2" align="center">人工单价</td><td colspan="2" align="center">小计</td><td colspan="4"></td><td>1.61</td><td>10.85</td><td>0.72</td><td>3.29</td></tr>
<tr><td colspan="2" align="center">22.47 元/工日</td><td colspan="2" align="center">未计价材料费</td><td colspan="4"></td><td colspan="4"></td></tr>
<tr><td colspan="4" align="center">清单项目综合单价</td><td colspan="9" align="center">16.47</td></tr>
<tr><td rowspan="8" align="center">材料费明细</td><td colspan="3" align="center">主要材料名称、规格、型号</td><td colspan="2" align="center">单位</td><td colspan="2" align="center">数量</td><td>单价/元</td><td>合价/元</td><td>暂估单价/元</td><td>暂估合价/元</td></tr>
<tr><td colspan="3"></td><td colspan="2"></td><td colspan="2"></td><td></td><td></td><td></td><td></td></tr>
<tr><td colspan="3"></td><td colspan="2"></td><td colspan="2"></td><td></td><td></td><td></td><td></td></tr>
<tr><td colspan="3"></td><td colspan="2"></td><td colspan="2"></td><td></td><td></td><td></td><td></td></tr>
<tr><td colspan="3"></td><td colspan="2"></td><td colspan="2"></td><td></td><td></td><td></td><td></td></tr>
<tr><td colspan="3"></td><td colspan="2"></td><td colspan="2"></td><td></td><td></td><td></td><td></td></tr>
<tr><td colspan="7" align="center">其他材料费</td><td></td><td>—</td><td></td><td>—</td></tr>
<tr><td colspan="7" align="center">材料费小计</td><td></td><td>—</td><td></td><td>—</td></tr>
</table>

注："数量"栏为"投标方工程量÷招标方工程量÷定额单位数量"，如"0.01"为"3 450÷3 450÷100"。

表 6.13　工程量清单综合单价分析表

工程名称：一号道路工程　　　　　　　标段：0+150～0+450　　　　　　第　页　共　页

项目编码	040202006001	项目名称	石灰、粉煤灰、碎（砾）石	计量单位	m²

清单综合单价组成明细

定额编号	定额名称	定额单位	数量	单价/元				合价/元			
				人工费	材料费	机械费	管理费和利润	人工费	材料费	机械费	管理费和利润
2—157	石灰炉渣基层厚20 cm	100 m²	0.01	90.33	1 748.98	167.53	501.71	0.90	17.49	1.68	5.02
2—158	减2 cm	100 m²	0.01	−5.84	−174.56	−1.66	−45.52	−0.06	−1.75	−0.02	−0.46
2—178	顶层多合土养生,人工洒水	100 m²	0.01	6.29	0.66	—	1.74	0.06	0.007	—	0.02
人工单价			小计					0.90	15.75	1.66	4.58
22.47 元/工日			未计价材料费								
清单项目综合单价							22.89				

	主要材料名称、规格、型号		单位	数量	单价/元	合价/元	暂估单价/元	暂估合价/元
材料费明细								
	其他材料费					—		—
	材料费小计					—		—

注："数量"栏为"投标方工程量÷招标方工程量÷定额单位数量"，如"0.01"为"3 450÷3 450÷100"。

表 6.14　工程量清单综合单价分析表

工程名称：一号道路工程　　　　　　标段：0+150～0+450　　　　　　第 页 共 页

项目编码	0040203004001	项目名称	沥青混凝土	计量单位	m²

清单综合单价组成明细

定额编号	定额名称	定额单位	数量	单价/元				合价/元			
				人工费	材料费	机械费	管理费和利润	人工费	材料费	机械费	管理费和利润
2−267	粗粒式沥青混凝土路面 4 cm 厚	100 m²	0.01	49.43	12.30	146.72	52.11	0.49	0.12	1.47	0.52
2−249	喷洒石油沥青	100 m²	0.01	1.80	146.33	19.11	41.81	0.02	1.46	0.19	0.42
人工单价			小计					0.51	1.58	1.66	0.94
22.47 元/工日			未计价材料费					14.40			
		清单项目综合单价						19.09			

	主要材料名称、规格、型号	单位	数量	单价/元	合价/元	暂估单价/元	暂估合价/元
材料费明细	沥青混凝土	m³	0.04	360	14.40		
	其他材料费			—	14.40	—	

注："数量"栏为"投标方工程量÷招标方工程量÷定额单位数量"，如"0.01"为"3 450÷3 450÷100"。

表 6.15 工程量清单综合单价分析表

工程名称:一号道路工程 标段:0+150~0+450 第 页 共 页

项目编码	040203004002	项目名称	沥青混凝土	计量单位		m²

清单综合单价组成明细

定额编号	定额名称	定额单位	数量	单价/元				合价/元			
				人工费	材料费	机械费	管理费和利润	人工费	材料费	机械费	管理费和利润
2—284	细粒式沥青混凝土,2 cm 厚	100 m²	0.01	37.08	6.24	78.74	30.52	0.37	0.06	0.79	0.31
人工单价			小计					0.37	0.06	0.79	0.31
22.47 元/工日			未计价材料费					8.40			
		清单项目综合单价						9.93			

	主要材料名称、规格、型号		单位	数量	单价/元	合价/元	暂估单价/元	暂估合价/元
材料费明细	细(微)粒沥青混凝土		m³	0.02	420	8.40		
		其他材料费			—	8.40	—	

注:"数量"栏为"投标方工程量÷招标方工程量÷定额单位数量",如"0.01"为"3 450÷3 450÷100"。

表 6.16　工程量清单综合单价分析表

工程名称:一号道路工程　　　　　　　标段:0+150～0+450　　　　　　　

项目编码	040204003001	项目名称	安砌侧 (平、缘)石	计量单位	m

清单综合单价组成明细

定额编号	定额名称	定额单位	数量	单价/元				合价/元			
				人工费	材料费	机械费	管理费和利润	人工费	材料费	机械费	管理费和利润
2—331	砂垫层	100 m²	0.002	13.93	57.42	—	17.84	0.03	0.12	—	0.04
2—334	混凝土缘石	100 m	0.01	114.6	34.19	—	37.20	1.15	0.34	—	0.37
人工单价			小计					1.18	0.46	—	0.41
22.47 元/工日			未计价材料费					5.10			
		清单项目综合单价						7.15			

主要材料名称、规格、型号	单位	数量	单价/元	合价/元	暂估单价/元	暂估合价/元
混凝土侧石	m	1.02	5.00	5.10		
材料费明细						
其他材料费			—	5.10	—	

注:"数量"栏为"投标方工程量÷招标方工程量÷定额单位数量",如"0.01"为"600÷600÷100"。

表 6.17　分部分项工程量清单与计价表

工程名称：一号道路工程　　　　　　标段：0＋150～0＋450　　　　　　　　　　第　页　共　页

序号	项目编号	项目名称	项目特征描述	计量单位	工程数量	综合单价	合价	其中：暂估价
1	040101001001	挖一般土方	挖一般土方，四类土	m³	1 890	22.71	42 921.90	
2	040103001001	填方	填方，密实度95％	m³	1 645	4.93	8 109.85	
3	040103002001	余方弃置	余土外运，运距5 km	m³	245	13.84	3 390.80	
4	040202008001	砂砾石	砂砾石底层，20 cm厚	m²	3 450	16.47	56 821.50	
5	040202006001	石灰、粉煤灰、碎（砾）石	石灰炉渣（2.5：7.5），18 cm厚	m²	3 450	22.89	78 970.50	
6	040203004001	沥青混凝土	粗粒式沥青混凝土，4 cm厚，最大粒径5 cm，石油沥青	m²	3 450	19.09	65 860.50	
7	040203004002	沥青混凝土	细粒式沥青混凝土，2 cm厚，最大粒径3 cm	m²	3 450	9.93	34 258.50	
8	040204003001	安砌侧（平、缘）石	侧缘石安砌，600 m	m	600	7.15	4 290.00	
合计							294 623.60	

6.4　道路工程工程量计算常用数据

6.4.1　路面配合比计算常用数据

1. 沥青混凝土路面配合比表

沥青混凝土路面配合比表见表 6.18。

表 6.18　沥青混凝土路面配合比表

编号	名　称	规　格	碎石10～30 mm	碎石5～20 mm	碎石2～10 mm	粗砂	矿粉	沥青用量/% 外加	单位重/(t·m⁻³)
1	粗粒式沥青碎石	LS—30	58	—	25	17	—	3.2±5	2.28
2	粗粒式沥青混凝石	LH—30	35	—	24	36	5	4.2±5	2.36
3	中粒式沥青混凝石	LH—20	—	38	29	28	5	4.3±5	2.35
4	细粒式沥青混凝石	LH—10	—	—	48	44	8	5.1±5	2.30

2. 水泥混凝土路面配合比表

水泥混凝土路面配合比表见表 6.19。

表 6.19　水泥混凝土路面配合比表

混凝土强度等级	水泥强度等级/kg	水泥/kg	中粗砂/kg	碎石 3.5~8.0 cm/kg	碎石 1.0~3.0 cm/kg	碎石 0.5~2.0 cm/kg	塑化剂/%	加气剂/%	水/kg
C20	32.5级	330	564	849	212	354	3	0.5	151

6.4.2　材料消耗量计算常用数据

(1)主要材料的试压实干密度、松土干密度、压实系数详见表 6.20。

表 6.20　材料压实干密度、松方干密度、压实系数表

项目	压实密度/(t·m⁻³)	压实系数	松方干密度													
			生石灰	土	炉渣	砂	粉煤灰	碎石	砂砾	卵石	块石	混石	矿渣	山皮石	石屑	水泥
石灰土基	1.65		1.00	1.15												
改换炉渣	1.65				1.40											
改换片石	1.30															
石灰炉渣土基	1.46		1.00	1.15	1.40											
石灰炉(煤)渣	1.25				1.40											
石灰、粉煤灰土基	1.43		1.00	1.15			0.75									
石灰、粉煤灰碎石	1.92		1.00				0.75	1.45								
石灰、粉煤灰砂砾	1.92		1.00				0.75		1.60							
石灰、土、碎石	2.05		1.00	1.15				1.45								
砂底(垫)层		1.25				1.43										
砂砾底层		1.20							1.60							
卵石底层		1.70								1.65						
碎石底层		1.30						1.45								
块石底层		1.30									1.60					
混石底层		1.30										1.54				
矿渣底层		1.30											1.40			
炉渣底(垫)层		1.65			1.40											
山皮石底层		1.30												1.54		
石屑垫层		1.30													1.45	
石屑土封面		1.90		1.10												
碎石级配路面	2.20							1.45								
厂拌粉煤灰三渣基	2.13						0.75									
水泥稳定土	1.68															1.20
沥青砂加工	2.30															
细粒式沥青混凝土	2.30															
粗、中粒式沥青混凝土	2.37															
黑色碎石	2.25															

(2)材料损耗率及损耗系数详见表 6.21。

表 6.21 材料损耗率及损耗系数表

材料名称	损耗率/%	损耗系数	材料名称	损耗率/%	损耗系数	材料名称	损耗率/%	损耗系数
生石灰	3	1.031	混石	2	1.02	石质块	1	1.01
水泥	2	1.02	山皮土	2	1.02	结合油	2	1.038
土	4	1.042	沥青混凝土	1	1.01	透层油	4	1.042
粗、中砂	3	1.031	黑色碎石	2	1.02	滤管	5	1.053
炉(焦)渣	3	1.031	水泥混凝土	2	1.02	煤	8	1.087
煤渣	2	1.02	混凝土侧、缘石	1.5	1.015	木材	5	1.053
碎石	2	1.02	石质侧、缘石	1	1.01	柴油	5	1.053
水	5	1.053	各种厂拌沥青混合物	4	1.04	机砖	3	1.031
粉煤灰	3	1.031	矿渣	2	1.02	混凝土方砖	2	1.02
砂砾	2	1.02	石屑	3	1.031	块料人行道板	3	1.031
厂拌粉煤灰三渣	2	1.02	石粉	3	1.031	钢筋	2	1.02
水泥砂浆	2.5	1.025	石棉	2	1.02	条石块	2	1.02
混凝土块	1.5	1.015	石油沥青	3	1.031	草袋	4	1.042
铁件	1	1.01	乳化沥青	4	1.042	片石	2	1.02
卵石	2	1.02	石灰下脚	3	1.031	石灰膏	1	1.01
块石	2	1.02	混合砂浆	2.5	1.025	各种厂拌稳定土	2	1.02

6.4.3 机械台班使用量计算常用数据

机械幅度差系数见表 6.22。

表 6.22 机械幅度差

序号	机械名称	机械幅度差	序号	机械名称	机械幅度差	序号	机械名称	机械幅度差
1	推土机	1.33	7	平地机	1.33	13	加工机械	1.30
2	灰土拌和机	1.33	8	洒布机	1.33	14	焊接机械	1.30
3	沥青洒布机	1.33	9	沥青混凝土摊铺机	1.33	15	起重及垂直运输机械	1.30
4	手泵喷油机	1.33	10	混凝土及砂浆机械	1.33	16	打桩机械	1.33
5	机泵喷油机	1.33	11	履带式拖拉机	1.33	17	动力机械	1.25
6	压路机	1.33	12	水平运输机械	1.25	18	泵类机械	1.30

第 7 章　桥涵护岸工程工程量计算

7.1　桥涵护岸工程全统市政定额工程量计算规则

7.1.1　桥涵工程预算定额的一般规定

1.定额说明

(1)打桩工程。

关于打桩工程的说明如下:

1)打桩工程定额内容包括打木制桩、打钢筋混凝土桩、打钢管桩、送桩、接桩等项目共 12 节 107 个子目。

2)定额中土质类别均按甲级土考虑。各省、自治区、直辖市可按本地区土质类别进行调整。

3)打桩工程定额均为打直桩,如打斜桩(包括俯打、仰打)斜率在 1:6 以内时,人工乘以 1.33,机械乘以 1.43。

4)打桩工程定额均考虑在已搭置的支架平台上操作,但不包括支架平台,其支架平台的搭设与拆除应按临时工程有关项目计算。

5)陆上打桩采用履带式柴油打桩机时,不计陆上工作平台费,可计 20 cm 碎石垫层,面积按陆上工作平台面积计算。

6)船上打桩定额按两艘船只拼搭、捆绑考虑。

7)打板桩定额中,均已包括打、拔导向桩内容,不得重复计算。

8)陆上、支架上、船上打桩定额中均未包括运桩。

9)送桩定额按 4 m 为界,如实际超过 4 m 时,按相应定额乘以下列调整系数。

①送桩 5 m 以内乘以系数 1.2。

②送桩 6 m 以内乘以系数 1.5。

③送桩 7 m 以内乘以系数 2.0。

④送桩 7 m 以上,以调整后 7 m 为基础,每超过 1 m 递增系数 0.75。

10)打桩机械的安装、拆除按临时工程有关项目计算。打桩机械场外运输费按机械台班费用定额计算。

(2)钻孔灌注桩工程。

关于钻孔灌注桩工程的说明如下:

1)钻孔灌注桩工程定额包括埋设护筒、人工挖孔、卷扬机带冲抓锥、冲击钻机、回旋钻机四种成孔方式及灌注混凝土等项目共 7 节 104 个子目。

2)钻孔灌注桩工程定额适用于桥涵工程钻孔灌注桩基础工程。

3)定额钻孔土质分为 8 种:

①砂土:粒径不大于 2 mm 的砂类土,包括淤泥、轻亚黏土。

②黏土:亚黏土、黏土、黄土,包括土状风化。

③砂砾:粒径 2～20 mm 的角砾、圆砾含量不大于 50%,包括礓石黏土及粒状风化。

④砾石:粒径 2～20 mm 的角砾、圆砾含量大于 50%,有时还包括粒径为 20～200 mm 的碎石、卵石,其含量在 50%以内,包括块状风化。

⑤卵石:粒径 20～200 mm 的碎石、卵石含量大于 10%,有时还包括块石、漂石,其含量在 10%以内,包括块状风化。

⑥软石:各种松软、胶结不紧、节理较多的岩石及较坚硬的块石土、漂石土。

⑦次坚石:硬的各类岩石,包括粒径大于 500 mm、含量大于 10%的较坚硬的块石、漂石。

⑧坚石:坚硬的各类岩石,包括粒径大于 1 000 mm、含量大于 10%的坚硬的块石、漂石。

4)成孔定额按孔径、深度和土质划分项目,若超过定额使用范围时,应另行计算。

5)埋设钢护筒定额中钢护筒按摊销量计算,若在深水作业时,钢护筒无法拔出时,经建设单位签证后,可按钢护筒实际用量(或参考表 7.1 重量)减去定额数量一次增列计算,但该部分不得计取除税金外的其他费用。

表 7.1　钢护筒摊销量计算参考值

桩径/mm	800	1 000	1 200	1 500	2 000
每米护筒重量/(kg·m⁻¹)	155.06	184.87	285.93	345.09	554.6

6)灌注桩混凝土均考虑混凝土水下施工,按机械搅拌,在工作平台上导管倾注混凝土。定额中已包括设备(如导管等)摊销及扩孔增加的混凝土数量,不得另行计算。

7)定额中未包括:钻机场外运输、截除余桩、废泥浆处理及外运,其费用可另行计算。

8)定额中不包括在钻孔中遇到障碍必须清除的工作,发生时另行计算。

9)泥浆制作定额按普通泥浆考虑,若需采用膨润土,各省、自治区、直辖市可作相应调整。

(3)砌筑工程。

关于砌筑工程的说明如下:

1)砌筑工程定额包括浆砌块石、料石、混凝土预制块和砖砌体等项目共 5 节 21 个子目。

2)砌筑工程定额适用于砌筑高度在 8 m 以内的桥涵砌筑工程,未列的砌筑项目,按第一册"通用项目"相应定额执行。

3)砌筑定额中未包括垫层、拱背和台背的填充项目,如发生上述项目,可套用有关定额。

4)拱圈底模定额中不包括拱盔和支架,可按临时工程相应定额执行。

5)定额中调制砂浆,均按砂浆拌和机拌和,如采用人工拌制时,定额不予调整。

(4)钢筋工程。

关于钢筋工程的说明如下：

1)钢筋工程定额包括桥涵工程各种钢筋、高强钢丝、钢绞线、预埋铁件的制作安装等项目共 4 节 27 个子目。

2)定额中钢筋按 $\phi10$ 以下及 $\phi10$ 以上两种分列，$\phi10$ 以下采用 Q235 钢，$\phi10$ 以上采用 16 锰钢，钢板均按 Q235 钢计列，预应力筋采用 HRB500 级钢、钢绞线和高强钢丝。因设计要求采用钢材与定额不符时，可予调整。

3)因束道长度不等，故定额中未列锚具数量，但已包括锚具安装的人工费。

4)先张法预应力筋制作、安装定额，未包括张拉台座，该部分可由各省、自治区、直辖市视具体情况另行规定。

5)压浆管道定额中的铁皮管、波纹管均已包括套管及三通管安装费用，但未包括三通管费用，可另行计算。

6)定额中钢绞线按 $\phi15.24$、束长在 40 m 以内考虑，如规格不同或束长超过 40 m 时，应另行计算。

(5)现浇混凝土工程。

关于现浇混凝土工程的说明如下：

1)现浇混凝土工程定额包括基础、墩、台、柱、梁、桥面、接缝等项目共 14 节 76 个子目。

2)现浇混凝土工程定额适用于桥涵工程现浇各种混凝土构筑物。

2)现浇混凝土工程定额中嵌石混凝土的块石含量如与设计不同时，可以换算，但人工及机械不得调整。

4)钢筋工程中定额中均未包括预埋铁件，如设计要求预埋铁件时，可按设计用量套用有关项目。

5)承台分有底模和无底模两种，应按不同的施工方法套用定额相应项目。

6)定额中混凝土按常用强度等级列出，如设计要求不同时可以换算。

7)定额中模板以木模、工具式钢模为主(除防撞护栏采用定型钢模外)。如采用其他类型模板时，允许各省、自治区、直辖市进行调整。

8)现浇梁、板等模板定额中均已包括铺筑底模内容，但未包括支架部分。如发生时可套用临时工程有关项目。

(6)预制混凝土工程。

关于预制混凝土工程的说明如下：

1)预制混凝土工程定额包括预制桩、柱、板、梁及小型构件等项目共 8 节 44 个子目。

2)预制混凝土工程定额适用于桥涵工程现场制作的预制构件。

3)预制混凝土工程定额中均未包括预埋铁件，如设计要求预埋铁件时，可按设计用量套用钢筋工程中有关项目。

4)定额不包括地模、胎模费用，需要时可按临时工程中有关定额计算。胎、地模的占用面积可由各省、自治区、直辖市另行规定。

(7)立交箱涵工程。

关于立交箱涵工程的说明如下：

1)立交箱涵工程定额包括箱涵制作、顶进、箱涵内挖土等项目共 7 节 36 个子目。

2)立交箱涵工程定额适用于穿越城市道路及铁路的立交箱涵顶进工程及现浇箱涵工程。

3)定额顶进土质按 I、II 类土考虑,若实际土质与定额不同时,可由各省、自治区、直辖市进行调整。

4)定额中未包括箱涵顶进的后靠背设施等,其发生费用另行计算。

5)定额中未包括深基坑开挖、支撑及井点降水的工作内容,可套用有关定额计算。

6)立交桥引道的结构及路面铺筑工程,根据施工方法套用有关定额计算。

(8)安装工程。

关于安装工程的说明如下:

1)安装工程定额包括安装排架立柱、墩台管节、板、梁、小型构件、栏杆扶手、支座、伸缩缝等项目共 13 节 90 个子目。

2)安装工程定额适用于桥涵工程混凝土构件的安装等项目。

3)小型构件安装已包括 150 m 场内运输,其他构件均未包括场内运输。

4)安装预制构件定额中,均未包括脚手架,如需要用脚手架时,可套用第一册"通用项目"相应定额项目。

5)安装预制构件,应根据施工现场具体情况,采用合理的施工方法,套用相应定额。

6)除安装梁分陆上、水上安装外,其他构件安装均未考虑船上吊装,发生时可增计船只费用。

(9)临时工程。

关于临时工程的说明如下:

1)临时工程定额内容包括桩基础支架平台、木垛、支架的搭拆,打桩机械、船排、万能杆件的组拆,挂篮的安拆和推移,胎地模的筑拆及桩顶混凝土凿除等项目共 10 节 40 个子目。

2)临时工程定额支架平台适用于陆上、支架上打桩及钻孔灌注桩。支架平台分陆上平台与水上平台两类,其划分范围由各省、自治区、直辖市根据当地的地形条件和特点确定。

3)桥涵拱盔、支架均不包括底模及地基加固在内。

4)组装、拆卸船排定额中未包括压舱费用。压舱材料取定为大石块,并按船排总吨位的 30% 计取(包括装、卸在内 150 m 的二次运输费)。

5)打桩机械锤重的选择见表 7.2。

表 7.2　打桩机械锤重的选择

桩类别	桩长度/m	桩截面积 S/m^2 或管径 ϕ/mm	柴油桩机锤重/kg
钢筋混凝土方桩及板桩	$L\leqslant8.00$	$S\leqslant0.05$	600
	$L\leqslant8.00$	$0.05<S\leqslant0.105$	1 200
	$8.00<L\leqslant16.00$	$0.105<S\leqslant0.125$	1 800
	$16.00<L\leqslant24.00$	$0.125<S\leqslant0.160$	2 500
	$24.00<L\leqslant28.00$	$0.160<S\leqslant0.225$	4 000
	$28.00<L\leqslant32.00$	$0.225<S\leqslant0.250$	5 000
	$32.00<L\leqslant40.00$	$0.250<S\leqslant0.300$	7 000
钢筋混凝土管桩	$L\leqslant25.00$	$\phi400$	2 500
	$L\leqslant25.00$	$\phi550$	4 000
	$L\leqslant25.00$	$\phi600$	5 000
	$L\leqslant50.00$	$\phi600$	7 000
	$L\leqslant25.00$	$\phi800$	5 000
	$L\leqslant50.00$	$\phi800$	7 000
	$L\leqslant25.00$	$\phi1 000$	7 000
	$L\leqslant50.00$	$\phi1 000$	8 000

注：钻孔灌注桩工作平台按孔径 ϕ 不大于 1 000，套用锤重 1 800 kg 打桩工作平台 ϕ 大于 1 000，套用锤重 2 500 kg 打桩工作平台。

6)搭、拆水上工作平台定额中，已综合考虑了组装、拆卸船排及组装、拆卸打拔桩架工作内容，不得重复计算。

(10)装饰工程。

关于装饰工程的说明如下：

1)装饰工程定额包括砂浆抹面、水刷石、剁斧石、拉毛、水磨石、镶贴面层、涂料、油漆等项目共 8 节 46 个子目。

2)装饰工程定额适用于桥、涵构筑物的装饰项目。

3)镶贴面层定额中，贴面材料与定额不同时，可以调整换算，但人工与机械台班消耗量不变。

4)水质涂料不分面层类别，均按本定额计算，由于涂料种类繁多，如采用其他涂料时，可以调整换算。

5)水泥白石子浆抹灰定额，均未包括颜料费用，如设计需要颜料调制时，应增加颜料费用。

6)油漆定额按手工操作计取，如采用喷漆时，应另行计算。定额中油漆种类与实际不同时，可以调整换算。

7)定额中均未包括施工脚手架，发生时可按第一册"通用项目"相应定额执行。

2.有关数据的取定

(1)人工。

定额人工的工日不分工种、技术等级，一律以综合工日表示。内容包括基本用工、超运距用工、人工幅度差和辅助用工。

综合工日＝基本用工＋超运距用工＋人工幅度差＋辅助用工。

1）基本用工：以《全国统一劳动定额》或《全国统一建筑工程基础定额》和《全国统一安装工程基础定额》为基础计算。

2）人工幅度差＝Σ（基本用工＋超运距用工）×人工幅度差率，人工幅度差率取定15％。

3）以《全国统一劳动定额》为基础计算基本用工，可计入工幅度差。

4）以交通部《公路预算定额》为基础，计算基本用工时，应先扣除8％，再计入工幅度差。

5）以《全国统一建筑工程基础定额》为基础计算基本用工以及根据实际需要采用估工增加的辅助用工，不再计入工幅度差。

（2）材料。

材料消耗量是指直接消耗在定额工作内容中的使用量和规定的损耗量。

总消耗量：净用量×（1＋损耗率）。

桥梁工程各种材料损耗率见表7.47。

1）钢筋。定额中钢筋按直径分为φ10以下、φ10以上两种，比例按结构部位来确定。

2）钢材焊接与切割单位材料消耗用量见表7.3～表7.6。

3）钢筋的搭接、接头用量计算见表7.7。

表 7.3　钢筋焊接焊条用量

项目	单位	钢筋直径/mm												
		12	14	16	18	19	20	22	24	25	26	28	30	32	36
拼接焊	m	0.28	0.33	0.38	0.42	0.44	0.46	0.52	0.59	0.62	0.66	0.75	0.85	0.94	1.14
搭接焊	m	0.28	0.33	0.38	0.44	0.47	0.50	0.61	0.74	0.81	0.88	1.03	1.19	1.36	1.67
与钢板搭接	焊缝	0.24	0.28	0.33	0.38	0.41	0.44	0.54	0.67	0.73	0.80	0.95	1.10	1.27	1.56
电弧焊对接	100 个接头	—	—	—	—	—	0.78	0.99	1.25	1.40	1.55	2.01	2.42	2.83	3.95
总焊	100 点														

表 7.4　钢板搭接焊焊条用量（每 1 m 焊缝）

焊缝高/mm	4	6	8	10	12	13	14	15	16
焊条/kg	0.24	0.44	0.71	1.04	1.43	1.65	1.88	2.13	2.37

表 7.5　钢板对接焊焊条用量（每 1 m 焊缝）

方　式	不开坡口				开　坡　口							
钢板厚/mm	4	5	6	8	4	5	6	8	10	12	16	20
焊条/kg	0.30	0.35	0.40	0.67	0.45	0.58	0.73	1.04	1.46	2.00	3.28	4.80

表 7.6　钢板切割氧气和乙炔用量(每 1 m 割缝)

钢板焊/mm	3～4	5～6	7～8	9～10	11～12	13～14	15～16	17～18	19～20
氧气/m³	0.11	0.13	0.16	0.18	0.20	0.22	0.24	0.26	0.28
乙炔气/m³	0.048	0.057	0.070	0.078	0.087	0.096	0.104	0.113	0.122

表 7.7　每 1t 钢筋接头及焊接个数与长度

钢筋直径 /mm	长度/m	阻焊接头 /只	搭接焊缝 /m	搭接焊每 1m 焊缝 电焊条用量/kg
10	1 620.7	202.6	20.3	—
12	1 126.1	140.8	16.9	0.28
14	827.8	103.4	14.5	0.33
16	633.7	79.2	12.7	0.38
18	500.5	62.6	11.3	0.44
20	405.5	50.7	10.1	0.50
22	335.1	41.9	9.2	0.61
24	281.6	35.2	8.4	0.74
25	259.7	32.4	8.1	0.81
26	240.0	30.0	7.8	0.88

说明：1. 此表是根据《公路工程概算预算定额编制说明》一书换算。

2. 钢筋每根长度取定为 8 m。

3. 计算公式：

$$长度 = \frac{1\,t\,钢筋重量}{每\,1\,m\,钢筋重量}(m)；阻焊接头 = \frac{钢筋总长度}{每\,1\,根钢筋长度(取定\,8\,m)}(个)；$$

搭接焊缝 = 阻焊接头 × 10 倍钢筋直径(m)，搭接焊缝为单面焊缝。

4)工程用水。

①冲洗搅拌机综合取定为 2 m³/10 m³ 混凝土。

②养护用水：

平面露面：0.004 m³/m² × 5 次/d × 7d = 0.14 m³/m²；

垂直露面：0.004 m³/m² × 2 次/d × 7d = 0.06 m³/m²。

③纯水泥浆的用水量按水泥重量的 35% 计算。

④浸砖用水量按使用砖体积的 50% 计算。

5)周转材料。指不构成工程实体,在施工中必须发生,以周转次数摊销量形式表示的材料。平面模板以工具式钢模为主,异形模板以木模为主。

①工具式钢模板。

a. 钢模周转材料使用次数见表 7.8。

表 7.8　钢模周转材料使用次数表

项　　目	钢　模		扣　件		钢管支撑
	现　浇	预　制	现　浇	预　制	
周转次数	50	150	20	40	75

b. 工具式钢模板按质量取定。工具式钢模板由钢模板(包括平模、阴阳角模、固定角模)、零星卡具(U 型卡、插销及其他扣件等)、支撑钢管和部分木模组成。定额按厚2.5 mm钢模板计算,每平方米钢模板为 34 kg,扣件为 5.43 kg,钢支撑另行计算。

c. 钢支撑。钢管支撑采用48,壁厚 3.5 mm,每米单位重量 3.84 kg,扣件每个重量1.3 kg(T 字型、回转型、加权平均)计算。

根据构筑物高度,确定钢模板接触混凝土面积,所需每平方米支撑用量如下:

1 m 以内:$1 \times 4 + 0.5 \times 1.4 = 4.7$(m)

2 m 以内:$1 \times 4 + 1 \times 1.4 = 5.4$(m)

3 m 以内:$1 \times 4 + 1.5 \times 1.4 = 6.1$(m)

4 m 以内:$1 \times 4 + 2 \times 1.4 = 6.8$(m)

5 m 以内:$1 \times 4 + 5 \times 1.4 = 11.0$(m)

6 m 以内:$1 \times 4 + 7 \times 1.4 = 13.8$(m)

7 m 以内:$1 \times 4 + 8 \times 1.4 = 15.2$(m)

8 m 以内:$1 \times 4 + 9 \times 1.4 = 16.6$(m)

9 m 以内:$1 \times 4 + 10 \times 1.4 = 18.0$(m)

10 m 以内:$1 \times 4 + 11 \times 1.4 = 19.4$(m)

11 m 以内:$1 \times 4 + 12 \times 1.4 = 20.8$(m)

12 m 以内:$1 \times 4 + 13 \times 1.4 = 22.2$(m)

d. 扣件:用量根据各种高度综合考虑,每米 217 个。

e. 钢模支撑拉杆:用量按钢模接触混凝土面积每平方米一根,采用 $\phi 12$ 圆钢(每米单位重量 0.888 kg),并配 2 只尼龙帽。

定额中钢木模比例取定为钢模 85%,木模 15%。

② 木模板周转次数和一次补损率见表 7.9。

表 7.9　木模板周转次数和一次补损率

项目及材料		周转次数	一次补损率/%	木模回收折价率/%	周转使用系数 K_1	摊销量系数 K_2
现浇模板	模板	7	15	50	0.271 4	0.210 7
	支撑	12	15	50	0.220 8	0.185 4
预制模板	模板	15	15	50	0.206 7	0.178 4
	支撑	20	15	50	0.192 5	0.171 2
以钢模为主木模		5	15	50	0.320 0	0.240 0

a. 木模材料取定。板厚取定为 2.5 cm,支撑规格根据不同结构部位受力情况计算而定,不作统一规定。

b. 木模板的计算方法:

摊销量 = 周转使用量 − 回收量 × 回收折价率

$$周转使用量 = \frac{一次使用量 \times (周转次数 - 1) \times 损耗率}{周转次数}$$

$$回收量 = 一次使用量 \times \left(\frac{1 - 损耗量}{周转次数}\right)。$$

$$K_1 = 周转使用系数 = \frac{1 + (周转次数 - 1) \times 损耗率}{周转次数}$$

则　　周转使用量 = 一次使用量 $\times K_1$

故　　摊销量 = 一次使用量 $\times K_1$ - 一次使用量 $\times \dfrac{(1 - 损耗率) \times 回收折价率}{周转次数}$

$$= 一次使用量 \times \left[K_1 - \frac{(1 - 损耗率) \times 回收折价率}{周转次数} \right]$$

$$K_2 = 摊销量系数 = \left[K_1 - \frac{(1 - 损耗率) \times 回收折价率}{周转次数} \right]$$

　　　　摊销量 = 一次使用量 $\times K_2$

　　定额使用量 = 摊销量 $\times (1 + 模板损耗率)$。

6)铁钉用量计算。按配不同构件的模板,根据支模的质量标准来计算。

7)设备材料用量计算。设备材料指机械台班中不包括的,如木扒杆、铁扒杆、地拢等材料。各种设备材料用量计算根据1986年全国统一市政定额桥涵基本数据确定,用量按桥次摊销,每一个桥次为315 m^3 混凝土。

8)草袋用量计算。

$$草袋摊销量 = \frac{混凝土露明面积 \times (1 + 草袋塔接损耗)}{草袋周转次数}$$

草袋损耗率4%,草袋搭接损耗率30%考虑,草袋周转次数为5次。

$$草袋摊销系数 = \frac{1 + 草袋塔接损耗}{草袋周转次数} = \frac{1 + 0.3}{5} = 0.26$$

$$草袋摊销量(个) = \frac{混凝土露明面积 \times 0.26}{草袋有效使用面积(按 0.42 \ m^2 \ 计)}$$

草袋定额使用量 = 草袋摊销量 $\times (1 + 草袋损耗率)$

9)其他材料的取定。

①脱模油按每平方米模板接触混凝土面积按 0.10 kg 计。

②模板嵌缝料(绒布),每米按 20.05 kg 计。

③尼龙帽按 5 次摊销。

④白棕绳按 2 桥次摊销。

(3)机械。

机械台班耗用量指按照施工作业取用合理的机械,完成单位产品耗用的机械台班消耗量。

1)属于按施工机械技术性能直接计取台班产量的机械,则直接按台班产量计算。

2)按劳动定额计算定额台班量:

$$定额台班量 = \frac{1}{产量定额 \times 小组成员} \times 定额单位量。$$

分项工程量指单位定额中需要加工的分项工程量,产量定额指按劳动定额取定的每工日完成的产量。

3)桥涵机械幅度差见表7.10。

表 7.10 桥涵机械幅度表

项目及材料		周转次数	一次补损率/%	木模回收折价率/%	周转使用系数 K_1	摊销量系数 K_2
现浇模板	模板	7	15	50	0.271 4	0.210 7
	支撑	12	15	50	0.220 8	0.185 4
预制模板	模板	15	15	50	0.206 7	0.178 4
	支撑	20	15	50	0.192 5	0.171 2
以钢模为主木模		5	15	50	0.320 0	0.240 0

3. 需要说明的有关问题

(1)运输的取定。

1)预算定额运距的取定,除注明运距外,均按 150 m 运距计。

2)超运距=150 m 总运距-劳动定额基本运距。

3)垂直运输 1 m 按水平运输 7 m 计。

①后台生料运输采用人力手推车,水泥、黄砂、石子运输数量参照 1992 年交通部公路工程预算定额混凝土配合比表。

②前台熟料运输采用 1 t 机动翻斗车。

4)构件安装(包括打桩)均不包括场内运输。

(2)一桥次的计算依据。按 3 孔、16 m 的板梁、14 m 宽的中型桥梁,混凝土量为 315 m³。

(3)安装定额中,机械选用一般按构件重量的 3 倍配备机械。

(4)悬臂浇筑定额中所使用的挂篮及金属托架是按单位工程一次用量扣 25% 的残值后一次摊销。

7.1.2 桥涵工程预算定额工程量计算规则

1. 打桩工程

(1)打桩。

①钢筋混凝土方桩、板桩按桩长度(包括桩尖长度)乘以桩横断面面积计算。

②钢筋混凝土管桩按桩长度(包括桩尖长度)乘以桩横断面面积,减去空心部分体积计算。

③钢管桩按成品桩考虑,以吨计算。

2)焊接桩型钢用量可按实调整。

3)送桩。

①陆上打桩时,以原地面平均标高增加 1 m 为界线,界线以下至设计桩顶标高之间的打桩实体积为送桩工程量。

②支架上打桩时,以当地施工期间的最高潮水位增加 0.5 m 为界线,界线以下至设计桩顶标高之间的打桩实体积为送桩工程量。

③船上打桩时,以当地施工期间的平均水位增加 1 m 为界线,界线以下至设计桩顶标高之间的打桩实体积为送桩工程量。

（2）钻孔灌注桩工程。

1）灌注桩成孔工程量按设计入土深度计算。定额中的孔深指护筒顶至桩底的深度。成孔定额中同一孔内的不同土质，不论其所在的深度如何，均执行总孔深定额。

2）人工挖桩孔土方工程量按护壁外缘包围的面积乘以深度计算。

3）灌注桩水下混凝土工程量按设计桩长增加 1.0 m 乘以设计横断面面积计算。

4）灌注桩工作平台按照临时工程有关项目计算。

5）钻孔灌注桩钢筋笼按设计图纸计算，套用钢筋工程有关项目。

6）钻孔灌注桩需使用预埋铁件时，套用钢筋工程有关项目。

（3）砌筑工程。

1）砌筑工程量按设计砌体尺寸以立方米体积计算，嵌入砌体中的钢管、沉降缝、伸缩缝以及单孔面积 0.3 m³ 以内的预留孔所占体积不予扣除。

2）拱圈底模工程量按模板接触砌体的面积计算。

（4）钢筋工程。

1）钢筋按设计数量套用相应定额计算（损耗已包括在定额中）。设计未包括施工钢筋，经建设单位同意后可另计。

2）T 型梁连接钢板项目按设计图纸，以 t 为单位计算。

3）锚具工程量按设计用量乘以下列系数计算。锥形锚为 1.05；OVM 锚为 1.05；墩头锚为 1.00。

4）管道压浆不扣除钢筋体积。

（5）现浇混凝土工程。

工程计算规则如下：

1）混凝土工程量按设计尺寸以实体积计算（不包括空心板、梁的空心体积），不扣除钢筋、铁丝、铁件、预留压浆孔道和螺栓所占的体积。

2）模板工程量按模板接触混凝土的面积计算。

3）现浇混凝土墙、板上单孔面积在 0.3 m² 以内的孔洞体积不予扣除，洞侧壁模板面积亦不再计算；单孔面积在 0.3 m² 以上时，应予扣除，洞侧壁模板面积并入墙、板模板工程量之内计算。

（6）预制混凝土工程。

1）混凝土工程量计算。

①预制桩工程量按桩长度（包括桩尖长度）乘以桩横断面面积计算。

②预制空心构件按设计图尺寸扣除空心体积，以实体积计算。空心板梁的堵头板体积不计入工程量内，其消耗量已在定额中考虑。

③预制空心板梁，凡采用橡胶囊做内模的，考虑其压缩变形因素，可增加混凝土数量。当梁长在 16 m 以内时，可按设计体积增加 7% 计算；若梁长大于 16 m 时，则增加 9% 计算。如设计图已注明考虑橡胶囊变形时，不得再增加计算。

④预应力混凝土构件的封锚混凝土数量并入构件混凝土工程量计算。

2）模板工程量计算。

①预制构件中预应力混凝土构件及 T 型梁、I 型梁、双曲拱、桁架拱等构件均按模板

接触混凝土的面积(包括侧模、底模)计算。

②灯柱、端柱、栏杆等小型构件按平面投影面积计算。

③预制构件中非预应力构件按模板接触混凝土的面积计算,不包括胎、地模。

④空心板梁中空心部分,桥涵工程定额均采用橡胶囊抽拔,其摊销量已包括在定额中,不再计算空心部分模板工程量。

⑤空心板中空心部分,可按模板接触混凝土的面积计算工程量。

3)预制构件中的钢筋混凝土桩、梁及小型构件,可按混凝土定额基价的 2% 计算其运输、堆放、安装损耗,但该部分不计材料用量。

(7)立交箱涵工程。

1)箱涵滑板下的肋楞,其工程量并入滑板内计算。

2)箱涵混凝土工程量,不扣除单孔面积 $0.3 \, m^2$ 以下的预留孔洞体积。

3)顶柱、中继间护套及挖土支架均属专用周转性金属构件,定额中已按摊销量计列,不得重复计算。

4)箱涵顶进定额分空项、无中继间实土顶和有中继间实土顶三类,其工程量计算如下:

①空顶工程量按空顶的单节箱涵重量乘以箱涵位移距离计算。

②实土顶工程量按被顶箱涵的重量乘以箱涵位移距离分段累计计算。

5)垫只考虑在预制箱涵底板上使用,按箱涵底面积计算。气垫的使用天数由施工组织设计确定,但采用气垫后在套用顶进定额时应乘以系数 0.7。

(8)安装工程。

工程量计算规则如下:

1)定额安装预制构件以 m^3 为计量单位的,均按构件混凝土实体积(不包括空心部分)计算。

2)驳船不包括进出场费,其吨位单价由各省、自治区、直辖市确定。

(9)临时工程。

1)搭拆打桩工作平台面积计算。

①桥梁打桩: $F = N_1 F_1 + N_2 F_2$

每座桥台(桥墩): $F_1 = (5.5 + A + 2.5) \times (6.5 + D)$

每条通道: $F_2 = 6.5 \times [L - (6.5 + D)]$

②钻孔灌注桩: $F = N_1 F_1 + N_2 F_2$

每座桥台(桥墩): $F_1 = (A + 6.5) \times (6.5 + D)$

每条通道: $F_2 = 6.5 \times [L - (6.5 + D)]$

式中　F——工作平台总面积,单位为 m^2;

　　　F_1——每座桥台(桥墩)工作平台面积,单位为 m^2;

　　　F_2——桥台至桥墩间或桥墩至桥墩间通道工作平台面积,单位为 m^2;

　　　N_1——桥台和桥墩总数量;

　　　N_2——通道总数量;

　　　D——二排桩之间距离,单位为 m;

L——桥梁跨径或护岸的第一根桩中心至最后一根桩中心之间的距离,单位为 m；

A——桥台(桥墩)每排桩的第一根桩中心至最后一根桩中心之间的距离,单位为 m。

2)凡台与墩或墩与墩之间不能连续施工时(如不能断航、断交通或拆迁工作不能配合),每个墩、台可计一次组装、拆卸柴油打桩架及设备运输费。

3)桥涵拱盔、支架空间体积计算。

①桥涵拱盔体积按起拱线以上弓形侧面积乘以(桥宽+2 m)计算。

②桥涵支架体积为结构底至原地面(水上支架为水上支架平台顶面)平均标高乘以纵向距离再乘以(桥宽+2 m)计算。

(10)装饰工程。

工程量计算规则为除金属面油漆以 t 计算外,其余项目均按装饰面积计算。

7.2　桥涵护岸工程工程量清单计算规则

7.2.1　桥涵工程工程量清单项目设置及工程量计算规则

(1)桩基工程工程量清单项目设置及工程量计算规则见表 7.11。

表 7.11　桩基(编码:040301)

项目编码	项目名称	项目特征	计量单位	工程量计算规则	工程内容
040301001	圆木桩	1. 材质 2. 尾径 3. 斜率	m	按设计图示以桩长(包括桩尖)计算	1. 工作平台搭拆 2. 桩机竖拆 3. 运桩 4. 桩靴安装 5. 沉桩 6. 截桩头 7. 废料弃置
040301002	钢筋混凝土板桩	1. 混凝土强度等级、石料最大粒径 2. 部位	m³	按设计图示桩长(包括桩尖)乘以桩的断面积以体积计算	1. 工作平台搭拆 2. 桩机竖拆 3. 场内外运桩 4. 沉桩 5. 送桩 6. 凿除桩头 7. 废料弃置 8. 混凝土浇筑 9. 废料弃置

续表 7.11

项目编码	项目名称	项目特征	计量单位	工程量计算规则	工程内容
040301003	钢筋混凝土方桩（管桩）	1.形式 2.混凝土强度等级、石料最大粒径 3.断面 4.斜率 5.部位			1.工作平台搭拆 2.桩机竖拆 3.混凝土浇筑 4.运桩 5.沉桩 6.接桩 7.送桩 8.凿除桩头 9.桩芯混凝土充填 10.废料弃置
040301004	钢管桩	1.材质 2.加工工艺 3.管径、壁厚 4.斜率 5.强度	m	按设计图示桩长（包括桩尖）计算	1.工作平台搭拆 2.桩机竖拆 3.钢管制作 4.场内外运桩 5.沉桩 6.接桩 7.送桩 8.切割钢帽 9.精割盖帽 10.管内取土 11.余土弃置 12.管内填心 13.废料弃置
040301005	钢管成孔灌注桩	1.桩径 2.深度 3.材料品种 4.混凝土强度等级、石料最大粒径	m	按设计图示桩长（包括桩尖）计算	1.工作平台搭拆 2.桩机竖拆 3.沉桩及灌注、拔管 4.凿除桩头 5.废料弃置

续表 7.11

项目编码	项目名称	项目特征	计量单位	工程量计算规则	工程内容
040301006	挖孔灌注桩	1. 桩径 2. 深度 3. 岩土类别 4. 混凝土强度等级、石料最大粒径	m	按设计图示尺寸以长度计算	1. 挖桩成孔 2. 护壁制作、安装、浇捣 3. 土方运输 4. 灌注混凝土 5. 凿除桩头 6. 废料弃置 7. 余方弃置
040301007	机械成孔灌注桩				1. 工作平台搭拆 2. 成孔机械竖拆 3. 护筒埋设 4. 泥浆制作 5. 钻、冲成孔 6. 余方弃置 7. 灌注混凝土 8. 凿除桩头 9. 废料弃置

(2)现浇混凝土工程工程量清单项目设置及工程量计算规则见表 7.12。

表 7.12　现浇混凝土(编码:040302)

项目编码	项目名称	项目特征	计量单位	工程量计算规则	工程内容
040302001	混凝土基础	1. 混凝土强度等级、石料最大粒径 2. 嵌料(毛石)比例 3. 垫层厚度、材料品种、强度	m³	按设计图示尺寸以体积计算	1. 垫层铺筑 2. 混凝土浇筑 3. 养生
040302002	混凝土承台	1. 部位 2. 混凝土强度等级、石料最大粒径	m³	按设计图示尺寸以体积计算	1. 混凝土浇筑 2. 养生
040302003	墩(台)帽				
040302004	墩(台)身				
040302005	支撑梁及横梁				
040302006	墩(台)盖梁				
040302007	拱桥拱座	混凝土强度等级、石料最大粒径			
040302008	拱桥拱肋				
040302009	拱上构件	1. 部位 2. 混凝土强度等级、石料最大粒径			
040302010	混凝土箱梁				
040302011	混凝土连续板	1. 部位 2. 强度 3. 形式			
040302012	混凝土板梁	1. 部位 2. 形式 3. 混凝土强度等级、石料最大粒径			

续表 7.12

项目编码	项目名称	项目特征	计量单位	工程量计算规则	工程内容
040302013	拱板	1.部位 2.混凝土强度等级、石料最大粒径	m³	按设计图示尺寸以体积计算	1.混凝土浇筑 2.养生
040302014	混凝土楼梯	1.形式 2.混凝土强度等级、石料最大粒径	m³	按设计图示尺寸以体积计算	1.混凝土浇筑 2.养生
040302015	混凝土防撞护栏	1.断面 2.混凝土强度等级、石料最大粒径	m	按设计图示尺寸以长度计算	1.混凝土浇筑 2.养生
040302016	混凝土小型构件	1.部位 2.混凝土强度等级、石料最大粒径	m³	按设计图示尺寸以体积计算	1.混凝土浇筑 2.养生
040302017	桥面铺装	1.部位 2.混凝土强度等级、石料最大粒径 3.沥青品种 4.厚度 5.配合比	m³	按设计图示尺寸以面积计算	1.混凝土浇筑 2.养生 3.沥青混凝土铺装 4.碾压
040302018	桥头搭板	混凝土强度等级、石料最大粒径	m³	按设计图示尺寸以体积计算	1.混凝土浇筑 2.养生
040302019	桥塔身	1.形状 2.混凝土强度等级、石料最大粒径	m³	按设计图示尺寸以实体积计算	1.混凝土浇筑 2.养生
040302020	连系梁				

(3)预制混凝土工程工程量清单项目设置及工程量计算规则见表7.13。

表 7.13　预制混凝土(编码:040303)

项目编码	项目名称	项目特征	计量单位	工程量计算规则	工程内容
040303001	预制混凝土立柱	1. 形状、尺寸 2. 混凝土强度等级、石料最大粒径 3. 预应力、非预应力 4. 张拉方式	m³	按设计图示尺寸以体积计算	1. 混凝土浇筑 2. 养生 3. 构件运输 4. 立柱安装 5. 构件连接
040303002	预制混凝土板				1. 混凝土浇筑 2. 养生 3. 构件运输 4. 安装 5. 构件连接
040303003	预制混凝土梁				
040303004	预制混凝土桁架拱构件	1. 部位 2. 混凝土强度等级、石料最大粒径			
040303005	预制混凝土小型构件				

(4)砌筑工程工程量清单项目设置及工程量计算规则见表7.14。

表 7.14　砌筑(编码:040304)

项目编码	项目名称	项目特征	计量单位	工程量计算规则	工程内容
040304001	干砌块料	1. 部位 2. 材料品种 3. 规格	m³	按设计图示尺寸以体积计算	1. 砌筑 2. 勾缝
040304002	浆砌块料	1. 部位 2. 材料品种 3. 规格 4. 砂浆强度等级	m³	按设计图示尺寸以体积计算	1. 砌筑 2. 砌体勾缝 3. 砌体抹面 4. 泄水孔制作、安装 5. 滤层铺设 6. 沉降缝
040304003	浆砌拱圆	1. 材料品种 2. 规格 3. 砂浆强度	m³	按设计图示尺寸以体积计算	1. 砌筑 2. 砌体勾缝 3. 砌体抹面
040304004	抛石	1. 要求 2. 品种规格	m³	按设计图示尺寸以体积计算	抛石

(5)挡墙、护坡工程工程量清单项目设置及工程量计算规则见表7.15。

表 7.15　挡墙、护坡(编码:040305)

项目编码	项目名称	项目特征	计量单位	工程量计算规则	工程内容
040305001	挡墙基础	1. 材料品种 2. 混凝土强度等级、石料最大粒径 3. 形式 4. 垫层厚度、材料品种、强度	m³	按设计图示尺寸以体积计算	1. 垫层铺筑 2. 混凝土浇筑
040305002	现浇混凝土挡墙墙身	1. 混凝土强度等级、石料最大粒径 2. 泄水孔材料品种、规格 3. 滤水层要求	m³	按设计图示尺寸以体积计算	1. 混凝土浇筑 2. 养生 3. 抹灰 4. 泄水孔制作、安装 5. 滤水层铺筑
040305003	预制混凝土挡墙墙身	1. 混凝土强度等级、石料最大粒径 2. 泄水孔材料品种、规格 3. 滤水层要求	m³	按设计图示尺寸以体积计算	1. 混凝土浇筑 2. 养生 3. 构件运输 4. 安装 5. 泄水孔制作、安装 6. 滤水层铺筑
040305004	挡墙混凝土压顶	混凝土强度等级、石料最大粒径	m³	按设计图示尺寸以体积计算	1. 混凝土浇筑 2. 养生
040305005	护坡	1. 材料品种 2. 结构形式 3. 厚度	m³	按设计图示尺寸以体积计算	1. 修整边坡 2. 砌筑

(6)立交箱涵工程工程量清单项目设置及工程量计算规则见表 7.16。

表 7.16　立交箱涵(编码:040306)

项目编码	项目名称	项目特征	计量单位	工程量计算规则	工程内容
040306001	滑板	1. 透水管材料品种、规格 2. 垫层厚度、材料品种、强度 3. 混凝土强度等级、石料最大粒径	m³	按设计图示尺寸以体积计算	1. 透水管铺设 2. 垫层铺筑 3. 混凝土浇筑 4. 养生
040306002	箱涵底板	1. 透水管材料品种、规格 2. 垫层厚度、材料品种、强度 3. 混凝土强度等级、石料最大粒径 4. 石蜡层要求 5. 塑料薄膜品种、规格	m³	按设计图示尺寸以体积计算	1. 石蜡层 2. 塑料薄膜 3. 混凝土浇筑 4. 养生

续表 7.15

项目编码	项目名称	项目特征	计量单位	工程量计算规则	工程内容
040306003	箱涵侧墙	1. 混凝土强度等级、石料最大粒径 2. 防水层工艺要求	m³	按设计图示尺寸以体积计算	1. 混凝土浇筑 2. 养生 3. 防水砂浆 4. 防水层铺涂
040306004	箱涵顶板				
040306005	箱涵顶进	1. 断面 2. 长度	kt·m	按设计图示尺寸以被顶箱涵的质量乘以箱涵的位移距离分节累计计算	1. 顶进设备安装、拆除 2. 气垫安装、拆除 3. 气垫使用 4. 钢刃角制作、安装、拆除 5. 挖土实顶 6. 场内外运输 7. 中继间安装、拆除
040306006	箱涵接缝	1. 材质 2. 工艺要求	m	按设计图示止水带长度计算	接缝

(7)钢结构工程工程量清单项目设置及工程量计算规则见表 7.17。

表 7.17　　钢结构(编码:040307)

项目编码	项目名称	项目特征	计量单位	工程量计算规则	工程内容
040307001	钢箱梁	1. 材质 2. 部位 3. 油漆品种、色彩、工艺要求	t	按设计图示尺寸以质量计算(不包括螺栓、焊缝质量)	1. 制作 2. 运输 3. 试拼 4. 安装 5. 连接 6. 除锈、刷油漆
040307002	钢板梁				
040307003	钢桁梁				
040307004	钢拱				
040307005	钢构件				
040307006	劲性钢结构				
040307007	钢结构叠合梁				
040307008	钢拉索	1. 材质 2. 直径 3. 防护方式	t	按设计图示尺寸以质量计算	1. 拉索安装 2. 张拉 3. 锚具 4. 防护壳制作、安装
040307009	钢拉杆	1. 材质 2. 直径 3. 防护方式	t	按设计图示尺寸以质量计算	1. 连接、紧锁件安装 2. 钢拉杆安装 3. 钢拉杆防腐 4. 钢拉杆防护壳制作、安装

(8)装饰工程工程量清单项目设置及工程量计算规则见表 7.18。

表 7.18　装饰(编码:040308)

项目编码	项目名称	项目特征	计量单位	工程量计算规则	工程内容
040308001	水泥砂浆抹面	1.砂浆配合比 2.部位 3.厚度	m²	按设计图示尺寸以面积计算	砂浆抹面
040308002	水刷石饰面	1.材料 2.部位 3.砂浆配合比 4.形式、厚度	m²	按设计图示尺寸以面积计算	饰面
040308003	剁斧石饰面	1.材料 2.部位 3.形式 4.厚度	m²	按设计图示尺寸以面积计算	饰面
040308004	拉毛	1.材料 2.砂浆配合比 3.部位 4.厚度	m²	按设计图示尺寸以面积计算	砂浆、水泥浆拉毛
040308005	水磨石饰面	1.规格 2.砂浆配合比 3.材料品种 4.部位	m²	按设计图示尺寸以面积计算	饰面
040308006	镶贴面层	1.材质 2.规格 3.厚度 4.部位	m²	按设计图示尺寸以面积计算	镶贴面层
040308007	水质涂料	1.材料品种 2.部位	m²	按设计图示尺寸以面积计算	涂料涂刷
040308008	油漆	1.材料品种 2.部位 3.工艺要求	m²	按设计图示尺寸以面积计算	1.除锈 2.刷油漆

(9)其他工程工程量清单项目设置及工程量计算规则见表 7.19。

表 7.19 其他(编码:040309)

项目编码	项目名称	项目特征	计量单位	工程量计算规则	工程内容
040309001	金属栏杆	1.材质 2.规格 3.油漆品种、工艺要求	t	按设计图示尺寸以质量计算	1.制作、运输、安装 2.除锈、刷油漆
040309002	橡胶支座	1.材质 2.规格	个	按设计图示数量计算	支座安装
040309003	钢支座	1.材质 2.规格 3.形式	个	按设计图示数量计算	支座安装
040309004	盆式支座	1.材质 2.承载力	个	按设计图示数量计算	支座安装
040309005	油毛毡支座	1.材质 2.规格	m²	按设计图示尺寸以面积计算	制作、安装
040309006	桥梁伸缩装置	1.材料品种 2.规格	m	按设计图示尺寸以延长米计算	1.制作、安装 2.嵌缝
040309007	隔音屏障	1.材料品种 2.结构形式 3.油漆品种、工艺要求	m²	按设计图示尺寸以面积计算	1.制作、安装 2.除锈、刷油漆
040309008	桥面泄水管	1.材料 2.管径 3.滤层要求	m	按设计图示以长度计算	1.进水口、泄水管制作、安装 2.滤层铺设
040309009	防水层	1.材料品种 2.规格 3.部位 4.工艺要求	m²	按设计图示尺寸以面积计算	防水层铺涂
040309010	钢桥维修设备	按设计图要求	套	按设计图示数量计算	1.制作 2.运输 3.安装 4.除锈、刷油漆

(10)其他相关问题。

其他相关问题,应按下列规定处理:

1)除箱涵顶进土方、桩土方以外,其他(包括顶进工作坑)土方,应按土石方工程中相关项目编码列项。

2)台帽、台盖梁均应包括耳墙、背墙。

7.2.2 桥涵工程工程量清单项目说明

1.桩基工程

(1)桩基工程适用于城市桥梁和护岸工程。

(2)桩基工程包括了桥梁常用的桩种。清单工程量以设计桩长计量,只有混凝土板桩以体积计算。这与定额工程量计算是不同的,定额一般桩以体积计算,钢管桩以重量计算。清单工程内容包括了从搭拆工作平台起到竖拆桩机、制桩、运桩、打桩(沉桩)、接桩、送桩,直至截桩头、废料弃置等全部内容。

2. 现浇混凝土工程

(1)现浇混凝土工程适用于城市桥梁和护岸工程。

(2)现浇混凝土清单项目的工程内容包括混凝土制作、运输、浇筑、养护等全部内容。混凝土基础还包括垫层在内。

(3)嵌石混凝土的块石含量按 15% 计取,如与设计不符合时,可按表 7.20 换算。

表 7.20 混凝土块石掺量表

块石掺量/%	10	15	20	25
每立方米混凝土块石掺量/m³	0.159	0.238	0.381	0.397

注:1. 块石掺量另加损耗率,块石损耗为 2%;

2. 混凝土用量扣除嵌石后,乘以损耗率 1.5%。

(4)常用现浇混凝土配合比按相关规定计取。

3. 预制混凝土工程

(1)预制混凝土工程适用于城市桥梁和护岸工程。

(2)预制混凝土清单项目的工程内容包括制作、运输、安装和构件连接等全部内容。

(3)各类构筑物每 10 m³ 混凝土模板接触面积按相关规定计取。

4. 砌筑、挡墙及护坡工程

(1)砌筑工程适用于城市桥梁和护岸工程。

(2)砌筑、挡墙及护坡清单项目的工程内容均包括泄水孔、滤水层及勾缝在内。

(3)所有脚手架、支架、模板均划归措施项目。

(4)常用砌筑砂浆配合比按相关规定计取。

5. 立交箱涵工程

(1)立交箱涵工程适用于城市桥梁和护岸工程。

(2)箱涵滑板下的肋楞,其工程量并入滑板内计算。

(3)箱涵混凝土工程量,不扣除单孔面积 0.3 m² 以下的预留孔洞体积。

6. 钢结构工程

(1)钢结构工程适用于城市桥梁和护岸工程。

(2)钢管每米重量见表 7.21。

表 7.21　钢管每米重量表

项　目 公称直 径/mm	钢　管　壁　厚/mm 重量/kg								
	6	7	8	9	10	12	14	16	18
150	22.640	22.240							
200	31.520	36.600	41.630						
250	39.510	47.640	52.280						
300	47.200	54.890	62.540						
350	54.900	63.870	72.800	81.680	90.510				
400	62.150	72.330	82.470	92.650	102.600				
450	69.840	81.310	92.720	104.100	115.400				
500	77.390	90.110	102.790	115.400	128.000				
600	92.340	107.550	122.720	137.800	152.900				
700	105.650	123.090	140.470	157.800	175.100				
800	120.450	140.390	160.200	180.000	199.800				
900	135.240	157.610	180.390	202.200	224.400				
1 000	150.040	174.880	199.660	224.400	249.100				
1 100					273.730	327.880	381.840	435.590	489.160
1 200					298.390	357.470	416.360	475.050	533.540
1 400					347.710	416.660	485.410	553.960	622.320
1 500					372.370	446.250	519.930	593.420	666.710
1 600					397.030	475.840	554.460	632.870	711.100
1 800					446.350	535.020	623.500	711.790	799.870
2 000					495.670	594.210	692.550	790.700	888.650
2 200					544.990	653.390	761.600	869.610	977.420
2 400					594.306	712.575	830.647	948.522	1 066.200

7. 装饰工程

(1)装饰工程适用于城市桥梁护岸工程。

(2)装饰工程所有项目均按面积计算。

7.3　桥涵护岸工程工程量计算示例

【示例 7.1】

履带式柴油打桩机打钢筋混凝土方桩,如图 7.1 所示。试求定额工程量。

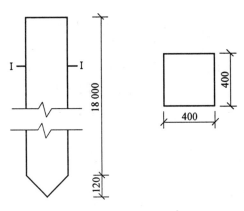

图 7.1　方桩示意图

【解】

根据定额工程量计算规则,钢筋混凝土方桩、板桩按桩长度(包括桩尖长度)乘以桩横断面面积计算。故其定额工程量为:

$$V/\text{m}^3=(18+0.12)\times0.4\times0.4=2.90$$

【示例 7.2】

陆上 ϕ550 钢筋混凝土管桩送桩,送桩 5.0 m。求定额基价。

【解】

选用《全国统一市政工程预算定额》中 3—91 定额换算。

送桩 6 m 以内乘以 1.5 系数。

$$\text{定额基价}=8\,391.46\times1.5=12\,587.19\ \text{元}/10\ \text{m}^3$$

【示例 7.3】

C30 混凝土单价:185 元/m³。现浇 C30 混凝土实体式桥台。求定额基价。

【解】

选用《全国统一市政工程预算定额》中 3—274 定额换算。

$$\text{定额基价}=615.99+10.15\times185=2\,493.74\ \text{元}/10\ \text{m}^3$$

【示例 7.4】

马赛克单价:1.2 元/片,300×400 水晶马赛克贴墙面。求定额基价。

【解】

选用《全国统一市政工程预算定额》中 3—571 定额换算。

$$\text{瓷砖用量}=102\div(0.30\times0.40)=850\ \text{片}/100\ \text{m}^2$$

$$\text{定额基价}=4\,229.17-102.00\times21.74+0.85\times1\,200=3\,031.69\ \text{元}/100\ \text{m}^2$$

【示例 7.5】

如图 7.2 所示,设计桩长 18.5 m(包括桩尖)。采用焊接接桩,装顶标高−0.3 m,自然地坪标高 0.5 m,挤出基础共有 20 根 C30 预制钢筋混凝土方桩,试计算打桩、接桩与送桩的直接工程费。

【解】

(1)打桩:

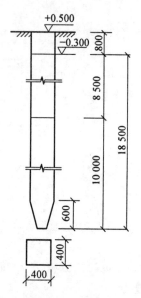

图 7.2　送桩

$$V/\text{m}^3 = 0.4 \times 0.4 \times 18.5 \times 20 = 59.2$$

选用《全国统一市政工程预算定额》中 3—17 定额换算,基价 1 998.38 元/10 m³。

直接工程费 = 199.84 × 59.2 = 11 830.5 元

(2)接桩:

n = 20 个

选用《全国统一市政工程预算定额》中 3—55 定额换算,基价 184 元/个。

直接工程费 = 184 × 20 = 3 680 元

(3)送桩:

$$V/\text{m}^3 = 0.4 \times 0.4 \times (1 + 0.5 + 0.3) \times 20 = 5.76$$

选用《全国统一市政工程预算定额》中 3—75 定额换算,基价 2 740 元/10 m³。

直接工程费 = 274 × 5.76 = 1 578.24 元

【示例 7.6】

某桥涵打桩工程,设计桩长如图 7.3 所示,需打 φ1 200 钻孔灌注桩 50 根,采用 C25 商品混凝土,入岩深度为 D,空转部分需回填碎石,试计算工程量并套用定额。

【解】

(1)埋设钢护筒:

50 × 2 = 100 m

选用《全国统一市政工程预算定额》中 3—108 定额换算。

100 × 905.42 ÷ 10 = 9 054.2 元

(2)钻孔桩成孔:

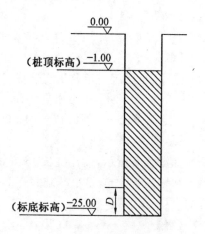

图 7.3　某桥涵打桩工程

$$25 \times 3.141\ 6 \times (1.2 \div 2)^2 \times 50 = 1\ 413.7\ \text{m}^3$$

选用《全国统一市政工程预算定额》中 3—122 定额换算。

$$1\ 413.7 \times 646.69 \div 10 = 91\ 422.57\ 元$$

(3)入岩增加费：

$$1.2 \times 3.141\ 6 \times (1.2 \div 2)^2 \times 50 = 67.9\ \text{m}^3$$

选用《全国统一市政工程预算定额》中 3—125 定额换算。

$$67.9 \times 917 \div 10 = 6\ 226.43\ 元$$

(4)泥浆池搭拆：

$$工程量等于成孔工程量 = 14\ 123.7\ \text{m}^3$$

选用《全国统一市政工程预算定额》中 3—136 定额换算。

$$1\ 314.7 \times 5\ 280 \div 10 = 694\ 161.6\ 元$$

(5)灌注预拌混凝土 C25：

$$(25 - 1 + 0.5 \times 1.2) \times 3.141\ 6 \times (1.2 \div 2)^2 \times 50 = 1\ 391.1\ \text{m}^3$$

选用《全国统一市政工程预算定额》中 3—140 定额换算。

$$1\ 391.1 \times 1\ 894.07 \div 10 = 263\ 484\ 元$$

(6)桩孔回填：

$$(1 - 0.5 \times 1.2) \times 3.141\ 6 \times (1.2 \div 2)^2 \times 50 = 22.6\ \text{m}^3$$

选用《全国统一市政工程预算定额》中 3—193 定额换算。

$$22.6 \times 1\ 938.81 \times 0.7 \div 10 = 3\ 067.2\ 元$$

【示例 7.7】

如图 7.4 所示,为某桥梁墩帽,试计算其清单工程量。

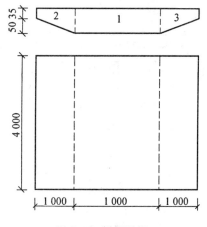

图 7.4　桥梁墩帽

【解】

清单工程量计算如下：

$$V_1 / \text{m}^3 = 1 \times 4 \times (0.035 + 0.05) = 0.34$$

方法一：$V_2 / \text{m}^3 = V_3 / \text{m}^3 = \dfrac{1}{2} \times (0.035 + 0.05) \times 1 \times 4 = 0.17$

方法二：$V_2/\text{m}^3 = V_3/\text{m}^3 = 1 \times (0.035 + 0.05) \times 4 - \dfrac{1}{2} \times 0.05 \times 1 \times 4 = 0.24$

$V/\text{m}^3 = V_1 + V_2 + V_3 = 0.34 + 0.24 + 0.24 = 0.82$

清单工程量计算见表 7.22。

表 7.22　清单工程量计算表

项目编码	项目名称	项目特征描述	计量单位	工程量
040302003001	墩(台)帽	墩(台)帽,桥梁墩帽,C20 混凝土,石料最大粒径 20 cm	m³	0.82

【示例 7.8】

该工程是一座非预应力板梁小型桥梁工程,如图 7.5 所示。

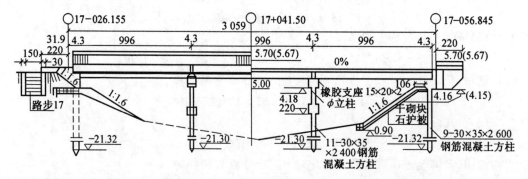

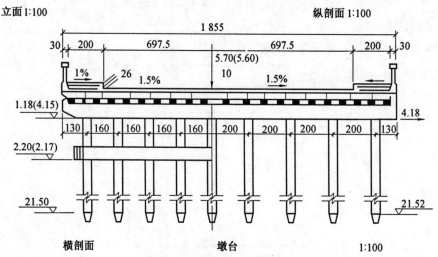

图 7.5　桥梁示意图

(1)按照《全国统一市政工程预算定额》(GYD—305—1999),混凝土每立方米组成材料到工地现场价格取定如下:

C10	156.87 元
C15	162.24 元
C20	170.64 元
C25	181.62 元
C30	198.60 元

(2)管理费费率为 10%,利率为 5%,均以直接费为基础。

【解】

依据《建设工程工程量清单计价规范》(GB 50500—2008)计算方法,采用《全国统一市政工程预算定额》(GYD—305—1999)。

1.工程量清单编制

分部分项工程量清单见表 7.23。

表 7.23　分部分项工程量清单与计价表

工程名称:小型桥梁工程　　　　　　标段:　　　　　　　　　　　第　页　共　页

序号	项目编号	项目名称	项目特征描述	计量单位	工程数量	综合单价	合价	其中:暂估价
1	040101003001	挖基坑土方	三类土,2 m 以内	m³	36.00			
2	040101006001	挖淤泥	人工挖淤泥	m³	153.60			
3	040103001001	填土	回填基坑,密实度 95%	m³	1 589.00			
4	040103002001	余方弃置	淤泥运距 100 m	m³	153.60			
5	040301003001	钢筋混凝土方桩	C30 混凝土,墩、台基桩 30×50	m³	944.00			
6	040302006001	墩(台)盖梁	台盖梁,C30 混凝土	m³	38.00			
7	040302006002	墩(台)盖梁	墩盖梁,C30 混凝土	m³	25.00			
8	040302002001	混凝土承台	墩承台,C30 混凝土	m³	17.40			
9	040302004001	墩(台)身	墩柱,C20 混凝土	m³	8.60			
10	040302017001	桥面铺装	车行道厚 145 cm,C25 混凝土	m³	61.90			
11	040303003001	预制混凝土梁	C30 非预应力空心板梁	m³	166.14			
12	040303005001	预制混凝土小型构件	人行道板,C25 混凝土	m³	6.40			
13	040303005002	预制混凝土小型构件	栏杆,C30 混凝土	m³	4.60			
14	040303005003	预制混凝土小型构件	端墙端柱,C30 混凝土	m³	6.81			
15	040303005004	预制混凝土小型构件	侧缘石,C25 混凝土	m³	10.10			
16	040304002001	浆砌块料	踏步料石 30×20×100,M10 砂浆	m³	12.00			
17	040305005001	护坡	M10 水泥砂浆砌块石护坡,厚 40 cm	m²	60.00			
18	040305005002	护坡	干砌块石护坡,厚 40 cm	m²	320.00			
19	04030801001	水泥砂浆抹面	人行道水泥砂浆抹面 1:2 分格	m²	120.00			
20	040309002001	橡胶支座	板式,每个 630 cm³	个	216.00			
21	040309006001	桥梁伸缩装置	橡胶伸缩缝	m	39.85			
22	040309006002	桥梁伸缩装置	沥青麻丝伸缩缝	m	28.08			
			合计					

2.工程量清单计价

分部分项工程量清单综合单价分析表,见表 7.24～表 7.45,分部分项工程量清单与计价表见表 7.46。

表 7.24　工程量清单综合单价分析表

工程名称:小型桥梁工程　　　　　　　标段:　　　　　　　　　　第　页　共　页

项目编码		040101003001		项目名称		挖基坑土方		计量单位		m³

清单综合单价组成明细

定额编号	定额名称	定额单位	数量	单价/元				合价/元			
				人工费	材料费	机械费	管理费和利润	人工费	材料费	机械费	管理费和利润
1—20	人工挖基坑土方	100 m³	0.01	1 429.09	—	—	214.36	14.29	—	—	2.144
1—45	人工装运土方	100 m³	0.01	431.65	—	—	64.748	4.32	—	—	0.65
1—46	人工装运土方,运距增 50 m	100 m³	0.01	85.39	—	—	12.81	0.85	—	—	0.128
人工单价			小计					19.46	—	—	2.922
22.47 元/工日			未计价材料费								
清单项目综合单价								22.38			

	主要材料名称、规格、型号		单位	数量	单价/元	合价/元	暂估单价/元	暂估合价/元
材料费明细								
	其他材料费				—			—
	材料费小计				—			—

注:"数量"栏为"投标方(定额)工程量÷招标方(清单)工程量÷定额单位数量",如"0.01"为"36÷36÷100"。

表 7.25　工程量清单综合单价分析表

工程名称:小型桥梁工程　　　　　　　标段:　　　　　　　　　　第 页 共 页

项目编码	040101006001		项目名称	挖淤泥		计量单位		m³

清单综合单价组成明细

定额编号	定额名称	定额单位	数量	单价/元				合价/元			
				人工费	材料费	机械费	管理费和利润	人工费	材料费	机械费	管理费和利润
1—50	人工挖淤泥	100 m³	0.01	2 255.76	—	—	338.36	22.56	—	—	3.38
人工单价		小计						22.56	—	—	3.38
22.47 元/工日		未计价材料费									
清单项目综合单价								25.94			

材料费明细	主要材料名称、规格、型号	单位	数量	单价/元	合价/元	暂估单价/元	暂估合价/元
	其他材料费				—		—
	材料费小计				—		—

注:"数量"栏为"投标方(定额)工程量÷招标方(清单)工程量÷定额单位数量",如"0.01"为"153.6÷153.6÷100"。

表 7.26 工程量清单综合单价分析表

工程名称:小型桥梁工程　　　　　　　标段:　　　　　　　　　　　　第　页　共　页

项目编码	040103001001	项目名称	填土	计量单位	m³

清单综合单价组成明细

定额编号	定额名称	定额单位	数量	单价/元				合价/元			
				人工费	材料费	机械费	管理费和利润	人工费	材料费	机械费	管理费和利润
1—56	填土夯实	100 m³	0.01	891.69	0.70	—	133.85	8.917	0.01	—	1.339
1—47	机动翻斗车运土	100 m³	0.01	338.62	—	699.20	155.67	3.386	—	6.992	1.557
人工单价			小计					12.30	0.01	6.992	2.896
22.47 元/工日			未计价材料费								
清单项目综合单价								21.20			

	主要材料名称、规格、型号	单位	数量	单价/元	合价/元	暂估单价/元	暂估合价/元
材料费明细	水	m³	0.016	0.45	0.01		
	其他材料费				—		—
	材料费小计				—	0.01	—

注:"数量"栏为"投标方(定额)工程量÷招标方(清单)工程量÷定额单位数量",如"0.01"为"1 589.00÷1 589.00÷100"。

表 7.27　工程量清单综合单价分析表

工程名称:小型桥梁工程　　　　　　　　　标段:　　　　　　　　　第　页　共　页

项目编码	040105002001		项目名称		余方弃置	计量单位		m³

清单综合单价组成明细

定额编号	定额名称	定额单位	数量	单价/元				合价/元			
				人工费	材料费	机械费	管理费和利润	人工费	材料费	机械费	管理费和利润
1—51	人工运淤泥,运距20 m以内	100 m³	0.01	698.14	—	—	104.72	6.981	—	—	1.047
1—52	运距每增加 20 m	100 m³	0.01	337.50	—	—	50.625	3.375	—	—	0.506
人工单价			小计					10.356	—	—	1.553
22.47 元/工日			未计价材料费								
清单项目综合单价								11.91			

主要材料名称、规格、型号		单位	数量	单价/元	合价/元	暂估单价/元	暂估合价/元
材料费明细							
	其他材料费				—		—
	材料费小计				—		—

注:"数量"栏为"投标方(定额)工程量÷招标方(清单)工程量÷定额单位数量",如"0.01"为"153.60÷153.60÷100"。

表 7.28　工程量清单综合单价分析表

工程名称:小型桥梁工程　　　　　　标段:　　　　　　　　　　第 页 共 页

项目编码	040301003001	项目名称	钢筋混凝土方桩	计量单位	m³

清单综合单价组成明细

定额编号	定额名称	定额单位	数量	单价/元				合价/元			
				人工费	材料费	机械费	管理费和利润	人工费	材料费	机械费	管理费和利润
3—514	水上支架	100 m²	0.007	4 029.77	4 771.55	8 315.54	2 567.53	28.21	33.40	58.21	17.973
3—336	方桩	10 m³	0.012	421.31	44.85	258.01	108.626	5.06	0.54	3.10	1.30
3—23	打钢筋混凝土方桩(24 m 以内)	10 m³	0.005	199.31	65.36	1 609.13	281.07	1.00	0.33	8.05	1.405
3—26	打钢筋混凝土方桩(28 m 以内)	10 m³	0.006	122.46	84.92	1 636.23	276.542	0.73	0.51	9.82	1.659
3—60	浆锚接桩	个	0.042	12.36	90.42	134.49	35.59	0.52	3.80	5.65	1.495
3—75	送桩(8 m)以内	10 m³	0.000 4	581.75	176.39	1 982.49	411.095	0.23	0.07	0.79	0.16
补 2	钢筋混凝土桩运输(150 m 以内)	10 m³	0.012	—	—	—	—	0.76	1.80	0.90	0.519
补 1	凿预制桩桩头混凝土	个	0.042	—	—	—	—	0.29	—	—	0.044
人工单价			小计					36.8	40.45	86.52	24.555
22.47 元/工日			未计价材料费					23.83			
		清单项目综合单价						212.16			

	主要材料名称、规格、型号	单位	数量	单价/元	合价/元	暂估单价/元	暂估合价/元
材料费明细	混凝土 C30	m³	0.12	198.60	23.83		
	其他材料费			—		—	
	材料费小计			—	23.83	—	

注:"数量"栏为"投标方(定额)工程量÷招标方(清单)工程量÷定额单位数量",如"0.000 7"为
　　"701.72÷944÷100"。

表 7.29 工程量清单综合单价分析表

工程名称：小型桥梁工程　　　　　　标段：　　　　　　　　　第 页 共 页

| 项目编码 | 040302006001 | 项目名称 | | 墩(台)盖梁 | | 计量单位 | | m³ |

清单综合单价组成明细

定额编号	定额名称	定额单位	数量	单价/元				合价/元			
				人工费	材料费	机械费	管理费和利润	人工费	材料费	机械费	管理费和利润
3—288	混凝土台盖梁	10 m²	0.1	369.63	20.34	251.00	96.15	36.96	2.034	25.1	9.615
3—261	桥台混凝土垫层	10 m³	0.009 03	297.28	2.58	214.14	77.1	2.684	0.023 3	1.934	0.696
3—260	桥台碎石垫层	10 m³	0.009 03	146.73	558.99	—	105.86	1.325	5.048	—	0.956

人工单价	小计	40.969	7.105 3	27.034	11.267
22.47 元/工日	未计价材料费	216.56			
清单项目综合单价		302.94			

材料费明细	主要材料名称、规格、型号	单位	数量	单价/元	合价/元	暂估单价/元	暂估合价/元
	混凝土 C30	m³	1.015	198.60	201.58		
	混凝土 C15	m³	0.091 7	162.24	14.877		
	其他材料费			—		—	
	材料费小计			—	216.457	—	

注："数量"栏为"投标方(定额)工程量÷招标方(清单)工程量÷定额单位数量"，如"0.009 03"为"3.43÷38÷100"。

表 7.30　工程量清单综合单价分析表

工程名称:小型桥梁工程　　　　　　　标段:　　　　　　　　　　　　　第　页　共　页

项目编码	040301006002	项目名称	墩(台)盖梁	计量单位	m³

<table>
<tr><td colspan="13" align="center">清单综合单价组成明细</td></tr>
<tr><td rowspan="2">定额编号</td><td rowspan="2">定额名称</td><td rowspan="2">定额单位</td><td rowspan="2">数量</td><td colspan="4">单价/元</td><td colspan="4">合价/元</td></tr>
<tr><td>人工费</td><td>材料费</td><td>机械费</td><td>管理费和利润</td><td>人工费</td><td>材料费</td><td>机械费</td><td>管理费和利润</td></tr>
<tr><td>3-286</td><td>混凝土墩盖梁</td><td>10 m³</td><td>0.1</td><td>375.25</td><td>20.02</td><td>259.48</td><td>98.213</td><td>37.52</td><td>2.002</td><td>25.948</td><td>9.82</td></tr>
<tr><td></td><td></td><td></td><td></td><td></td><td></td><td></td><td></td><td></td><td></td><td></td><td></td></tr>
<tr><td></td><td></td><td></td><td></td><td></td><td></td><td></td><td></td><td></td><td></td><td></td><td></td></tr>
<tr><td></td><td></td><td></td><td></td><td></td><td></td><td></td><td></td><td></td><td></td><td></td><td></td></tr>
<tr><td></td><td></td><td></td><td></td><td></td><td></td><td></td><td></td><td></td><td></td><td></td><td></td></tr>
<tr><td></td><td></td><td></td><td></td><td></td><td></td><td></td><td></td><td></td><td></td><td></td><td></td></tr>
<tr><td></td><td></td><td></td><td></td><td></td><td></td><td></td><td></td><td></td><td></td><td></td><td></td></tr>
<tr><td></td><td></td><td></td><td></td><td></td><td></td><td></td><td></td><td></td><td></td><td></td><td></td></tr>
<tr><td></td><td></td><td></td><td></td><td></td><td></td><td></td><td></td><td></td><td></td><td></td><td></td></tr>
<tr><td></td><td></td><td></td><td></td><td></td><td></td><td></td><td></td><td></td><td></td><td></td><td></td></tr>
<tr><td></td><td></td><td></td><td></td><td></td><td></td><td></td><td></td><td></td><td></td><td></td><td></td></tr>
<tr><td></td><td></td><td></td><td></td><td></td><td></td><td></td><td></td><td></td><td></td><td></td><td></td></tr>
<tr><td colspan="2" align="center">人工单价</td><td colspan="2" align="center" rowspan="1">小计</td><td colspan="4"></td><td>37.52</td><td>2.002</td><td>25.948</td><td>9.82</td></tr>
<tr><td colspan="2" align="center">22.47 元/工日</td><td colspan="2" align="center">未计价材料费</td><td colspan="8" align="center">201.58</td></tr>
<tr><td colspan="4" align="center">清单项目综合单价</td><td colspan="8" align="center">276.87</td></tr>
</table>

	主要材料名称、规格、型号	单位	数量	单价/元	合价/元	暂估单价/元	暂估合价/元
材料费明细	混凝土 C30	m³	1.015	198.60	201.58		
	其他材料费			—		—	
	材料费小计			—	201.58	—	

注:"数量"栏为"投标方(定额)工程量÷招标方(清单)工程量÷定额单位数量",如"0.1"为"25÷25÷10"。

表 7.31　工程量清单综合单价分析表

工程名称:小型桥梁工程　　　　　　　标段:　　　　　　　　　第　页　共　页

项目编码	040302006002	项目名称	混凝土承台	计量单位	m³

清单综合单价组成明细

定额编号	定额名称	定额单位	数量	单价/元				合价/元			
				人工费	材料费	机械费	管理费和利审	人工费	材料费	机械费	管理费和利润
3-265	混凝土承台	10 m³	0.1	320.20	22.87	222.99	84.909	32.02	2.287	22.299	8.491
人工单价			小计					32.02	2.287	22.299	8.491
22.47 元/工日			未计价材料费					201.58			
清单项目综合单价								266.68			

主要材料名称、规格、型号		单位	数量	单价/元	合价/元	暂估单价/元	暂估合价/元
	混凝土 C30	m³	1.015	198.60	201.58		
材料费明细							
	其他材料费			—		—	
	材料费小计			—	201.58	—	

注:"数量"栏为"投标方(定额)工程量÷招标方(清单)工程量÷定额单位数量",如"0.1"为"17.4÷17.4÷10"。

表 7.32 工程量清单综合单价分析表

工程名称:小型桥梁工程　　　　　　　　标段:　　　　　　　　　　第 页 共 页

项目编码	040302004001	项目名称	墩(台)身	计量单位	m³

清单综合单价组成明细

定额编号	定额名称	定额单位	数量	单价/元				合价/元			
				人工费	材料费	机械费	管理费和利润	人工费	材料费	机械费	管理费和利润
3—280	混凝土柱式墩台身	10 m³	0.1	399.74	7.65	281.96	103.4	39.974	0.765	28.196	10.34
人工单价		小计						39.974	0.765	28.196	10.34
22.47 元/工日		未计价材料费						173.20			
清单项目综合单价								252.48			

材料费明细	主要材料名称、规格、型号	单位	数量	单价/元	合价/元	暂估单价/元	暂估合价/元
	混凝土 C30	m³	1.015	170.64	173.20		
	其他材料费			—		—	
	材料费小计			—	173.20	—	

注:"数量"栏为"投标方(定额)工程量÷招标方(清单)工程量÷定额单位数量",如"0.1"为"8.6÷8.6÷10"。

表 7.33　工程量清单综合单价分析表

工程名称:小型桥梁工程　　　　　　　标段:　　　　　　　　　　　　　　　第　页　共　页

项目编码	040302004001	项目名称	桥面铺装	计量单位	m³

<table>
<tr><td colspan="10" align="center">清单综合单价组成明细</td></tr>
<tr><td rowspan="2">定额编号</td><td rowspan="2">定额名称</td><td rowspan="2">定额单位</td><td rowspan="2">数量</td><td colspan="4" align="center">单价/元</td><td colspan="4" align="center">合价/元</td></tr>
<tr><td>人工费</td><td>材料费</td><td>机械费</td><td>管理费和利润</td><td>人工费</td><td>材料费</td><td>机械费</td><td>管理费和利润</td></tr>
<tr><td>3—331</td><td>车行道桥面混凝土铺装</td><td>10 m³</td><td>0.1</td><td>455.47</td><td>347.88</td><td>145.96</td><td>949.31</td><td>45.547</td><td>34.788</td><td>14.596</td><td>94.931</td></tr>
<tr><td colspan="2" align="center">人工单价</td><td colspan="2" align="center">小计</td><td colspan="4"></td><td>45.547</td><td>34.788</td><td>14.596</td><td>94.931</td></tr>
<tr><td colspan="2" align="center">22.47 元/工日</td><td colspan="2" align="center">未计价材料费</td><td colspan="8" align="center">184.34</td></tr>
<tr><td colspan="4" align="center">清单项目综合单价</td><td colspan="8" align="center">374.21</td></tr>
</table>

<table>
<tr><td rowspan="10" align="center">材料费明细</td><td colspan="3" align="center">主要材料名称、规格、型号</td><td align="center">单位</td><td align="center">数量</td><td align="center">单价/元</td><td align="center">合价/元</td><td align="center">暂估单价/元</td><td align="center">暂估合价/元</td></tr>
<tr><td colspan="3" align="center">混凝土 C25</td><td align="center">m³</td><td align="center">1.015</td><td align="center">181.62</td><td align="center">184.34</td><td></td><td></td></tr>
<tr><td colspan="3"></td><td></td><td></td><td></td><td></td><td></td><td></td></tr>
<tr><td colspan="3"></td><td></td><td></td><td></td><td></td><td></td><td></td></tr>
<tr><td colspan="3"></td><td></td><td></td><td></td><td></td><td></td><td></td></tr>
<tr><td colspan="3"></td><td></td><td></td><td></td><td></td><td></td><td></td></tr>
<tr><td colspan="3"></td><td></td><td></td><td></td><td></td><td></td><td></td></tr>
<tr><td colspan="3"></td><td></td><td></td><td></td><td></td><td></td><td></td></tr>
<tr><td colspan="3" align="center">其他材料费</td><td></td><td></td><td align="center">—</td><td></td><td align="center">—</td><td></td></tr>
<tr><td colspan="3" align="center">材料费小计</td><td></td><td></td><td align="center">—</td><td align="center">184.34</td><td align="center">—</td><td></td></tr>
</table>

注:"数量"栏为"投标方(定额)工程量÷招标方(清单)工程量÷定额单位数量",如"0.1"为"61.9÷61.9÷10"。

表 7.34 **工程量清单综合单价分析表**

工程名称:小型桥梁工程　　　　　标段:　　　　　　　　　第 页 共 页

| 项目编码 | 040302017001 | | 项目名称 | 预制混凝土梁 | | 计量单位 | | m³ | |

清单综合单价组成明细

定额编号	定额名称	定额单位	数量	单价/元				合价/元			
				人工费	材料费	机械费	管理费和利润	人工费	材料费	机械费	管理费和利润
3—356	非预应力混凝土空心板梁	10 m³	0.1	414.80	58.50	255.06	109.25	41.48	5.85	25.51	10.93
3—431	安装板梁(L≤10 m)	10 m³	0.1	45.39	—	272.94	74.75	4.54	—	27.29	7.48
3—323	板梁底砂浆及勾缝	10 m³	0.030 7	51.68	1.86	—	8.03	1.59	0.057	—	0.247
补 2	非预应力空心板梁运输	10 m³	0.1	62.98	150.23	74.99	43.23	6.30	15.02	7.50	4.32
人工单价			小计					53.91	20.927	60.3	22.977
22.47 元/工日			未计价材料费					202.72			
	清单项目综合单价							360.84			

主要材料名称、规格、型号	单位	数量	单价/元	合价/元	暂估单价/元	暂估合价/元
混凝土 C30	m³	1.015	198.60	201.58		
混凝土 C20	m³	0.006 7	170.64	1.14		
材料费明细						
其他材料费			—			—
材料费小计			—	202.72		—

注:"数量"栏为"投标方(定额)工程量÷招标方(清单)工程量÷定额单位数量",如"0.030 7"为"51÷166.14÷10"。

表 7.35　工程量清单综合单价分析表

工程名称：小型桥梁工程　　　　　　　标段：　　　　　　　　　　　　　第　页　共　页

项目编码	040303005001		项目名称	预制混凝土小型构件		计量单位		m³

清单综合单价组成明细

定额编号	定额名称	定额单位	数量	单价/元				合价/元			
				人工费	材料费	机械费	管理费和利润	人工费	材料费	机械费	管理费和利润
3—372	预制 C25 混凝土人行道板	10 m³	0.1	570.51	12.97	145.96	21.89	57.05	1.30	14.60	2.19
3—475	安装混凝土人行道板	10 m³	0.1	358.62	—	—	53.79	35.86	—	—	5.38
1—634	预制人行道板运输，运距 50 m	10 m³	0.1	107.18	—	—	16.08	10.72	—	—	1.61
1—635	预制人行道板运输，运距 100 m	10 m³	0.1	10.34	—	—	1.55	1.03	—	—	0.16
人工单价			小计					104.66	1.30	14.60	9.34
22.47 元/工日			未计价材料费					185.25			
清单项目综合单价								315.15			

	主要材料名称、规格、型号			单位	数量	单价/元	合价/元	暂估单价/元	暂估合价/元
材料费明细	混凝土 C25			m³	1.02	181.62	185.25		
	其他材料费					—			—
	材料费小计					—	185.25		—

注："数量"栏为"投标方(定额)工程量÷招标方(清单)工程量÷定额单位数量"，如"0.1"为"6.4÷6.4÷10"。

表 7.36 工程量清单综合单价分析表

工程名称:小型桥梁工程　　　　　标段:　　　　　　　　　第 页 共 页

项目编码	040303005002		项目名称	预制混凝土小型构件		计量单位	m³	

清单综合单价组成明细

定额编号	定额名称	定额单位	数量	单价/元				合价/元			
				人工费	材料费	机械费	管理费和利润	人工费	材料费	机械费	管理费和利润
3—374	预制 C30 混凝土栏杆	10 m³	0.1	871.39	97.54	145.96	167.23	87.14	9.75	14.60	16.72
3—478	安装混凝土栏杆	10 m³	0.1	492.09	291.65	293.24	161.55	49.21	29.17	29.32	16.16
1—634	预制人行道板运输,运距 50 m	10 m³	0.1	107.18	—	—	16.08	10.72	—	—	1.61
1—635	预制人行道板运输,运距 100 m	10 m³	0.1	10.34	—	—	1.55	1.03	—	—	0.16
人工单价			小计					148.1	38.92	43.92	34.65
22.47 元/工日			未计价材料费					202.57			
清单项目综合单价								468.16			

	主要材料名称、规格、型号		单位	数量	单价/元	合价/元	暂估单价/元	暂估合价/元
材料费明细	混凝土 C30		m³	1.02	198.60	202.57		
	其他材料费					—		—
	材料费小计					—	202.57	—

注:"数量"栏为"投标方(定额)工程量÷招标方(清单)工程量÷定额单位数量",如"0.1"为"4.60÷4.60÷10"。

表 7.37　工程量清单综合单价分析表

工程名称：小型桥梁工程　　　　　　　　标段：　　　　　　　　　　　第　页　共　页

项目编码	040303005003	项目名称	预制混凝土小型构件	计量单位	m³

清单综合单价组成明细

定额编号	定额名称	定额单位	数量	单价/元				合价/元			
				人工费	材料费	机械费	管理费和利润	人工费	材料费	机械费	管理费和利润
3—374	预制 C30 混凝土栏杆	10 m³	0.1	871.39	97.54	145.96	167.23	87.14	9.75	14.60	16.72
3—474	安装混凝土端柱	10 m³	0.1	447.83	455.75	408.05	196.75	44.78	45.58	40.81	19.68
1—634	预制人行道板运输，运距 50 m	10 m³	0.1	107.18	—	—	16.08	10.72	—	—	1.61
1—635	预制人行道板运输，运距 100 m	10 m³	0.1	10.34	—	—	1.55	1.03	—	—	0.16
人工单价		小计						143.67	55.33	55.41	38.17
22.47 元/工日		未计价材料费						202.57			
	清单项目综合单价							495.15			

主要材料名称、规格、型号	单位	数量	单价/元	合价/元	暂估单价/元	暂估合价/元
混凝土 C30	m³	1.02	198.60	202.57		
其他材料费			—		—	
材料费小计			—	202.57	—	

（材料费明细）

注："数量"栏为"投标方（定额）工程量÷招标方（清单）工程量÷定额单位数量"，如"0.1"为"6.81÷6.81÷10"。

表 7.38　工程量清单综合单价分析表

工程名称:小型桥梁工程　　　　　　标段:　　　　　　　　　　　第　页　共　页

项目编码	040303005004	项目名称	预制混凝土小型构件	计量单位	m³

清单综合单价组成明细

定额编号	定额名称	定额单位	数量	单价/元				合价/元			
				人工费	材料费	机械费	管理费和利润	人工费	材料费	机械费	管理费和利润
3-372	预制 C25 混凝土侧缘石	10 m³	0.1	570.51	127.97	145.96	126.67	57.05	12.80	14.60	12.67
3-476	安装混凝土侧缘石	10 m³	0.1	387.61	—	—	58.14	38.76	—	—	5.81
1-634	预制人行道板运输,运距 50 m	10 m³	0.1	107.18	—	—	16.08	10.72	—	—	1.61
1-635	预制人行道板运输,运距 100 m	10 m³	0.1	10.34	—	—	1.55	1.03	—	—	0.16
人工单价		小计						107.56	12.80	14.60	20.25
22.47 元/工日		未计价材料费						184.34			
清单项目综合单价								339.55			

	主要材料名称、规格、型号		单位	数量	单价/元	合价/元	暂估单价/元	暂估合价/元
材料费明细	混凝土 C25		m³	1.015	181.62	184.34		
	其他材料费				—			—
	材料费小计				—	184.34		—

注:"数量"栏为"投标方(定额)工程量÷招标方(清单)工程量÷定额单位数量",如"0.1"为
"10.10÷10.10÷10"。

表7.39 工程量清单综合单价分析表

工程名称:小型桥梁工程　　　　　标段:　　　　　　　第 页 共 页

项目编码	040304002001		项目名称		浆砌块料		计量单位		m³

清单综合单价组成明细

定额编号	定额名称	定额单位	数量	单价/元				合价/元			
				人工费	材料费	机械费	管理费和利润	人工费	材料费	机械费	管理费和利润
1—703	浆砌料石台阶	10 m³	0.1	625.56	770.67	—	209.44	62.56	77.07	—	20.94
1—705	浆砌料石面勾平缝	100 m²	0.05	141.11	156.71	—	44.67	7.06	7.83	—	2.23
人工单价			小计					69.62	84.90	—	23.17
22.47元/工日			未计价材料费								
清单项目综合单价								177.69			

	主要材料名称、规格、型号	单位	数量	单价/元	合价/元	暂估单价/元	暂估合价/元
材料费明细	料石	m³	0.91	65.10	59.24		
	水泥砂浆 M10	m³	0.19	102.65	19.50		
	水	m³	1.00	0.45	0.45		
	草袋	个	2.46	2.32	5.71		
	其他材料费				—		—
	材料费小计			—	84.90		—

注:"数量"栏为"投标方(定额)工程量÷招标方(清单)工程量÷定额单位数量",如"0.1"为"12÷12÷10"。

表 7.40 工程量清单综合单价分析表

工程名称:小型桥梁工程 标段: 第 页 共 页

项目编码	040305005001	项目名称		护坡	计量单位		m²

清单综合单价组成明细

定额编号	定额名称	定额单位	数量	单价/元				合价/元			
				人工费	材料费	机械费	管理费和利润	人工费	材料费	机械费	管理费和利润
1—697	浆砌块石护坡(厚40 cm)	10 m³	0.04	260.20	855.47	26.60	171.34	10.41	34.22	1.06	6.85
1—714	浆砌块石面勾平缝	100 m²	0.01	142.01	170.06	—	46.8	1.42	1.70	—	0.47
人工单价			小计					11.83	35.92	1.06	7.32
22.47 元/工日			未计价材料费								
清单项目综合单价								56.13			

材料费明细	主要材料名称、规格、型号	单位	数量	单价/元	合价/元	暂估单价/元	暂估合价/元
	块石	m³	0.47	41.00	19.27		
	水泥砂浆 M10	m³	0.15	102.65	15.40		
	水	m³	0.24	0.45	0.11		
	草袋	个	0.49	2.32	1.14		
	其他材料费			—		—	
	材料费小计			—	35.92		

注:"数量"栏为"投标方(定额)工程量÷招标方(清单)工程量÷定额单位数量",如"0.04"为"24÷60÷10"。

表 7.41　工程量清单综合单价分析表

工程名称：小型桥梁工程　　　　　　标段：　　　　　　　　　　　　　第　页　共　页

项目编码	040305005002	项目名称	护坡	计量单位	m²

清单综合单价组成明细

定额编号	定额名称	定额单位	数量	单价/元				合价/元			
				人工费	材料费	机械费	管理费和利润	人工费	材料费	机械费	管理费和利润
1—691	干砌块石护坡（厚40 cm）	10 m³	0.04	230.54	478.06	—	106.29	9.22	19.12	—	4.25
1—713	干砌块石面勾平缝	100 m²	0.01	154.14	170.06	—	48.63	1.54	1.7	—	0.49
人工单价			小计					10.76	20.82	—	4.74
22.47 元/工日			未计价材料费								
清单项目综合单价								36.32			

主要材料名称、规格、型号			单位	数量	单价/元	合价/元	暂估单价/元	暂估合价/元
	块石		m³	0.467	41.00	19.15		
	水泥砂浆 M10		m³	0.005	102.65	0.51		
	水		m³	0.059	0.45	0.027		
	草袋		个	0.49	2.32	1.14		
材料费明细								
	其他材料费				—		—	
	材料费小计				—	20.83	—	

注："数量"栏为"投标方（定额）工程量÷招标方（清单）工程量÷定额单位数量"，如"0.04"为"128÷320÷10"。

表 7.42　工程量清单综合单价分析表

工程名称：小型桥梁工程　　　　　　　　　标段：　　　　　　　　　　　第　页　共　页

项目编码	040308001001	项目名称	水泥砂浆抹面	计量单位	m²

清单综合单价组成明细

定额编号	定额名称	定额单位	数量	单价/元				合价/元			
				人工费	材料费	机械费	管理费和利润	人工费	材料费	机械费	管理费和利润
3—546	水泥砂浆抹面,分格	100 m²	0.01	219.08	437.25	30.67	103.05	2.19	4.37	0.31	1.03
人工单价		小计						2.19	4.37	0.31	1.03
22.47 元/工日		未计价材料费									
清单项目综合单价								7.90			

材料费明细	主要材料名称、规格、型号	单位	数量	单价/元	合价/元	暂估单价/元	暂估合价/元
	素水泥浆	m³	0.001	467.02	0.47		
	水泥砂浆 1∶2	m³	0.02	189.17	3.78		
	其他材料费			—		—	
	材料费小计			—	4.25	—	

注："数量"栏为"投标方(定额)工程量÷招标方(清单)工程量÷定额单位数量",如"0.01"为"120÷120÷10"。

表 7.43　工程量清单综合单价分析表

工程名称：小型桥梁工程　　　　　　　标段：　　　　　　　　　　　　第　页　共　页

项目编码	0403096002001	项目名称	橡胶支座	计量单位	个

<table>
<tr><td colspan="12" align="center">清单综合单价组成明细</td></tr>
<tr><td rowspan="2">定额编号</td><td rowspan="2">定额名称</td><td rowspan="2">定额单位</td><td rowspan="2">数量</td><td colspan="4">单价/元</td><td colspan="4">合价/元</td></tr>
<tr><td>人工费</td><td>材料费</td><td>机械费</td><td>管理费和利润</td><td>人工费</td><td>材料费</td><td>机械费</td><td>管理费和利润</td></tr>
<tr><td>3—484</td><td>安装板式橡胶支座</td><td>100 cm²</td><td>6.3</td><td>0.45</td><td>121.00</td><td>—</td><td>18.22</td><td>2.84</td><td>762.30</td><td>—</td><td>114.79</td></tr>
<tr><td></td><td></td><td></td><td></td><td></td><td></td><td></td><td></td><td></td><td></td><td></td><td></td></tr>
<tr><td></td><td></td><td></td><td></td><td></td><td></td><td></td><td></td><td></td><td></td><td></td><td></td></tr>
<tr><td></td><td></td><td></td><td></td><td></td><td></td><td></td><td></td><td></td><td></td><td></td><td></td></tr>
<tr><td></td><td></td><td></td><td></td><td></td><td></td><td></td><td></td><td></td><td></td><td></td><td></td></tr>
<tr><td></td><td></td><td></td><td></td><td></td><td></td><td></td><td></td><td></td><td></td><td></td><td></td></tr>
<tr><td></td><td></td><td></td><td></td><td></td><td></td><td></td><td></td><td></td><td></td><td></td><td></td></tr>
<tr><td></td><td></td><td></td><td></td><td></td><td></td><td></td><td></td><td></td><td></td><td></td><td></td></tr>
<tr><td></td><td></td><td></td><td></td><td></td><td></td><td></td><td></td><td></td><td></td><td></td><td></td></tr>
<tr><td></td><td></td><td></td><td></td><td></td><td></td><td></td><td></td><td></td><td></td><td></td><td></td></tr>
<tr><td colspan="2" align="center">人工单价</td><td colspan="2" align="center">小计</td><td colspan="4"></td><td>2.84</td><td>762.30</td><td>—</td><td>114.79</td></tr>
<tr><td colspan="2" align="center">22.47 元/工日</td><td colspan="6" align="center">未计价材料费</td><td colspan="4"></td></tr>
<tr><td colspan="8" align="center">清单项目综合单价</td><td colspan="4" align="center">879.93</td></tr>
</table>

<table>
<tr><td rowspan="11">材料费明细</td><td colspan="3" align="center">主要材料名称、规格、型号</td><td align="center">单位</td><td align="center">数量</td><td>单价/元</td><td>合价/元</td><td>暂估单价/元</td><td>暂估合价/元</td></tr>
<tr><td colspan="3" align="center">板式橡胶支座</td><td align="center">100 cm²</td><td align="center">6.3</td><td>121.00</td><td>762.30</td><td></td><td></td></tr>
<tr><td colspan="3"></td><td></td><td></td><td></td><td></td><td></td><td></td></tr>
<tr><td colspan="3"></td><td></td><td></td><td></td><td></td><td></td><td></td></tr>
<tr><td colspan="3"></td><td></td><td></td><td></td><td></td><td></td><td></td></tr>
<tr><td colspan="3"></td><td></td><td></td><td></td><td></td><td></td><td></td></tr>
<tr><td colspan="3"></td><td></td><td></td><td></td><td></td><td></td><td></td></tr>
<tr><td colspan="3"></td><td></td><td></td><td></td><td></td><td></td><td></td></tr>
<tr><td colspan="3"></td><td></td><td></td><td></td><td></td><td></td><td></td></tr>
<tr><td colspan="5" align="center">其他材料费</td><td></td><td>—</td><td></td><td>—</td></tr>
<tr><td colspan="5" align="center">材料费小计</td><td></td><td>—</td><td>762.30</td><td>—</td></tr>
</table>

注："数量"栏为"投标方（定额）工程量÷招标方（清单）工程量×定额单位数量"，如"6.3"为"630×216÷210"。

表 7.44　工程量清单综合单价分析表

工程名称:小型桥梁工程　　　　　　　　标段:　　　　　　　　　　　　第 页 共 页

项目编码	040309006001	项目名称	桥梁伸缩装置	计量单位	m

清单综合单价组成明细

定额编号	定额名称	定额单位	数量	单价/元				合价/元			
				人工费	材料费	机械费	管理费和利润	人工费	材料费	机械费	管理费和利润
3－498	安装橡胶伸缩缝	10 m	0.1	215.49	75.68	98.34	58.43	21.55	7.57	9.83	5.84
人工单价			小计					21.55	7.57	9.83	5.84
22.47 元/工日			未计价材料费					10.50			
清单项目综合单价								55.29			

材料费明细	主要材料名称、规格、型号	单位	数量	单价/元	合价/元	暂估单价/元	暂估合价/元
	橡胶板伸缩缝	m	1.00	10.50	10.50		
	其他材料费			—		—	
	材料费小计			—	10.50	—	

注:"数量"栏为"投标方(定额)工程量÷招标方(清单)工程量÷定额单位数量",如"0.1"为"39.85÷39.85÷10"。

表 7.45　**工程量清单综合单价分析表**

工程名称:小型桥梁工程　　　　　　　标段:　　　　　　　　第　页　共　页

项目编码	0403096006002	项目名称	桥梁伸缩装置	计量单位		m

清单综合单价组成明细

定额编号	定额名称	定额单位	数量	单价/元				合价/元			
				人工费	材料费	机械费	管理费和利润	人工费	材料费	机械费	管理费和利润
3—500	安装沥青麻丝伸缩缝	10 m	0.1	43.14	17.84	—	9.15	4.31	1.78	—	0.92
人工单价				小计				4.31	1.78	—	0.92
22.47 元/工日				未计价材料费							
清单项目综合单价								7.01			

	主要材料名称、规格、型号		单位	数量	单价/元	合价/元	暂估单价/元	暂估合价/元
材料费明细	石油沥青 30 号		kg	0.16	1.40	0.22		
	油浸麻丝		kg	0.15	10.40	1.56		
	其他材料费				—			—
	材料费小计				—	1.78		—

注:"数量"栏为"投标方(定额)工程量÷招标方(清单)工程量÷定额单位数量",如"0.1"为
"28.08÷28.08÷10"。

表 7.46　分部分项工程量清单与计价表

工程名称:小型桥梁工程　　　　　　标段:　　　　　　　　　　第　页　共　页

序号	项目编号	项目名称	项目特征描述	计量单位	工程数量	综合单价	合价	其中:暂估价
1	040101003001	挖基坑土方	三类土,2 m 以内	m³	36.00	22.38	805.68	
2	040101006001	挖淤泥	人工挖淤泥	m³	153.60	25.94	3 984.38	
3	040103001001	填土	回填基坑,密实度 95%	m³	1 589.00	22.21	35 291.69	
4	040103002001	余方弃置	淤泥运距 100 m	m³	153.60	11.91	1 829.38	
5	040301003001	钢筋混凝土方桩	C30 混凝土,墩、台基桩 30×50	m³	944.00	212.16	200 279.04	
6	040302006001	墩(台)盖梁	台盖梁,C30 混凝土	m³	38.00	302.94	11 511.72	
7	040302006002	墩(台)盖梁	墩盖梁,C30 混凝土	m³	25.00	276.87	6 921.75	
8	040302002001	混凝土承台	墩承台,C30 混凝土	m³	17.40	266.68	4 640.23	
9	040302004001	墩(台)身	墩柱,C20 混凝土	m³	8.6	252.48	2 171.33	
10	040302017001	桥面铺装	车行道厚 145 cm,C25 混凝土	m³	61.9	374.21	23 163.60	
11	040303003001	预制混凝土梁	C30 非预应力空心板梁	m³	166.14	360.84	59 949.96	
12	040303005001	预制混凝土小型构件	人行道板,C25 混凝土	m³	6.40	315.15	2 016.96	
13	040303005002	预制混凝土小型构件	栏杆,C30 混凝土	m³	4.60	468.16	2 153.54	
14	040303005003	预制混凝土小型构件	端墙端柱,C30 混凝土	m³	6.81	494.52	3 367.68	
15	040303005004	预制混凝土小型构件	侧缘石,C25 混凝土	m³	10.10	339.55	3 429.46	
16	040304002001	浆砌块料	踏步料石 30×20×100,M10 砂浆	m³	12.00	177.69	2 132.28	
17	040305005001	护坡	M10 水泥砂浆砌块石护坡,厚 40 cm	m²	60.00	56.13	3 367.80	
18	040305005002	护坡	干砌块石护坡,厚 40 cm	m²	320.00	36.32	11 622.4	
19	040308001001	水泥砂浆抹面	人行道水泥砂浆抹面 1∶2,分格	m²	120.00	7.90	948.00	
20	040309002001	橡胶支座	板式,每个 630 cm³	个	216.00	879.91	190 060.56	
21	040309006001	桥梁伸缩装置	橡胶伸缩缝	m	39.85	55.29	2 203.31	
22	040309006002	桥梁伸缩装置	沥青麻丝伸缩缝	m	28.08	7.01	196.84	
		合计					572 047.59	

7.4　桥涵护岸工程工程量计算常用数据

1. 桥梁工程材料损耗率

材料损耗率见表 7.47。

表 7.47　材料损耗率表

序号	材料名称	说明、规格	计量单位	损耗率/%	序号	材料名称	说明、规格	计量单位	损耗率/%
1	钢筋	φ10 以下	t	2	28	枕木	—	m³	5
2	钢筋	φ10 以上	t	4	29	木模板	—	m³	5
3	预应力钢筋	后张法	t	6	30	环氧树脂	—	kg	2
4	高强钢丝钢绞线	后张法	t	4	31	氧气	工业用	m³	10
5	中厚钢板	4.5~15 mm	t	6	32	油麻	—	kg	5
6	中厚钢板	连接板	t	20	33	草袋	—	只	4
7	型钢	—	t	6	34	沥青伸缩缝	—	m	2
8	钢管	—	t	2	35	橡胶支座	—	cm³	2
9	钢板卷管	钢管桩	t	12	36	油毡	—	m²	2
10	镀锌铁丝	—	kg	3	37	沥青	—	kg	2
11	圆钉	—	kg	2	38	煤	—	t	8
12	螺栓	—	kg	2	39	水	—	m³	5
13	钢丝绳	—	kg	2.5	40	水泥混凝土管	—	m³	2.5
14	铁钎	—	kg	1	41	钢筋混凝土管	—	m³	1
15	钢钎	—	kg	20	42	混凝土小型预制构件	—	m³	1
16	焊条	—	kg	10	43	普通砂浆	勾缝	m³	4
17	水泥	—	t	2	44	普通砂浆	砌筑	m³	2.5
18	水泥	接口	t	10	45	普通砂浆	压浆	m³	5
19	黄砂	—	m³	3	46	水泥混凝土	现浇	m³	1.5
20	碎石	—	m³	2	47	水泥混凝土	预制	m³	1.5
21	预应力钢筋	先张法	t	11	48	预制桩	运输	m³	1.5
22	高强钢丝、钢绞线	先张法	t	14	49	预制梁	运输	m³	1.5
23	料石	—	m³	1	50	块石	—	m³	2
24	黏土	—	m³	4	51	橡胶止水带	—	m	1
25	机砖	—	千块	3	52	棕绳	—	kg	3
26	锯材	—	m³	5	53	钢模板、支撑管	—	kg	2
27	桩木	—	m³	5	54	卡具	—	kg	3

2.打桩工程常用数据

(1)打木质桩、刚进混凝土方桩,管桩土质取定见表 7.48。

表 7.48　土质取定

名　　称		打　桩			送　桩	
		甲级土	乙级土	丙级土	乙级土	丙级土
圆木桩,梢径 φ20　L=6 m		90	10	—	—	—
木板桩,宽 0.20 m,厚 0.06 m,L=6 m		100	—	—	—	—
混凝土桩	L≤8 m,S≤0.05 m²	80	20	—	100	—
	L≤8 m,0.05 m²<S≤0.105 m²	80	20	—	100	—
	8 m<L≤16 m,0.105 m²<S≤0.125 m²	50	50	—	100	—
	16 m<L≤24 m,0.125 m²<S≤0.16 m²	40	60	—	100	—
	24 m<L≤28 m,0.16 m²<S≤0.225 m²	10	90	—	100	—
	28 m<L≤32 m,0.225 m²<S≤0.25 m²	—	50	50	—	100
	32 m<L≤40 m,0.25 m²<S≤0.30 m²	—	40	60	—	100
混凝土板桩	L≤8 m	80	20	—	—	—
	L≤12 m	70	30	—	—	—
	L≤16 m	60	40	—	—	—
管桩	φ400　L≤24 m	40	60	—	100	—
	φ550　L≤24 m	30	70	—	100	—
	φ600　L≤25 m	20	80	—	100	—
PHC管桩	φ600　L≤50 m	—	50	50	—	100
	φ800　L≤25 m	20	80	—	100	—
	φ800　L≤50 m	—	50	50	—	100
	φ1 000　L≤25 m	20	80	—	100	—
	φ1 000　L≤50 m	—	50	50	—	100

(2)打钢筋混凝土板、方桩、管桩、桩帽及送桩帽取定见表 7.49。

表 7.49　桩帽取定

名　称	单　位	打桩帽	送桩帽
$L \leqslant 8$ m, $S \leqslant 0.05$ m²	kg/只	100	200
$L \leqslant 8$ m, 0.05 m²$< S \leqslant 0.105$ m²	kg/只	200	400
8 m$< L \leqslant 16$ m, 0.105 m²$< S \leqslant 0.125$ m²	kg/只	300	600
16 m$< L \leqslant 24$ m, 0.125 m²$< S \leqslant 0.16$ m²	kg/只	400	800
24 m$< L \leqslant 28$ m, 0.16 m²$< S \leqslant 0.225$ m²	kg/只	500	1 000
28 m$< L \leqslant 32$ m, 0.225 m²$< S \leqslant 0.25$ m²	kg/只	700	1 400
32 m$< L \leqslant 40$ m, 0.25 m²$< S \leqslant 0.30$ m²	kg/只	900	1 800
板桩　$L \leqslant 8$ m	kg/只	200	—
$L \leqslant 12$ m	kg/只	300	—
$L \leqslant 16$ m	kg/只	400	—
管桩　$\phi 400$ 壁厚 9 cm	kg/只	400	800
$\phi 550$ 壁厚 9 cm	kg/只	500	1 000
$\phi 600$ 壁厚 10 cm	kg/只	600	1 200
$\phi 800$ 壁厚 11 cm	kg/只	800	1 600
$\phi 1 000$ 壁厚 12 cm	kg/只	1 000	2 000

方桩（前7行）

（3）打桩工程辅助材料摊销取定见表 7.50。

表 7.50　辅助材料摊销取定

桩类别	单位	打桩帽			送桩帽	
		甲级土	乙级土	丙级土	乙级土	丙级土
混凝土方桩	m³	450	300	210	240	170
混凝土方桩	m³	300	200	—	160	—
混凝土方桩	m³	225	170	130	150	110

（4）打钢管桩取定见表 7.51。

表 7.51　钢管桩取定　　　　　　　　　　　　　　　　单位：mm

管径（外径）	$\phi 406.40$	$\phi 609.60$	$\phi 914.60$
管壁	12	14	16
管长	30	50	70

3. 钻孔灌注桩工程常用数据

护筒重量摊销量计算见表 7.52。

表 7.52 护筒重量摊销量计算

名　称	规　格	重量/(只·kg⁻¹)	总重/(只·kg⁻¹)	周转次数	损耗/%	使用量
钢护筒	长 2 m,φ800 壁厚 6 mm 钢板	1	5	75	1.06	21.959
		310.74	1 553.70			
	长 2 m,φ1 000 壁厚 8 mm 钢板	1	5			26.141
		369.92	1 849.70			
	长 2 m,φ1 200 壁厚 8 mm 钢板	1	5			40.429
		572.11	2 860.55			
	长 2 m,φ1 500 壁厚 8 mm 钢板	1	5			64.363
		910.8	4 554			
	长 2 m,φ2 000 壁厚 8 mm 钢板	1	5			78.44
		1 109.99	5 549.95			

4. 砌筑工程常用数据

砌筑砂浆配合比见表 7.53。

表 7.53 砌筑砂浆配合比

项　目	单位	水泥砂浆			
		砂浆强度等级			
		M10	M7.5	M5.0	M2.5
425# 水泥(32.5 级)	kg	286	237	188	138
中　砂	kg	1 515	1 515	1 515	1 515
水	kg	220	220	220	220

项　目	单位	水泥砂浆			
		砂浆强度等级			
		M10	M7.5	M5.0	M2.5
425# 水泥(32.5 级)	kg	265	212	156	95
中　砂	kg	1 515	1 515	1 515	1 515
中灰膏	m³	0.06	0.07	0.08	0.09
水	kg	400	400	400	600

5. 钢筋工程常用数据

(1)预制构件 φ10 以内,φ10 以上钢筋权数取定见表 7.54。

表 7.54 预制构件钢筋权数取定

钢筋规格/mm	权数取定/%	钢筋规格/mm	权数取定/%
φ6.5	50	φ16	25
φ8	40	φ18	15
φ10	10	φ20	10
φ12	10	φ22	10
φ14	25	φ25	5

(2)现浇结构钢筋 φ10 以内,φ10 以上钢筋权数取定见表 7.55。

表 7.55　现浇结构钢筋权数取定

钢筋规格/mm	权数取定/%	钢筋规格/mm	权数取定/%
φ6.5	10	φ16	5
φ8	40	φ18	30
φ10	20	φ20	25
φ8(箍筋)	30	φ22	5
φ12	20	φ25	5
φ14	10	—	—

6. 混凝土工程常用数据

(1)方、板桩权数取定见表 7.56。

表 7.56　方、板桩权数取定

方　桩	桩规格及长度/mm	18×18×600 20×25×700	25×30×800 30×35×1 200	40×40×1 600 40×45×3 200
	权数取定/%	10	20	70
板　桩	桩规格及长度/mm	20×50×600 20×50×700 20×50×800		20×50×1 600 20×50×1 200 20×50×1 400
	权数取定/%	30		70

(2)各类构筑物每 10 m³ 混凝土模板接触面积见表 7.57 和 7.58。

表 7.57　每 10 m³ 现浇混凝土模板接触面积

构筑物名称		模板面积/m²	构筑物名称		模板面积/m²
基础		7.62	实体式桥台		14.99
承台	有底模	25.13	拱桥	墩身	9.98
	无底模	12.07		台身	7.55
支撑梁		100.00	挂式墩台		42.95
横梁		68.33	墩帽		24.52
轻型桥台		42.00	台帽		37.99
板梁	实心板梁	15.18	墩盖梁		30.31
	空心板梁	55.07	台盖梁		32.96
板拱		38.41	拱座		17.76
挡墙		16.08	拱肋		53.11
接头	梁与梁	67.40	拱上构件		123.66
	柱与柱	100.00	箱形梁	0号块件	48.79
	肋与肋	163.88		悬浇箱梁	51.08
	拱上构件	133.33		支架上浇箱梁	53.87
防撞栏杆		48.10	板	矩形连续板	32.09
地梁、侧石、缘石		68.33		矩形空心板	108.11

表 7.58　每 10m³ 预置混凝土模板接触面积

构筑物名称		模板面积/m²	构筑物名称	模板面积/m²
方桩		62.87	工形梁	115.97
板桩		50.58	槽形梁	79.23
立柱	矩形	36.19	箱形块件	63.15
	异形	44.99	箱形梁	66.41
	矩形	24.03	拱肋	15.034
板	空心	110.23	拱上构件	273.28
	微弯	92.63	桁架及拱片	169.32
T 型梁		120.11	桁架拱联系梁	162.50
实心板梁		21.87	缘石、人行道板	27.40
空心	10 m 以内	37.97	栏杆、端柱	368.30
板梁	25 m 以内	64.17	板拱	38.41

注:表中含模量仅供参考,编制预算时按工程量计算规则执行。

(3)预制混凝土配合比见表 7.59。

表 7.59　预制混凝土配合比　　　　　　　　　　　单位:m³

项　　目	单　位	碎石(最大粒径:15 mm)					
		混凝土强度等级					
		C20	C25	C30	C35	C40	C45
425# 水泥(32.5级)	kg	400	452	—	—	—	—
525# 水泥(42.5级)	kg	—	—	434	482	—	—
625# 水泥(52.5级)	kg	—	—	—	—	456	493
中　砂	kg	674	654	661	643	653	602
5~15 碎石	kg	1 186	1 152	1 164	1 131	1 149	1 160
水	kg	220	220	220	220	220	220

项　　目	单　位	碎石(最大粒径:25 mm)						
		混凝土强度等级						
		C20	C25	C30	C35	C40	C45	C50
425# 水泥(32.5级)	kg	362	401	459	—	—	—	—
525# 水泥(42.5级)	kg	—	—	—	437	477	—	—
625# 水泥(52.5级)	kg	—	—	—	—	—	447	479
中　砂	kg	675	658	603	648	597	607	596
5~25 碎石	kg	1 243	1 211	1 214	1 193	1 202	1 222	1 201
水	kg	200	200	200	200	200	200	200

项　　目	单　位	碎石(最大粒径:40 mm)						
		混凝土强度等级						
		C20	C25	C30	C35	C40	C45	C50
425# 水泥(32.5级)	kg	335	378	424	—	—	—	—
525# 水泥(42.5级)	kg	—	—	—	—	440	476	—
625# 水泥(52.5级)	kg	—	—	—	—	—	—	442
中　砂	kg	650	635	581	565	576	564	575
5~40 碎石	kg	1 810	1 280	1 286	1 250	1 274	1 248	1 276
水	kg	180	180	180	180	180	180	

（4）水下混凝土配合比见表7.60。

表 7.60 水下混凝土配合比 单位：m³

项 目	单 位	碎石（最大粒径：40 mm）				
		水下混凝土强度等级				
		C20	C25	C30	C35	C40
425# 水泥（32.5级）	kg	427	483	—	—	—
525# 水泥（42.5级）	kg	—	—	465	—	—
625# 水泥（52.5级）	kg	—	—	—	451	488
中 砂	kg	789	764	773	779	762
5～40 碎石	kg	1 033	1 001	1 012	1 020	998
水	kg	230	230	230	230	230
木 钙	kg	1.07	1.21	1.16	1.13	1.22

第8章 隧道工程工程量计算

8.1 隧道工程全统市政定额工程量计算规则

8.1.1 隧道工程预算定额的一般规定

1.定额说明

(1)隧道开挖与出渣。

1)隧道开挖与出渣工程定额的岩石分类,见表8.1。

表8.1 岩石分类

定额岩石类别	岩石按16级分类	岩石按紧固系数(f)分类
次坚石	Ⅵ~Ⅷ	$f=4\sim8$
普坚石	Ⅸ~Ⅹ	$f=8\sim12$
特坚石	Ⅺ~Ⅻ	$f=12\sim18$

2)平洞全断面开挖4 m² 以内和斜井、竖井全断面开挖5 m² 以内的最小断面不得小于2m²,如果实际施工中,断面小于2 m² 和平洞全断面开挖的断面大于100 m²,斜井全断面开挖的断面大于20 m²,竖井全断面开挖断面大于25 m² 时,各省、自治区、直辖市可另编补充定额。

3)平洞全断面开挖的坡度在5°以内;斜井全断面开挖的坡度在15°~30°范围内。平洞开挖与出渣定额,适用于独头开挖和出渣长度在500 m 内的隧道。斜井和竖井开挖与出渣定额,适用于长度在50 m 内的隧道。洞内地沟开挖定额,只适用于洞内独立开挖的地沟,非独立开挖地沟不得执行本定额。

4)开挖定额均按光面爆破制定,如采用一般爆破开挖时,其开挖定额应乘以系数0.935。

5)平洞各断面开挖的施工方法,斜井的上行和下行开挖,竖井的正井和反井开挖,均已综合考虑,施工方法不同时,不得换算。

6)爆破材料仓库的选址由公安部门确定,2 km 内爆破材料的领退运输用工已包括在定额内,超过2 km 时,其运输费用另行计算。

7)出渣定额中,岩石类别已综合取定,石质不同时不予调整。

8)平洞出渣"人力、机械装渣,轻轨斗车运输"子目中,重车上坡,坡度在2.5%以内的工效降低因素已综合在定额内,实际在2.5%以内的不同坡度,定额不得换算。

9)斜井出渣定额,是按向上出渣制定的,若采用向下出渣时,可执行本定额;若从斜井底通过平洞出渣时,其平洞段的运输应执行相应的平洞出渣定额。

10)斜井和竖井出渣定额,均包括洞口外50 m 内的人工推斗车运输,若出洞口后运距超过 50 m,运输方式也与本运输方式相同时,超过部分可执行平洞出渣、轻轨斗车运输,每增加 50 m 运距的定额;若出洞后,改变了运输方式,应执行相应的运输定额。

11)定额是按无地下水制定的(不含施工湿式作业积水),如果施工出现地下水时,积水的排水费和施工的防水措施费,另行计算。

12)隧道施工中出现塌方和溶洞时,由于塌方和溶洞造成的损失(含停工、窝工)及处理塌方和溶洞发生的费用,另行计算。

13)隧道工程洞口的明槽开挖执行第一册"通用项目"土石方工程的相应开挖定额。

14)各开挖子目,是按电力起爆编制的。若采用火雷管导火索起爆时,可按如下规定换算:电雷管换为火雷管,数量不变,将子目中的两种胶质线扣除,换为导火索,导火索的长度按每个雷管 2.12 m 计算。

(2)临时工程。

1)临时工程定额适用于隧道洞内施工所用的通风、供水、压风、照明、动力管线以及轻便轨道线路的临时性工程。

2)定额按年摊销量计算,一年内不足一年按一年计算;超过一年按每增一季定额增加;不足一季(3 个月)按一季计算(不分月)。

(3)隧道内衬。

1)现浇混凝土及钢筋混凝土边墙,拱部均考虑了施工操作平台。竖井采用的脚手架,已综合考虑在定额内,不另计算。喷射混凝土定额中未考虑喷射操作平台费用,如施工中需搭设操作平台时,执行喷射平台定额。

2)混凝土及钢筋混凝土边墙、拱部衬砌,已综合了先拱后墙、先墙后拱的衬砌比例,因素不同时,不另计算。墙如为弧形时,其弧形段每 10 m³ 衬砌体积按相应定额增加人工 1.3 工日。

3)定额中的模板是以钢拱架、钢模板计算的,如实际施工的拱架及模板不同时,可按各地区规定执行。

4)定额中的钢筋是以机制手绑、机制电焊综合考虑的(包括钢筋除锈),实际施工不同时,不做调整。

5)料石砌拱部,不分拱跨大小和拱体厚度均执行本定额。

6)隧道内衬施工中,凡处理地震、涌水、流砂、坍塌等特殊情况所采取必要的措施,必须做好签证和隐蔽验收手续,所增加的人工、材料、机械等费用,另行计算。

7)定额中,采用混凝土输送泵浇筑混凝土或商品混凝土时,按各地区的规定执行。

(4)隧道沉井。

1)隧道沉井预算定额包括沉井制作、沉井下沉、封底、钢封门安拆等共 13 节 45 个子目。

2)隧道沉井预算定额适用于软土隧道工程中采用沉井方法施工的盾构工作井及暗埋段连续沉井。

3)沉井定额按矩形和圆形综合取定,无论采用何种形状的沉井,定额不做调整。

4)定额中列有几种沉井下沉方法,套用何种沉井下沉定额由批准的施工组织设计确定。挖土下沉不包括土方外运费,水力出土不包括砌筑集水坑及排泥水处理。

5)水力机械出土下沉及钻吸法吸泥下沉等子目均包括井内、外管路及附属设备的费用。

（5）盾构法掘进。

1)盾构法掘进定额包括盾构掘进、衬砌拼装、压浆、管片制作、防水涂料、柔性接缝环、施工管线路拆除以及负环管片拆除等共 33 节 139 个子目。

2)盾构法掘进定额适用于采用国产盾构掘进机，在地面沉降达到中等程度（盾构在砖砌建筑物下穿越时允许发生结构裂缝）的软土地区隧道施工。

3)盾构及车架安装是指现场吊装及试运行，适用于 φ7 000 以内的隧道施工，拆除是指拆卸装车。φ7 000 以上盾构及车架安拆按实计算。盾构及车架场外运输费按实另计。

4)盾构掘进机选型，应根据地质报告、隧道复土层厚度、地表沉降量要求及掘进机技术性能等条件，由批准的施工组织设计确定。

5)盾构掘进在穿越不同区域土层时，根据地质报告确定的盾构正掘面含砂性土的比例，按表 8.2 系数调整该区域的人工、机械费（不含盾构的折旧及大修理费）。

表 8.2　盾构掘进在穿越不同区域土层时

盾构正掘面土质	隧道横截面含砂性土比例	调整系数
一般软黏土	≤25％	1.0
黏土夹层砂	25％～50％	1.2
砂性土（干式出土盾构掘进）	＞50％	1.5
砂性土（水力出土盾构掘进）	＞50％	1.3

6)盾构掘进在穿越密集建筑群、古文物建筑或堤防、重要管线时，对地表升降有特殊要求时，按表 8.3 系数调整该区域的掘进人工、机械费（不含盾构的折旧及大修理费）。

表 8.3　盾构掘进在穿越对地表升降有特殊要求时

质构直径/mm	允许地表升降量/mm			
	±250	±200	±150	±100
φ7 000	1.0	1.1	1.2	—
φ7 000	—	—	1.0	1.2

注：1. 允许地表升降量是指复土层厚度大于 1 倍盾构直径处的轴线上方地表升降量。

2. 如第 5)、6)条所列两种情况同时发生时，调整系数相加减 1 计算。

7)采用干式出土掘进，其土方以吊出井口装车止。采用水力出土掘进，其排放的泥浆水以送至沉淀池止，水力出土所需的地面部分取水、排水的土建及土方外运费用另计。水力出土掘进用水按取用自然水源考虑，不计水费，若采用其他水源需计算水费时可另计。

8)盾构掘进定额中已综合考虑了管片的宽度和成环块数等因素，执行定额时不得调整。

9)盾构掘进定额中含贯通测量费用，不包括设置平面控制网、高程控制网、过江水准及方向、高程传递等测量，如发生时费用另计。

10)预制混凝土管片采用高精度钢模和高强度等级混凝土，定额中已含钢模摊销费，管片预制场地费另计，管片场外运输费另计。

（6）垂直顶升。

1)垂直顶升预算定额包括顶升管节、复合管片制作、垂直顶升设备安拆、管节垂直顶升、阴极保护安装及滩地揭顶盖等共 6 节 21 个子目。

2)垂直顶升预算定额适用于管节外壁断面小于 4 m²、每座顶升高度小于 10 m 的不出土垂直顶升。

3)预制管节制作混凝土已包括内模摊销费及管节制成后的外壁涂料。管节中的钢筋已归入顶升钢壳制作的子目中。

4)阴极保护安装不包括恒电位仪、阳极、参比电极的原值。

5)滩地揭顶盖只适用于滩地水深不超过 0.5 m 的区域,本定额未包括进出水口的围护工程,发生时可套用相应定额计算。

(7)地下连续墙。

1)地下连续墙预算定额包括导墙、挖土成槽、钢筋笼制作吊装、锁口管吊拔、浇捣连续墙混凝土、大型支撑基坑土方及大型支撑安装、拆除等共 7 节 29 个子目。

2)地下连续墙预算定额适用于在黏土、砂土及冲填土等软土层地下连续墙工程,以及采用大型支撑围护的基坑土方工程。

3)地下连续墙成槽的护壁泥浆采用比重为 1.055 的普通泥浆。若需取用重晶石泥浆可按不同比重泥浆单价进行调整。护壁泥浆使用后的废浆处理另行计算。

4)钢筋笼制作包括台模摊销费,定额中预埋件用量与实际用量有差异时允许调整。

5)大型支撑基坑开挖定额适用于地下连续墙、混凝土板桩、钢板桩等作围护的跨度大于 8m 的深基坑开挖。定额中已包括湿土排水,若需采用井点降水或支撑安拆需打拔中心稳定桩等,其费用另行计算。

6)大型支撑基坑开挖由于场地狭小只能单面施工时,挖土机械按表 8.4 调整。

表 8.4　挖土机械单面施工

宽　度	两边停机施工	单边停机施工
基坑宽 15 m 内	15 t	25 t
基坑宽 15 m 外	25 t	40 t

(8)地下混凝土结构。

1)地下混凝土结构预算定额包括护坡、地梁、底板、墙、柱、梁、平台、顶板、楼梯、电缆沟、侧石、弓形底板、支承墙、内衬侧墙及顶内衬、行车道槽形板以及隧道内车道等地下混凝土结构共 11 节 58 个子目。

2)地下混凝土结构预算定额适用于地下铁道车站、隧道暗埋段、引道段沉井内部结构、隧道内路面及现浇内衬混凝土工程。

3)定额中混凝土浇捣未含脚手架费用。

4)圆形隧道路面以大型槽形板作底模,如采用其他形式时定额允许调整。

5)隧道内衬施工未包括各种滑模、台车及操作平台费用,可另行计算。

(9)地基加固、监测。

1)地基加固、监测定额分为地基加固和监测两部分共 7 节 59 个子目。地基加固包括分层注浆、压密注浆、双重管和三重管高压旋喷;监测包括地表和地下监测孔布置、监控测试等。

2)地基加固、监测定额按软土地层建筑地下构筑物时采用的地基加固方法和监测手段进行编制。地基加固是控制地表沉降,提高土体承载力,降低土体渗透系数的一个手段,适用于深基坑底部稳定、隧道暗挖法施工和其他建筑物基础加固等;监测是地下构筑物建造时,反映施工对周围建筑群影响程度的测试手段。定额适用于建设单位确认需要监测的工程项目,包括监测点布置和监测两部分。监测单位需及时向建设单位提供可靠的测试数据,工程结束后监测数据立案成册。

3)分层注浆加固的扩散半径为 0.8 m,压密注浆加固半径为 0.75 m,双重管、三重管高压旋喷的固结半径分别为 0.4 m、0.6 m。浆体材料(水泥、粉煤灰、外加剂等)用量按设计含量计算,若设计未提供含量要求时,按批准的施工组织设计计算。检测手段只提供注浆前后 N 值之变化。

4)定额不包括泥浆处理和微型桩的钢筋费用,为配合土体快速排水需打砂井的费用另计。

(10)金属构件制作。

1)金属构件制作定额包括顶升管片钢壳、钢管片、顶升止水框、联系梁、车架、走道板、钢跑板、盾构基座、钢围令、钢闸墙、钢轨枕、钢支架、钢扶梯、钢栏杆、钢支撑、钢封门等金属构件的制作共 8 节 26 个子目。

2)金属构件制作定额适用于软土层隧道施工中的钢管片、复合管片钢壳及盾构工作井布置、隧道内施工用的金属支架、安全通道、钢闸墙、垂直顶升的金属构件以及隧道明挖法施工中大型支撑等加工制作。

3)金属构件制作预算价格仅适用于施工单位加工制作,需外加工者则按实结算。

4)金属构件制作定额钢支撑按 $\phi 600$ 考虑,采用 12 mm 钢板卷管焊接而成,若采用成品钢管时定额不做调整。

5)钢管片制作已包括台座摊销费,侧面环板燕尾槽加工不包括在内。

6)复合管片钢壳包括台模摊销费,钢筋在复合管片混凝土浇捣子目内。

7)垂直顶升管节钢骨架已包括法兰、钢筋和靠模摊销费。

8)构件制作均按焊接计算,不包括安装螺栓在内。

2. 有关数据的取定

(1)岩石层隧道工程。

1)有关数据的取定。

①定额人工工日的取定。

a. 岩石层隧道定额的人工工日,是以全国市政工程预算定额岩石层隧道的定额工日为基础,按规定调整后确定的。工日中,包括基本用工、超运距用工、人工幅度差和辅助用工。

b. 岩石层隧道定额的人工工日,均为不分技术等级的综合工日。

c. 岩石层隧道定额的人工工资单价,按规定包括:基本工资、辅助工资、工资性补贴、职工福利费及劳动保护费等。

d. 岩石层隧道井下掘进,是按每工日 7 h 工作制编制的。

②定额材料。

a. 定额有关材料的损耗率,按表 8.5 所列标准计算。

表 8.5　定额材料损耗率

材料名称	损耗率/%	材料名称	损耗率/%
雷　管	3.0	现浇混凝土	1.5
炸　药	1.0	喷射混凝土	2.0
合金钻头	0.1	锚　杆	2.0
六角空心钢	6.0	锚杆砂浆	3.0
木　材	5.0	料　石	1.0
铁　件	1.0	水	5.0

b. 雷管的基本耗量,按劳动定额的有关说明规定,计算出炮孔个数,按每个炮孔一个雷管取定。

c. 炸药的基本耗量、炮孔长度,按劳动定额规定计算,炮孔的平均孔深综合取定。装药按每米炮孔装 1 kg 取定,每孔装药量按占炮孔深度的比例取定。

d. 岩石层隧道开挖爆破的起爆方法,已将原定额采用的火雷管起爆改为电力起爆,因此将火雷管改为电雷管(迟发雷管),导火索改为胶质线(两种规格分别称区域线和主导线)。

e. 合金钻头的基本耗量,按每个合金钻头钻不同类别岩石的不同延米,来确定合金钻头的报废量。每开挖 100 m³ 不同类别岩石需要钻孔的总延米数,按劳动定额规定计算。每个合金钻头钻不同类别岩石报废的延米取定数见表 8.6。

表 8.6　钻不同类别岩石报废延米的取定

岩石类别	次坚石	普坚石	特坚石
一个钻头报废钻孔延米	39.5	32.0	24.5

f. 六角空心钢的基本耗量(含六角空心钢加工损耗和不够使用长度的报废量):平洞、斜井和竖井,按每消耗一个合金钻头,消耗 1.5 kg 六角空心钢取定;地沟按每消耗一个合金钻头,消耗 1.2 kg 六角空心钢取定。

g. 风动凿岩机和风动装岩机用高压胶皮风管(ϕ25 与 ϕ50),按相应凿岩机和装岩机台班数量来确定摊销量。由于两种风动机械的原配管长度发生变化,本定额的摊销量长度,将原定额每台班摊销 0.11 m 改为每台班摊销 0.18 m。

h. 凿岩机用高压胶皮水管(ϕ19)的定额摊销量,按每个凿岩机台班摊销 0.18 m 取定。

i. 喷射混凝土用高压胶皮管基本用量(ϕ50),按混凝土喷射机每个台班摊销 2.3 m 取定。

j. 凿岩机湿式作业的基本耗水量,按每个凿岩机台班每实际运转 1 h 耗水 0.3 m³ 取定。台班实际运转时间按劳动定额规定,平洞开挖 5 h,斜井、竖井和地沟开挖,综合取定为 4.4 h。

k. 临时工程的各种风管、水管、动力线、照明线、轨道等材料,以年摊销量形式表示各种材料的年摊销率见表 8.7。

表 8.7 临时工程的各种材料年摊销率表

材料名称	年摊销率/%	材料名称	年摊销率/%
粘胶布轻便软管	33.0	铁皮风管	20.0
钢管	17.5	法兰	15.0
阀门	30.0	电缆	26.0
轻轨 15 kg/m	14.5	轻轨 18 kg/m	12.5
轻轨 24 kg/m	10.5	鱼尾板	19.0
鱼尾螺栓	27.0	道钉	32.0
垫板	16.0	枕木	35.0

l. 混凝土、砂浆(锚杆用)均以半成品体积,按常用强度等级列入定额。设计强度标号不同时,可以调整。内衬现浇混凝土,按现场拌和编制。若采用预拌(商品)混凝土,按各地区规定执行。

m. 模板,以钢模为主,定额已适当配以木模。模板与混凝土的接触面积用"m²"表示。

n. 定额材料栏中所列电的耗量,只包括原定额中被列机械,而其原值在 2 000 元以内。这次新定额规定将其费用列入工具用具费后,原电动机械应发生的耗电量,不含除此之外的任何其他耗电量。

o. 定额的主要材料,已列入各子目的材料栏内,次要材料均包括在定额其他材料费内,不得调整。

③定额机械台班。

a. 凿岩机、装岩机台班,按劳动定额计算所得的凿岩工(或装岩工)工日数的 1/2 再加凿岩机(或装岩机)机械幅度差得出。

b. 锻钎机(风动)台班,按定额每消耗 10 kg 六角空心钢需要 0.2 锻钎机台班计算。

c. 空气压缩机台班计算。

(a)空气压缩机由凿岩机用空气压缩机和锻钎机用空气压缩机两部分组成。

(b)定额选用的空气压缩机产风量为 10 m³/min 的电动空气压缩机。凿岩机(气腿式)的耗风量取定为 3.6 m³/min,锻钎机耗风量取定为 6 m³/min。

(c)空气压缩机定额台班=[3.6 m³/min×凿岩机台班+6 m³/min×锻钎机台班]÷10 m³/min。

d. 开挖用轴流式通风机台班按以下公式计算:

$$轴流式通风机台班 = \frac{a}{b} \times 100$$

式中,a——各种开挖断面每放一次炮需要通风机台班数。

b——各种开挖断面每放一次炮计算得出的爆破石方工程量,单位为 m³。

爆破工程量=平均炮孔深度×炮孔利用率×设计断面积。

隧道内地沟开挖,未单独考虑通风机。

e. 隧道内机械装自卸汽车出渣用通风机台班,是根据机械能进洞的断面积及机械进洞完成定额工程量所需的时间综合取定的。

f. 隧道内机械装、自卸汽车运石渣的装运机械,是以隧道外的相应定额水平为基础,考虑到隧洞内外工效差异,经过调整后取定的。定额的挖掘机和自卸汽车采用的是综合

台班,其各自的综合比例如下:

(a)挖掘机综合比例见表 8.8。

表 8.8 挖掘机综合比例

挖掘机名称	单位/m³	综合比例/%
机械、单斗挖掘机	1	占 20
液压、单斗挖掘机	0.6	占 15
液压、单斗挖掘机	1	占 30
液压、单斗挖掘机	2	占 35

(b)自卸汽车综合比例见表 8.9。

表 8.9 自卸汽车综合比例

自卸汽车名称	单位/t	综合比例/%
自卸汽车	4	占 30
自卸汽车	6	占 20
自卸汽车	8	占 15
自卸汽车	10	占 15
自卸汽车	15	占 20

g.斗车台班数。

(a)平洞出渣用斗车,按劳动定额计算所得出的运渣工日数,每 0.6 m³ 斗车台班,按运渣工工日数的 1/2 计算;每 1 m³ 斗车台班,按运渣工工日数的 1/3 计算。电瓶车用斗车,按每个电瓶车台班用 6 个斗车计算。

(b)斜井和竖井出渣用斗车,按每个卷扬机台班用 2 个斗车计算。

h.电瓶车台班,按劳动定额计算所得的电瓶车工工日数的 1/2 计算。

i.充电机台班,按电瓶车台班数的 2/3 计算。

j.卷扬机台班数,按劳动定额说明中,斜井、竖井的作业时间,每出一次渣所需的时间和每出一次渣的工作量等规定计算。

k.定额的机械台班费单价,采用的是建设部建标(1998)57 号文颁发的《全国统一施工机械台班费用定额》的台班单价。

l.定额的机械栏中,不再列其他机械费。定额机械栏中的不同类型的机械,都分别计取了不同的机械幅度差。

2)有关问题的说明。

①隧道开挖定额步距的确定是依据劳动定额的步距和收集的实际施工的多个工程资料得出的,隧道最小断面 3.98 m²、最大断面 100 m² 左右,经过比较、测算确定的。

②岩石层隧道开挖定额,平洞最小断面 4 m² 以内,斜井、竖井最小断面 5 m² 以内,定额规定最小断面均不得小于 2 m²,不是实际工程中不需要小于 2 m² 的隧洞,而是本定额确定的施工方法,用于小于 2 m² 内断面隧道时,无法施工。

③平洞全断面开挖定额的 4 m² 到 35 m² 内,是按劳动定额相应全断面标准计算的,65 m² 内和 100 m² 内,是按劳动定额的导洞、光爆层和扩大开挖的不同标准综合计算的。平洞的轴线坡度在 5°以内。

④斜井全断面开挖定额,劳动定额确定的施工方法包括上行开挖和下行开挖两种。定额按劳动定额的上行开挖占 20%、下行开挖占 80%综合计算的,开挖方法比例不同时,不得调整。斜井的轴线与水平线的夹角在 15°～30°。若实际工程的夹角不在此范围内时,可另编补充定额。

⑤竖井全断面开挖,劳动定额分正井开挖和反井开挖两种施工方法。本定额按正井开挖占 80%、反井开挖占 20%综合编制的,实际施工方法所占比例不同时,不得调整。

⑥隧道内地沟开挖,为使地沟成型完整,定额按爆破开挖占 70%、人工凿石占 30%综合编制的,即地沟的边壁按人工凿石形成考虑的。定额的工程量计算规则中规定"隧道内地沟的开挖和出渣工程量,按设计断面尺寸,以立方米计算,不得另行计算允许超挖量",其原因就在于此。

⑦开挖定额的岩石分为:次坚石、普坚石和特坚石 3 类,每类岩石劳动定额还包括有不同的标准,定额的各类岩石分别按下述标准综合编制的。

a.次坚石,包括 $f=4\sim8$ 标准,定额按 $f=4\sim6$ 标准占 40%,$f=6\sim8$ 标准占 60%。

b.普坚石,包括 $f=8\sim12$ 标准,定额按 $f=8\sim10$ 标准占 40%,$f=10\sim12$ 标准占 60%。

c.特坚石,包括 $f=12\sim18$ 标准,定额按 $f=12\sim14$ 标准占 30%,$f=14\sim16$ 标准占 35%,$f=16\sim18$ 标准占 35%。

⑧出渣定额中的岩石类别,定额按 $f=8\sim14$ 占 20%,$f=14\sim18$ 占 80%综合编制的。$f=4\sim8$ 的定额水平比较高,经过分析比较后,认为不占一定的综合比例,是合理的。

⑨岩石层隧道定额,在开挖、内衬等施工过程中,若出现瓦斯、涌水、流砂、塌方、溶洞等特殊情况时,因处理塌方、溶洞等发生的人工、材料和机械等费用以及因此而发生停工、窝工等费用,未包括在定额内,应另行计算。

(2)软土层隧道工程。

1)人工工日的取定。

①基本工。定额人工不分工种、不分技术等级,以综合工种所需的工日数表示。定额工作内容中综合了完成该项子目的多道工序,计算时按各项工序分别套用相应的劳动定额取定。劳动定额中步骤划分较细的,计算时按工序的比重综合取定。

②辅助工。指为主要工序服务的机电值班工、泵房值班工和为浇捣混凝土服务的看模工、看筋工、养护工等。隧道工程按下列规定取定:

a.盾构推进项目,定额中只考虑井下操作工,未包括地面辅助工,根据现行的施工规定,按每班增加 2～3 名机电、泵房值班工。

b.混凝土结构中,机电值班工按每 10 m² 混凝土地梁、底板、封底项目增加 0.25 工日。刃脚、墙壁、隔墙项目增加 0.28 工日,垫层、内部结构项目增加 0.4 工日。

c.混凝土浇捣中,按每 10 m³ 混凝土垫块制作项目增加 0.1 工日,钢筋翻样、看筋项目增加 0.5 工日,木工翻样、看模项目增加 0.5 工日,浇水养护项目增加 0.5 工日,泵送混凝土装卸硬管增加 0.06 工日。

d.以钢模为主的模板工程中,木模以刨光为准,在套用木模定额时每 10 m² 增加 0.08。

　　e.木模板、立柱、横梁、拉杆支撑的场内运输。装卸工按 4 人/10 m³×0.20×一次使用量计算。

　　③其他用工。

　　a.超运距人工。软土层隧道地面材料运输的总运距取定为 100 m,超运距人工按各种材料的运输方法及超运距,套用相应的劳动定额分册。钢模、木模以一次模板作用量,乘安拆各一次计算超运距运输人工。

　　b.人工幅度差。软土层隧道的人工幅度差综合取定为 10%。

　　2)材料。各种材料损耗率按表 8.47 取定计算。

　　①混凝土、护壁泥浆、触变泥浆。

　　a.软土层隧道施工目前主要集中在沿海城市。由于城市施工场地窄小,隧道主体结构混凝土工程量大、连续性强。因此,定额中除预制构件外均采用商品混凝土计价,商品混凝土价格包括 10 km 内的运输费,定额中只采用一种常用的混凝土强度等级,设计强度等级与定额不同时允许调整。

　　b.地下连续墙施工中的护壁泥浆,定额中用一种常用的普通泥浆,并考虑部分重复使用。当地质和槽深不同需要采用重晶石泥浆时允许调整。

　　c.沉井助沉触变泥浆和隧道管片外衬砌压浆,定额中按常用的配合比计划,定额执行中一般不做调整。

　　②钢筋。混凝土结构中的钢筋单列项目,以重量为计量单位。施工用筋量按不同部位取定,一般控制在 2% 以内,钢筋不考虑除锈。设计图纸已注明的钢筋接头按图纸规定计算,设计图纸未说明的通长钢筋,$\phi25$ 以内的按 8 m 长计算一个接头,$\phi25$ 以上的按 6 m 长计算一个接头。每 1 t 钢筋接头个数按表 8.10 取定。

表 8.10　每 1t 钢筋接头个数取定

钢筋直径 /mm	长度 /(m·t⁻¹)	阻焊接头 /个	钢筋直径 /mm	长度 /(m·t⁻¹)	阻焊接头 /个	钢筋直径 /mm	长度 /(m·t⁻¹)	阻焊接头 /个
12	1 126.10	140.77	20	405.50	50.69	30	180.20	30.03
14	827.81	103.48	22	335.10	41.89	32	158.40	26.40
16	633.70	79.21	25	259.70	43.28	36	125.40	20.87
18	500.50	62.56	28	207.00	34.50	—	—	—

　　③模板。定额采用工具式定型钢模板为主,少量木模结合为辅。

　　a.钢木模的比值根据各工程的施工部位测算取定。

　　(a)沉井各部位钢、木模比例见表 8.11。

表 8.11　沉井各部位钢、木模比例

项目	刃脚	底板	框架外井壁	框架内井壁	井壁	隔墙	综合
木模	25	100	—	100	13	5	10
钢模	75	—	100	—	87	95	90

　　(b)地下混凝土结构物钢、木模比例见表 8.12。

表 8.12 地下混凝土结构物钢、木模比例

项目	底板	双面墙	单面墙	柱、梁	平台顶板	扶梯	电缆沟侧石	支承墙
木模	15	11	8	10	10	10	10	11
钢模	85	89	92	90	90	90	90	89

(c)预制混凝土管片、顶升管节、复合管片全部采用专用钢模。

(d)软土层隧道内衬混凝土采用液压拉模,定额中未包括拉模摊销费用。

b.钢模板。

(a)钢模周转材料使用次数见表 8.13。

表 8.13 钢模周转材料使用次数　　　　　　　　　　　　单位:次

项　目	钢　模		钢模扣配件	钢管支撑
	现浇	预制		
周转使用次数	50	100	25	75

(b)钢模板重量取定。工具式钢模板由钢模板、零星卡具、支撑钢管和部分木模组成。现浇构件钢模板每 1 m² 接触面积经过综合折算,钢模板重量为 38.65 kg/m²。

c.木模板。

(a)木模板周转次数和一次补损率见表 8.14。

表 8.14 木模板周转次数和一次补损率

项目及材料		周转次数	一次补损率 /%	木模回收折价率 /%	周转使用系数 K_1	摊销量系数 K_2
现浇 木模	模板	7	15	50	0.271 4	0.210 7
	支撑	20	15	50	0.192 5	0.171 3
预制木模		15	15	50	0.206 7	0.178 4
以钢模为主木模		2.5	20	50	0.520 0	0.360 0

(b)木模板的木材用量取定。

木枋 5 cm×7 cm：0.110 6 m³/10 m²。

支撑:0.248 m³/10 m²。

(c)木模板的计算方法。

摊销量系数 $K_2 = K_1 - (1 - 补损率) \times 回收折价率/周转次数$。

摊销量＝一次使用量×K_2。

④脚手架。脚手架耐用期限见表 8.15。

表 8.15 脚手架耐用期限

材料名称	脚手板		钢管 (附扣件)	安全网
	木	竹		
耐用期限/月	42	24	180	48

⑤铁钉、铁丝、预埋铁件。

a.木模板中铁钉用量:经测算,按概预算编制手册现浇构件模板工程次要材料表中 15 个项目综合取定,铁钉摊销量 0.297 kg/m²(木模)。

b.钢筋铁丝绑扎取用镀锌铁丝,直径 10 mm 以下钢筋取 2 股 22 号铅丝,直径 10 mm

以上钢筋取 3 股 22 号铅丝。每 1 000 个接点钢筋绑扎铁丝用量按表 8.16 取定。

表 8.16　每 1 000 个接点钢筋绑扎铁丝用量　　　　　　　　　单位:kg

钢筋直径/mm	6～8	10～12	14～16	18～20	22	25	28	32
6～8	0.91	1.03	2.84	3.29	3.74	4.04	4.34	4.64
10～12	1.03	2.84	3.29	3.74	4.04	4.34	4.64	4.94
14～16	2.84	3.29	3.74	4.04	4.34	4.64	4.94	5.24
18～20	3.29	3.74	4.04	4.34	4.64	4.94	5.24	5.54
22	3.74	4.04	4.34	4.64	4.94	5.24	5.54	5.84
25	4.04	4.34	4.64	4.94	5.24	5.54	5.84	6.14
28	4.34	4.64	4.94	5.24	5.54	5.84	6.14	6.44
32	4.64	4.94	5.24	5.54	5.84	6.14	6.44	6.89

c.预制构件中已包括预埋铁件,现浇混凝土中未考虑预埋铁件,现浇混凝土所需的预埋铁件者,套用铁件安装定额。

⑥电焊条。

a.钢筋焊接焊条用量见表 8.17(焊条用量中已包括操作损耗)。

表 8.17　钢筋焊接焊条用量　　　　　　　　　　　　单位:kg

焊条用量　项目 钢筋直径/mm	拼接焊	搭接焊	与钠板搭接	电弧焊对接
	1m 焊缝			10 个接头
12	0.28	0.28	0.24	—
14	0.33	0.33	0.28	—
16	0.38	0.38	0.33	—
18	0.42	0.44	0.38	—
20	0.46	0.50	0.44	0.78
22	0.52	0.61	0.54	0.99
25	0.62	0.81	0.73	1.40
28	0.75	1.03	0.95	2.01
30	0.85	1.19	1.10	2.42
32	0.94	1.36	1.27	2.88
36	1.14	1.67	1.58	3.95

b.钢板搭接焊焊条用量(每 1 m 焊缝)见表 8.18(焊条用量中已包括操作损耗)。

表 8.18　钢板搭接焊焊条用量

焊缝高/mm	4	6	8	10	12	13
焊条/kg	0.24	0.44	0.71	1.04	1.43	1.65
焊缝高/mm	14	15	16	18	20	—
焊条/kg	1.88	2.13	2.37	2.92	3.50	—

c.堆角搭接每 100 m 焊缝的焊条消耗参见表 8.19。

表 8.19　堆角搭接每 100m 焊缝的焊条消耗量

用料	单位	堆角塔接焊缝,焊件厚度/mm							
		6	8	10	12	14	16	18	20
电焊条	kg	33	65	104	135	180	237	292	350

⑦氧气、乙炔。氧切槽钢、角钢、工字钢每切 10 个口的氧气、乙炔消耗量参见表8.20。

表 8.20　氧切槽钢、角钢、工字钢的氧气、乙炔消耗量

槽钢规格	氧气/m³	乙炔/kg	角钢规格	氧气/m³	乙炔/kg	工字钢规格	氧气/m³	乙炔/kg
18A	0.72	0.24	130×10	0.50	0.17	18A	1.00	0.33
20A	0.83	0.28	150×150	0.80	0.27	20A	1.20	0.40
22A	0.95	0.32	200×200	1.11	0.37	22A	1.33	0.44
24A	1.09	0.36	—	—	—	24A	1.50	0.50
27A	1.20	0.40	—	—	—	27A	1.62	0.54
30A	1.33	0.44	—	—	—	30A	1.82	0.61
36A	1.70	0.57	—	—	—	36A	2.14	0.71
40A	2.00	0.67	—	—	—	40A	2.40	0.80

⑧盾构用油、用电、用水量及盾构掘进中照明用电。

a.盾构用油量,根据平均日耗油量和平均日掘进量取定:

盾构用油量＝平均日耗油量/平均日掘进量。

b.盾构用电量,根据盾构总功率、每班平均总功率使用时间及台班掘进进尺取定:

盾构用电量＝盾构机总功率×每班总功率使用时间/台班掘进进尺。

c.盾构用水量,水力出土盾构考虑主要由水泵房供水,不再另计掘进中自来水量;干式出土盾构掘进按配用水管、直径流速、用水时间及班掘进进尺取定:

盾构用水量＝水管断面×流速×每班用水时间/台班掘进进尺。

d.井下作业凡掘进后施工的项目照明灯具、线路摊销费在掘进定额中已综合考虑,分项不再另计,照明用量按下列原则计算:

单位定额耗电量＝预算定额用工/劳动组合×6h×施工区域照明灯用电量。

⑨隧道施工中管线、铁件摊销。盾构法隧道掘进一般施工周期很长,为了正确反映掘进过程中各种管线、轨道的摊销量,以 1 000 m 定额工期/360d 为一个隧道年,按管线一次使用量及管线年折旧率确定摊销量。

单位进尺施工管线路摊销量＝1 000 m 定额工期/360d×年折旧率×单位进尺使用量。

a.盾构法施工中管线路年折旧率见表8.21。

表 8.21　管线路年折旧率

材料	轨道	轨枕	进出水管	风管	自来水管	支架	栏杆	走道板
折旧率	0.167	0.20	0.25	0.333	0.333	0.667	0.667	0.667

b.盾构法施工中,进出水管、风管、轨道、轨枕、支架、走道板、栏杆用量见表 8.22。

表 8.22　材料用量表

项目	轨道双根	轨枕	进出水管	风管	走道板	支架	栏杆	自来水管
盾构掘进	36.40	16.90	47.60	38.90	21.10	12.00	2.76	11.96

c.地下连续墙铁件摊销见表 8.23。

表 8.23　按次数摊销地下连续墙铁件

项　　目	现浇混凝土导墙		吊拔锁口管
	钢撑框	固定铁件	锁口管
摊销次数	12	5	70

⑩ 其他材料费。

a.脱模油:按模板接触面积 0.11 kg/m²,0.684 元/kg。

b.尼龙帽以 5 次摊销,0.58 元/只。

c.草包:按每平方米水平露面积 0.69 只/m²,0.72 元/只。

3)机械台班消耗量的确定。

①机械台班幅度差按表 5.12 确定。

机械台班耗用量指按照施工作业,取用合理的机械,完成单位产品耗用的机械台班消耗量。

属于按施工机械技术性能直接计取台班产量的机械,按机械幅度差取定。

定额台班产量＝分项工程量×1/(产量定额×小组成员)。

②机械台班量的取定。

a.商品混凝土泵车台班量见表 8.24。

表 8.24　商品混凝土泵车台班量

部　位		单　位	台班产量	耗用台班/10 m³
垫层		m³	54.2	0.18
地梁		m³	47.7	0.21
刃脚		m³	51.1	0.20
墙	0.5 m 内	m³	44.33	0.23
	0.5 m 外	m³	49.26	0.21
衬墙		m³	39.12	0.25
底板	50 以内	m³	78.8	0.13
	50 以外	m³	94.5	0.11

b.地下连续墙成槽机械台班产量见表 8.25。

表 8.25　地下连续墙成槽机械台班

机械名称	履带式液压成槽机			钻机
挖槽深度/m	15	25	35	25
台班产量/m³	30.23	21.12	16.22	21.12

c.部分加工机械小组成员的取定见表 8.26。

表 8.26　部分加工机械劳动组合

项目	钢筋切断机	钢筋弯曲机	钢筋碰焊机	电焊机	立式钻床	木圆锯	车床	剪板机
劳动组合	2	2	3	1	2	2	1	3

d. 插入式震动器台班。按 1 台搅拌机配 2 台震动器计算。

e. 木模板场内外运输,按 4 t 载重汽车。每台班运 13 m³ 木模计算。配备装卸工 4 人,木模运输量按 1 次使用量的 20% 计算。

f. 盾构掘进机械台班量取定。先把不同阶段的劳动定额中 6 h 台班产量折算为 8 h 台班产量,再根据机械配备量求出台班耗用量。

台班耗用量＝1/(劳动定额台班产量×8/6)×配备数量×机械幅度差。

8.1.2 隧道工程预算定额工程量计算规则

1. 隧道开挖与出渣

(1)隧道的平洞、斜井和竖井开挖与出渣工程量,按设计图开挖断面尺寸,另加允许超挖量以 m³ 计算。本定额光面爆破允许超挖量:拱部为 15 cm,边墙为 10 cm。若采用一般爆破,其允许超挖量:拱部为 20 cm,边墙为 15 cm。

(2)隧道内地沟的开挖和出渣工程量,按设计断面尺寸,以 m³ 计算,不得另行计算允许超挖量。

(3)平洞出渣的运距,按装渣重心至卸渣重心的直线距离计算。若平洞的轴线为曲线时,洞内段的运距按相应的轴线长度计算。

(4)斜井出渣的运距,按装渣重心至斜井口摘钩点的斜距离计算。

5)竖井的提升运距,按装渣重心至井口吊斗摘钩点的垂直距离计算。

2. 临时工程

(1)粘胶布通风筒及铁风筒按每一洞口施工长度减 30 m 计算。

(2)风、水钢管按洞长加 100 m 计算。

(3)照明线路按洞长计算,如施工组织设计规定需要安双排照明时,应按实际双线部分增加。

(4)动力线路按洞长加 50 m 计算。

(5)轻便轨道以施工组织设计所布置的起、止点为准,定额为单线,如实际为双线应加倍计算,对所设置的道岔,每处按相应轨道折合 30 m 计算。

(6)洞长＝主洞＋支洞(均以洞口断面为起止点,不含明槽)。

3. 隧道内衬

(1)隧道内衬现浇混凝土和石料衬砌的工程量,按施工图所示尺寸加允许超挖量(拱部为 15 cm,边墙为 10 cm)以 m³ 计算,混凝土部分不扣除 0.3 m³ 以内孔洞所占体积。

(2)隧道衬砌边墙与拱部连接时,以拱部起拱点的连线为分界线,以下为边墙,以上为拱部。边墙底部的扩大部分工程量(含附壁水沟),应并入相应厚度边墙体积内计算。拱部两端支座,先拱后墙的扩大部分工程量,应并入拱部体积内计算。

(3)喷射混凝土数量及厚度按设计图计算,不另增加超挖、填平补齐的数量。

(4)喷射混凝土定额配合比,按各地区规定的配合比执行。

(5)混凝土初喷 5 cm 为基本层,每增 5 cm 按增加定额计算,不足 5 cm 按 5 cm 计算,若做临时支护可按一个基本层计算。

(6)喷射混凝土定额已包括混合料 200 m 运输,超过 200 m 时,材料运费另计。运输吨位按初喷 5 cm 拱部 26 t/100 m²，边墙 23 t/100 m²；每增厚 5 cm 拱部 16 t/100 m²，边墙 14 t/100 m²。

（7）锚杆按 φ22 计算，若实际不同时，定额人工、机械应按表 8.27 中所列系数调整，锚杆按净重计算不加损耗。

表 8.27　人工机械系数调整

锚杆直径	φ28	φ25	φ22	φ20	φ18	φ16
调整系数	0.62	0.78	1	1.21	1.49	1.89

（8）钢筋工程量按图示尺寸以 t 计算。现浇混凝土中固定钢筋位置的支撑钢筋、双层钢筋用的架立筋（铁马），伸出构件的锚固钢筋均按钢筋计算，并入钢筋工程量内。钢筋的搭接用量，设计图纸已注明的钢筋接头，按图纸规定计算；设计图纸未注明的通长钢筋接头，φ25 以内的，每 8 m 计算 1 个接头，φ25 以上的，每 6 m 计算 1 个接头，搭接长度按《建设工程工程量清单计价规范》(GB 50500—2008)计算。

（9）模板工程量按模板与混凝土的接触面积以 m² 计算。

4. 隧道沉井

（1）沉井工程的井点布置及工程量，按批准的施工组织设计计算，执行第一册"通用项目"相应定额。

（2）基坑开挖的底部尺寸，按沉井外壁每侧加宽 2.0 m 计算，执行第一册"通用项目"中的基坑挖土定额。

（3）沉井基坑砂垫层及刃脚基础垫层工程量按批准的施工组织设计计算。

（4）刃脚的计算高度，从刃脚踏面至井壁外凸口计算，如沉井井壁没有外凸口时，则从刃脚踏面至底板顶面为准。底板下的地梁并入底板计算，框架梁的工程量包括切入井壁部分的体积。井壁、隔墙或底板混凝土中，不扣除单孔面积 0.3 m³ 以内的孔洞所占体积。

（5）沉井制作的脚手架安、拆，不论分几次下沉，其工程量均按井壁中心线周长与隔墙长度之和乘以井高计算。

（6）沉井下沉的土方工程量，按沉井外壁所围的面积乘以下沉深度（预制时刃脚底面至下沉后设计刃脚底面的高度），并分别乘以土方回淤系数计算。回淤系数：排水下沉深度大于 10 m 为 1.05；不排水下沉深度大于 15 m 为 1.02。

（7）沉井触变泥浆的工程量，按刃脚外凸口的水平面积乘以高度计算。

（8）沉井砂石料填心、混凝土封底的工程量，按设计图纸或批准的施工组织设计计算。

（9）钢封门安、拆工程量，按施工图用量计算。钢封门制作费另计，拆除后应回收 70% 的主材原值。

5. 盾构法掘进

（1）掘进过程中的施工阶段划分。

1）负环段掘进：从拼装后靠管片起至盾尾离开出洞井内壁止。

2）出洞段掘进：从盾尾离开出洞井内壁至盾尾离开出洞井内壁 40 m 止。

3）正常段掘进：从出洞段掘进结束至进洞段掘进开始的全段掘进。

4）进洞段掘进：按盾构切口距进洞进外壁 5 倍盾构直径的长度计算。

（2）掘进定额中盾构机按摊销考虑，若遇下列情况时，可将定额中盾构掘进机台班内的折旧费和大修理费扣除,保留其他费用作为盾构使用费台班进入定额,盾构掘进机费用按不同情况另行计算。

1)顶端封闭采用垂直顶升方法施工的给排水隧道。

2)单位工程掘进长度不大于 800 m 的隧道。

3)采用进口或其他类型盾构机掘进的隧道。

4)由建设单位提供盾构机掘进的隧道。

(3)衬砌压浆量根据盾尾间隙,由施工组织设计确定。

(4)柔性接缝环适合于盾构工作井洞门与圆隧道接缝处理,长度按管片中心圆周长计算。

(5)预制混凝土管片工程量按实体积加 1%损耗计算,管片试拼装以每 100 环管片拼装 1 组(3 环)计算。

6.垂直顶升

(1)复合管片不分直径,管节不分大小,均执行本定额。

(2)顶升车架及顶升设备的安拆,以每顶升一组出口为安拆一次计算,顶升车架制作费按顶升一组摊销 50%计算。

(3)顶升管节外壁如需压浆时,则套用分块压浆定额计算。

(4)垂直顶升管节试拼装工程量按所需顶升的管节数计算。

7.地下连续墙

(1)地下连续墙成槽土方量按连续墙设计长度、宽度和槽深(加超深 0.5 m)计算。混凝土浇筑量同连续墙成槽土方量。

(2)锁口管及清底置换以段为单位(段指槽壁单元槽段),锁口管吊拔按连续墙段数加 1 段计算,定额中已包括锁口管的摊销费用。

8.地下混凝土结构

(1)现浇混凝土工程量按施工图计算,不扣除单孔面积 0.3 m³以内的孔洞所占体积。

(2)有梁板的柱高,自柱基础顶面至梁、板顶面计算,梁高以设计高度为准。梁与柱交接,梁长算至柱侧面(即柱间净长)。

(3)结构定额中未列预埋件费用,可另行计算。

(4)隧道路面沉降缝、变形缝按第二册"道路工程"相应定额执行,其人工、机械乘以系数 1.1。

9.地基加固、监测

(1)地基注浆加固以孔为单位的子目,定额按全区域加固编制,若加固深度与定额不同时可内插计算;若采用局部区域加固,则人工和钻机台班不变,材料(注浆阀管除外)和其他机械台班按加固深度与定额深度同比例调减。

(2)地基注浆加固以 m³为单位的子目,已按各种深度综合取定,工程量按加固土体的体积计算。

(3)监测点布置分为地表和地下两部分,其中地表测孔深度与定额不同时可内插计算。工程量由施工组织设计确定。

(4)监控测试以一个施工区域内监控 3 项或 6 项测定内容划分步距,以组日为计量单位,监测时间由施工组织设计确定。

10. 金属构件制作

(1)金属构件的工程量按设计图纸的主材(型钢,钢板,方、圆钢等)的重量以 t 计算,不扣除孔眼、缺角、切肢、切边的重量。圆形和多边形的钢板按作方计算。

(2)支撑由活络头、固定头和本体组成,本体按固定头单价计算。

8.2　隧道工程工程量清单计算规则

8.2.1　隧道工程工程量清单项目设置及工程量计算规则

(1)隧道岩石开挖工程工程量清单项目设置及工程量计算规则见表 8.28。

表 8.28　隧道岩石开挖(编码:040401)

项目编码	项目名称	项目特征	计量单位	工程量计算规则	工程内容
040401001	平洞开挖	1. 岩石类别 2. 开挖断面 3. 爆破要求	m²	按设计图示结构断面尺寸乘以长度以体积计算	1. 爆破或机械开挖 2. 临时支护 3. 施工排水 4. 弃碴运输 5. 弃碴外运
040401002	斜洞开挖				1. 爆破或机械开挖 2. 临时支护 3. 施工排水 4. 洞内石方运输 5. 弃碴外运
040401003	竖井开挖	1. 断面尺寸 2. 岩石类别 3. 爆破要求			1. 爆破或机械开挖 2. 施工排水 3. 弃碴运输 4. 弃碴外运
040401004	地沟开挖				1. 爆破或机械开挖 2. 弃碴运输 3. 施工排水 4. 弃碴外运

(2)岩石隧道衬砌工程工程量清单项目设置及工程量计算规则见表 8.29。

表 8.29　岩石隧道衬砌(编码:040402)

项目编码	项目名称	项目特征	计量单位	工程量计算规则	工程内容
040402001	混凝土拱部衬砌	1.断面尺寸 2.混凝土强度等级、石料最大粒径	m³	按设计图示尺寸以体积计算	1.混凝土浇筑 2.养生
040402002	混凝土边墙衬砌				
040402003	混凝土竖井衬砌				
040402004	混凝土沟道				
040402005	拱部喷射混凝土	1.厚度 2.混凝土强度等级、石料最大粒径	m²	按设计图示尺寸以面积计算	1.清洗岩石 2.喷射混凝土
040402006	边墙喷射混凝土				
040402007	拱圈砌筑	1.断面尺寸 2.材料品种 3.规格 4.砂浆强度等级	m³	按设计图示尺寸以体积计算	1.砌筑 2.勾缝 3.抹灰
040402008	边墙砌筑	1.厚度 2.材料品种 3.规格 4.砂浆强度等级			
040402009	砌筑沟道	1.断面尺寸 2.材料品种 3.规格 4.砂浆强度			
040402010	洞门砌筑	1.形状 2.材料 3.规格 4.砂浆强度等级			
040402011	锚杆	1.直径 2.长度	t	按设计图示尺寸以质量计算	1.钻孔 2.锚杆制作、安装 3.压浆
040402012	充填压浆	1.部位 2.将液成分强度		按设计图示尺寸以体积计算	1.打孔、安管 2.压浆
040402013	将砌块石	1.部位 2.材料 3.规格 4.砂浆强度等级	m³	按设计图示回填尺寸以体积计算	1.调制砂浆 2.砌筑 3.勾缝
040402014	干砌块石				1.砌筑 2.勾缝
040402015	柔性防水层	1.材料 2.规格	m²	按设计图示尺寸以面积计算	防水层铺设

(3)盾构掘进工程工程量清单项目设置及工程量计算规则见表 8.30。

表 8.30　　盾构掘进(编码:040403)

项目编码	项目名称	项目特征	计量单位	工程量计算规则	工程内容
040403001	盾构吊装、吊拆	1.直径 2.规格、型号	台次	按设计图示数量计算	1.整体吊装 2.分体吊装 3.车架安装
040403002	隧道盾构掘进	1.直径 2.规格 3.形式	m	按设计图示掘进长度计算	1.负环段掘进 2.出洞段掘进 3.进洞段掘出 4.正常段掘进 5.负环管片拆除 6.隧道内管线路拆除 7.土方外运
040403003	衬砌压浆	1.材料品种 2.配合比 3.砂浆强度等级 4.石料最大粒径	m³	按管片外径和盾构壳体外径所形成的充填体积计算	1.同步压浆 2.分块压浆
040403004	预制钢筋混凝土管片	1.直径 2.厚度 3.宽度 4.混凝土强度等级、石料最大粒径	m³	按设计图示尺寸以体积计算	1.钢筋混凝土管片制作 2.管片成环试拼(第 100 环试拼一组) 3.管片安装 4.管片场内外运输
040403005	钢管片	材质	t	按设计图示以质量计算	1.钢管片制作 2.钢管片安装 3.管片场内外运输
040403006	钢混凝土复合管片	1.材质 2.混凝土强度等级、石料最大粒径	m³	按设计图示尺寸以体积计算	1.复合管片钢壳制作 2.复合管片混凝土浇筑 3.养生 4.复合管片安装 5.管片场内外运输
040403007	管片设置密封条	1.直径 2.材料 3.规格	环	按设计图示数量计算	密封条安装

续表 8.30

项目编码	项目名称	项目特征	计量单位	工程量计算规则	工程内容
040403008	隧道洞口柔性接缝环	1. 材料 2. 规格	m	按设计图示以隧道管片外径周长计算	1. 拆临时防水环板 2. 安装、拆除临时止水带 3. 拆除洞口环管片 4. 安装钢环板 5. 柔性接缝环 6. 洞口混凝土环圈
040403009	管片嵌缝	1. 直径 2. 材料 3. 规格	环	按设计图示数量计算	1. 管片嵌缝 2. 管片手孔封堵

(4)管节顶升、旁通道工程工程量清单项目设置及工程量计算规则见表 8.31。

表 8.31　管节顶升、旁通道(编码:040404)

项目编码	项目名称	项目特征	计量单位	工程量计算规则	工程内容
040404001	管节垂直顶升	1. 断面 2. 强度 3. 材质	m	按设计图示以顶升长度	1. 钢壳制作 2. 混凝土浇筑 3. 管节试拼装 4. 管节顶升
040404002	安装止水框、连系梁	材质	t	按设计图示尺寸以质量计算	1. 止水框制作,安装 2. 连系梁制作,安装
040404003	阴极保护装置	1. 型号 2. 规格	组	按设计图示数量计算	1. 恒电位仪安装 2. 阳极安装 3. 阴极安装 4. 参变电极安装 5. 电缆敷设 6. 接线盒安装
040404004	安装取排水头	1. 部位(水中、陆上) 2. 尺寸	个	按设计图示数量计算	1. 顶升口揭顶盖 2. 取排水头部安装
040404005	隧道内旁通道开挖	土壤类别	m³	按设计图示尺寸以体积计算	1. 地基加固 2. 管片拆除 3. 支护 4. 土方暗挖 5. 土方运输
040404006	旁通道结构混凝土	1. 断面 2. 混凝土强度等级、石料最大粒径	m³	按设计图示尺寸以体积计算	1. 混凝土浇筑 2. 洞门接口防水

续表 8.31

项目编码	项目名称	项目特征	计量单位	工程量计算规则	工程内容
040404007	隧道内集水井	1.部位 2.材料 3.形式	座	按设计图示数量计算	1.拆除管片建集水井 2.不拆管片建集水井
040404008	防爆门	1.形式 2.断面	扇	按设计图示数量计算	1.防爆门制作 2.防爆门安装

(5)隧道沉井工程工程量清单项目设置及工程量计算规则见表 8.32。

表 8.32　隧道沉井(编码:040405)

项目编码	项目名称	项目特征	计量单位	工程量计算规则	工程内容
040405001	沉井井壁混凝土	1.形状 2.混凝土强度等级、石料最大粒径	m^3	按设计尺寸以井筒混凝土体积计算	1.沉井砂垫层 2.刃脚混凝土垫层 3.混凝土浇筑 4.养生
040405002	沉井下沉	深度	m^3	按设计图示井壁外围面积乘以下沉深度以体积计算	1.排水挖土下沉 2.不排水下沉 3.土方场外运输
040405003	沉井混凝土封底	混凝土强度等级、石料最大粒径	m^3	按设计图示尺寸以体积计算	1.混凝土干封底 2.混凝土水下封底
040405004	沉井混凝土底板				1.混凝土浇筑 2.养生
040405005	沉井填心	材料品种			1.排水沉井填心 2.不排水沉井填心
040405006	钢封门	1.材质 2.尺寸	t	按设计图示尺寸以质量计算	1.钢封门安装 2.钢封门拆除

(6)地下连续墙工程工程量清单项目设置及工程量计算规则见表 8.33。

表 8.33　　地下连续墙(编码:040406)

项目编码	项目名称	项目特征	计量单位	工程量计算规则	工程内容
040406001	地下连续墙	1.深度 2.宽度 3.混凝土强度等级、石料最大粒径	m³	按设计图示长度乘以宽度乘以深度以体积计算	1.导墙制作、拆除 2.挖土成槽 3.锁口管吊拔 4.混凝土浇筑 5.养生 6.土石方场外运输
040406002	深层搅拌桩成墙	1.深度 2.孔径 3.水泥掺量 4.型钢材质 5.型钢规格	m³	按设计图示尺寸以体积计算	1.深层搅拌桩空搅 2.深层搅拌桩二喷四搅 3.型钢制作 4.插拔型钢
040406003	桩顶混凝土圈梁	混凝土强度等级、石料最大粒径	m³	按设计图示尺寸以体积计算	1.混凝土浇筑 2.养生 3.圈梁拆除
040406004	基坑挖土	1.土质 2.深度 3.宽度	m³	按设计图示地下连续墙或围护桩围成的面积乘以基坑的深度以体积计算	1.基坑挖土 2.基坑排水

(7)混凝土结构工程工程量清单项目设置及工程量计算规则见表 8.34。

表 8.34　　混凝土结构(编码:040407)

项目编码	项目名称	项目特征	计量单位	工程量计算规则	工程内容
040407001	混凝土地梁	1.垫层厚度、材料品种、强度 2.混凝土强度等级、石料最大粒径	m³	按设计图示尺寸以体积计算	1.垫层铺设 2.混凝土浇筑 3.养生
040407002	钢筋混凝土底板				
040407003	钢筋混凝土墙	混凝土强度等级、石料最大粒径	m³	按设计图示尺寸以体积计算	1.混凝土浇筑 2.养生
040407004	混凝土衬墙				
040407005	混凝土柱				
040407006	混凝土梁	1.部位 2.混凝土强度等级、石料最大粒径	m³	按设计图示尺寸以体积计算	1.混凝土浇筑 2.养生

续表 8.34

项目编码	项目名称	项目特征	计量单位	工程量计算规则	工程内容
040407007	混凝土平台、顶板	1. 混凝土强度等级 2. 石料最大粒径	m³	按设计图示尺寸以体积计算	1. 混凝土浇筑 2. 养生
040407008	隧道内衬弓形底板				
040407009	隧道内衬侧墙				
040407010	隧道内衬顶板	1. 形式 2. 规格	m²	按设计图示尺寸以面积计算	1. 龙骨制作、安装 2. 顶板安装
040407011	隧道内支承墙	1. 强度 2. 石料最大粒径	m³	按设计图示尺寸以体积计算	1. 混凝土浇筑 2. 养生
040407012	隧道内混凝土路面	1. 厚度 2. 强度等级 3. 石料最大粒径	m²	按设计图示尺寸以面积计算	1. 混凝土浇筑 2. 养生
040407013	圆隧道内架空路面				
040407014	隧内附属结构混凝土	1. 不同项目名称，如楼梯、电缆钩、车道侧石等 2. 混凝土强度等级、石料最大粒径	m³	按设计图示尺寸以体积计算	1. 混凝土浇筑 2. 养生

(8)沉管隧道工程工程量清单项目设置及工程量计算规则见表 8.35。

表 8.35　沉管隧道(编码:040408)

项目编码	项目名称	项目特征	计量单位	工程量计算规则	工程内容
040408001	预制沉管底垫层	1. 规格 2. 材料 3. 厚度	m³	按设计图示尺寸以沉管底面积乘以厚度以体积计算	1. 场地平整 2. 垫层铺设
040408002	预制沉管钢底板	1. 材质 2. 厚度	t	按设计图示尺寸以质量计算	钢底板制作、铺设
040408003	预制沉管混凝土板底	混凝土强度等级、石料最大粒径	m³	按设计图示尺寸以体积计算	1. 混凝土浇筑 2. 养生 3. 底板预埋注浆管
040408004	预制沉管混凝土侧墙	混凝土强度等级、石料最大粒径	m³	按设计图示尺寸以体积计算	1. 混凝土浇筑 2. 养生
040408005	预制沉管混凝土顶板	混凝土强度等级、石料最大粒径	m³	按设计图示尺寸以体积计算	1. 混凝土浇筑 2. 养生

续表 8.35

项目编码	项目名称	项目特征	计量单位	工程量计算规则	工程内容
040408006	沉管外壁防锚层	1.材质品种 2.规格	m²	按设计图示尺寸以面积计算	铺设沉管外壁防锚层
040408007	鼻托垂直剪力键	材质	t	按设计图示尺寸以质量计算	1.钢剪力键制作 2.剪力键安装
040408008	端头钢壳	1.材质、规格 2.强度 3.石料最大粒径	t	按设计图示尺寸以质量计算	1.端头钢壳制作 2.端头钢壳安装 3.混凝土浇筑
040408009	端头钢封门	1.材质 2.尺寸	t	按设计图示尺寸以质量计算	1.端头钢封门制作 2.端头钢封门安装 3.端头钢封门拆除
040408010	沉管管段浮运临时供电系统	规格	套	按设计图示管段数量计算	1.发电机安装、拆除 2.配电箱安装、拆除 3.电缆安装、拆除 4.灯具安装、拆除
040408011	沉管管段浮运临时供排水系统	规格	套	按设计图示管段数量计算	1.泵阀安装、拆除 2.管路安装、拆除
040408012	沉管管段浮运临时通风系统	规格	套	按设计图示管段数量计算	1.进排风机安装、拆除 2.风管路安装、拆除
040408013	航道疏浚	1.河床土质 2.工况等级 3.疏浚深度	m³	按河床原断面与管段浮运时设计断面之差以体积计算	1.挖泥船开收工 2.航道疏浚挖泥 3.土方驳运、卸泥
040408014	沉管河床基槽开挖	1.河床土质 2.工况等级 3.挖土深度	m³	按河床原断面与槽设计断面之差以体积计算	1.挖泥船开收工 2.沉管基槽挖泥 3.沉管基槽清淤 4.土方驳运、卸泥

续表 8.35

项目编码	项目名称	项目特征	计量单位	工程量计算规则	工程内容
040408015	钢筋混凝土块沉石	1. 工况等级 2. 沉石深度	m³	按设计图示尺寸以体积计算	1. 预制钢筋混凝土块 2. 装船、驳运、定位沉石 3. 水下铺平石料
040408016	基槽抛铺碎石	1. 工况等级 2. 石料厚度 3. 铺石深度	m³	按设计图示尺寸以体积计算	1. 石料装运 2. 定位抛石 3. 水下铺平石料
040408017	沉管管节浮运	1. 单节管段质量 2. 管段浮运距离	kt·m	按设计图示尺寸和要求以沉管管节质量和浮运距离的复合单位计算	1. 干坞放水 2. 管段起浮定位 3. 管段浮运 4. 加载水箱制作、安装、拆除 5. 系缆柱制作、安装、拆除
040408018	管段沉放连接	1. 单节管段重量 2. 管段下沉深度	节	按设计图示数量计算	1. 管段定位 2. 管段压水下沉 3. 管段端面对接 4. 管段拉合
040408019	砂肋软体排覆盖	1. 材料品种 2. 规格	m²	按设计图示尺寸以沉管顶面积加侧面外表面积计算	水下覆盖软体排
040408020	沉管水下压石	1. 材料品种 2. 规格	m³	按设计图示尺寸以顶、侧压石的体积计算	1. 装石船开收工 2. 定位抛石、卸石 3. 水下铺石
040408021	沉管接缝处理	1. 接缝连接形式 2. 接缝长度	条	按设计图示数量计算	1. 接缝拉合 2. 安装止水带 3. 安装止水钢板 4. 混凝土浇筑
040408022	沉管底部压浆固封充填	1. 压浆材料 2. 压浆要求	m³	按设计图示尺寸以体积计算	1. 制浆 2. 管底压浆 3. 封孔

8.2.2　隧道工程工程量清单项目说明

1. 隧道岩石开挖工程

(1)隧道岩石开挖共 4 个清单项目,适用于岩石隧道开挖。

(2)岩石隧道开挖分为平洞、斜洞、竖井和地沟开挖。平洞指隧道轴线与水平线之间的夹角在 5°以内的;斜洞指隧道轴线与水平线之间的夹角在 5°～30°的;竖井指隧道轴线与水平线垂直的;地沟开挖指隧道内地沟的开挖部分。隧道开挖的工程内容包括:开挖、临时支护、施工排水、弃渣的洞内运输外运弃置等全部内容。清单工程量按设计图示尺寸以体积计算,超挖部分由投标者自行考虑在组价内。是采用光面爆破还是一般爆破,除招标文件另有规定外,均由投标者自行决定。

(3)岩石隧道适用于镇、管辖范围内,新建和扩建的各种车行隧道,人行隧道及电缆隧道等,但不适用于岩石层的地铁隧道。

(4)岩石隧道部分模板钢筋含量(每 10 m³ 混凝土)按相关规定计取。

2. 岩石隧道衬砌工程

(1)岩石隧道衬砌共 15 个清单项目,用于岩石隧道的衬砌。

(2)岩石隧道衬砌包括混凝土衬砌和块料衬砌,按拱部、边墙、竖井、沟道分别列项。清单工程量按设计图示尺寸计算,如设计要求超挖回填部分要以与衬砌同质混凝土来回填的,则这部分回填量由投标者在组价中考虑。如超挖回填设计用浆砌块石和干砌块石回填的,则按设计要求另列清单项目,其清单工程量按设计的回填量以体积计算。

(3)岩石隧道衬砌各种衬砌形式的模板与混凝土接触面积按相关规定计取。

3. 盾构掘进工程

(1)盾构掘进共 9 个清单项目,用于软土地层采用盾构法掘进的隧道。

(2)盾构法施工中管线路年折旧率见表 8.36。

表 8.36　管线路年折旧率

材料	轨道	轨枕	进出水管	风管	自来水管	支架	栏杆	走道板
折旧率	0.167	0.20	0.25	0.333	0.667	0.667	0.667	

(3)盾构法施工中,进出水管、风管、轨道、轨枕、支架、走道板、栏杆用量见表 8.37。

表 8.37　材料用量表　　　　　　　　　　　　　　　　单位:kg/m

项目	轨道双根	轨枕	进出水管	风管	走道板	支架	栏杆	自来水管
盾构掘进	36.40	16.90	47.60	38.90	21.10	12.00	2.76	11.96

4. 管节顶升、旁通道工程

(1)管节顶升、旁通道共 8 个清单项目,用于采用顶升法掘竖井和主隧道之间连通的旁通道。

(2)预制管节制作混凝土已包括内模摊销费及管节制成后的外壁涂料。管节中的钢筋已归入顶升钢壳制作的子目中。

(3)阴极保护安装不包括恒电位仪、阳极、参比电极的原值。

5. 隧道沉井工程

(1)隧道沉井,共 6 个清单项目。主要用于盾构机吊入、吊出口和沉管隧道两岸连接部分。

(2)隧道沉井的井壁清单工程量按设计尺寸以体积计算。工程内容包括制作沉井的砂垫层、刃脚混凝土垫层、刃脚混凝土浇筑、井壁混凝土浇筑、框架混凝土浇筑、养护等全部内容。

根据隧道沉井施工流程图设置清单项目以及所包含的内容(虚线框为清单项目范围及包括的主要内容)来编制工程量清单项目表,并应按照其所包括的工程内容进行工程量清单综合单价分析及计价,如图 8.1 所示。

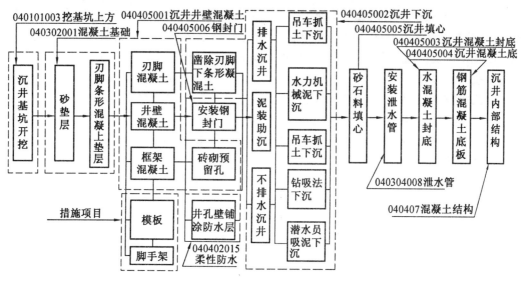

图 8.1　隧道沉井施工流程图

6. 地下连续墙工程

(1)地下连续墙共 4 个清单项目,主要是用于深基坑开挖的施工围护,一般都有设计图和要求,多用于地铁车站和大型高层建筑物地下室施工的围护。

(2)地下连续墙的清单工程量按设计的长度乘厚度乘深度以体积计算。工程内容包括导墙制作拆除、挖方成槽、锁口管吊拔、混凝土浇筑、养护、土石方场外运输等全部内容。

根据地下连续墙施工流程图来设置清单项目和包括的工程内容,来编制清单项目表和其所包含的工程内容进行工程量清单综合单价分析,如图 8.2 所示。

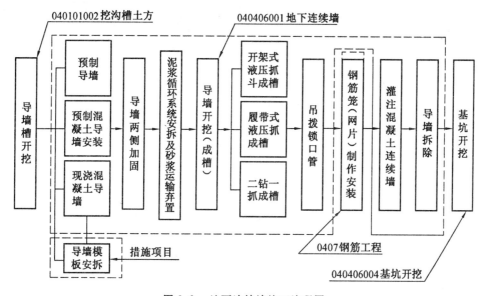

图 8.2　地下连续墙施工流程图

7. 混凝土结构工程

(1)混凝土结构共 14 个清单项目,用于城市道路隧道内的混凝土结构。

（2）混凝土结构中的钢筋单列项目，以重量为计量单位。施工用筋量按不同部位取定，一般控制在 2% 以内，钢筋不考虑除锈，设计图纸已注明的钢筋接头按图纸规定计算，设计图纸未说明的通长钢筋，$\phi25$ 以内的按 8 m 长计算一个接头，$\phi25$ 以上的按 6 m 长计算一个接头。

8. 沉管隧道工程

（1）沉管隧道工程共 22 个清单项目，用于沉管法建造隧道工程。

（2）沉管隧道是新增加的项目，其实体部分包括沉管的预制、河床基槽开挖、航道疏浚、浮运、沉管、下沉连接、压石稳管等，且均设立了相应的清单项目。但预制沉管的预制场地没有列清单项目，一般用干坞（相当于船厂的船坞）或船台来作为预制场地，这是属于施工手段和方法的一部分，这部分可列为措施项目。

8.3　隧道工程工程量计算示例

【示例 8.1】

某隧道工程地沟为普通岩石，长 100 m，宽 1.6 m，挖深 1.8 m，采用一般爆破，施工段无地下水，弃渣由人工推车运输至 30 m 的弃渣场，计算其定额工程量。

由《全国统一市政工程预算定额》中的隧道工程隧道开挖与出渣说明可知：如采用一般爆破开挖时，其开挖定额应乘以系数 0.935。

（1）挖开工程量：$1.8 \times 1.6 \times 100 \times 0.935 = 269.28 \ \mathrm{m}^3$

（2）弃渣工程量：269.28 m³

【示例 8.2】

××市隧道工程施工需要锚杆支护，采用楔缝式锚杆，局部支护，钢筋直径为 20 mm，锚杆的具体尺寸如图 8.3 所示，求钢筋用量（采用 Q235 钢筋）。

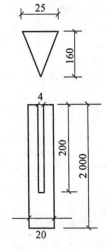

图 8.3　锚杆尺寸图

【解】

（1）清单工程量。

$$m/t = 2.47 \times 2.0 = 4.94 \text{ kg} \approx 0.005$$

一根锚杆的工程量为 0.005 t 清单工程量计算见表 8.38。

表 8.38　清单工程量计算表

项目编码	项目名称	项目特征描述	计量单位	工程量
040402011001	锚杆	直径为 20 mm,长 2.0 mm	t	0.005

(2)定额工程量。

根据隧道内衬工程量计算规则:锚杆按 ϕ22 计算,若实际不同时,做系数调整。对于 ϕ20 的锚杆,调整系数为 1.21。

$$m/t = 2.47 \times 2.0 \times 1.21 = 5.98 \text{ kg} \approx 0.006$$

【示例 8.3】

××隧道工程地下连续墙成槽,所需基坑挖土尺寸如图 8.4 所示,土质为三类土,施工段无地下水。试计算其工程量。

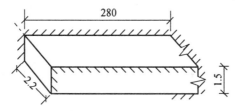

图 8.4　基坑挖土尺寸图 (单位:m)

【解】

(1)清单工程量。

$$V/m^3 = 280 \times 2.2 \times 1.5 = 924.00$$

清单工程量计算见表 8.39。

表 8.39　清单工程量计算表

项目编码	项目名称	项目特征描述	计量单位	工程量
040406004001	基坑挖土	三类土,深度 1 m,宽 1.5 m	m³	924.00

(2)定额工程量。

由地下连续墙工程量计算规则可知:地下连续墙成槽土方量按连续墙设计长度、宽度和槽深(超加深 0.5 m)计算。

$$280 \times 2.2 \times (1.5 + 0.5) = 1\ 232.00$$

【示例 8.4】

A 市某道路隧道长 150 m,洞口桩号为 3+300 和 3+450,其中 3+320~0+370 段岩石为普坚石,此段隧道的设计断面如下图 8.5 所示,设计开挖断面积为 66.67 m²,拱部衬砌断面积为 10.17 m²。边墙厚为 600 mm,混凝土强度等级为 C20,边墙断面积为 3.638 m²。设计要求主洞超挖部分必须用与衬砌同强度等级混凝土充填,招标文件要求开挖出的废渣运至距洞口 900 m 处弃场弃置(两洞口外 900 m 处均有弃置场地)。现根据上述条件编制隧道 0+320~0+370 段的隧道开挖和衬砌工程量清单项目。

【解】

1. 工程量清单编制

(1)计算清单工程量。

1)平洞开挖清单工程量计算:66.67×50＝3 333.50 m³

2)衬砌清单工程量计算:

拱部:10.17×50＝508.50 m³

边墙:3.36×50＝168.00 m³

(2)工程量清单表见表 8.40。

表 8.40　分部分项工程量清单与计价表

工程名称:A 市某道路工程　　　　　　标段:0＋320～0＋370　　　　　　第　页　共　页

序号	项目编号	项目名称	项目特征描述	计量单位	工程数量	金额/元		
						综合单价	合价	其中:暂估价
1	040401001001	平洞开挖	普坚石,设计断面 66.67 m²	m³	3 333.50			
2	040402001001	混凝土拱部衬砌	拱顶厚 60 cm,C20 混凝土	m³	508.50			
3	040402002001	混凝土边墙衬砌	厚 60 cm,C20 混凝土	m³	168.00			
			本页小计					
			合计					

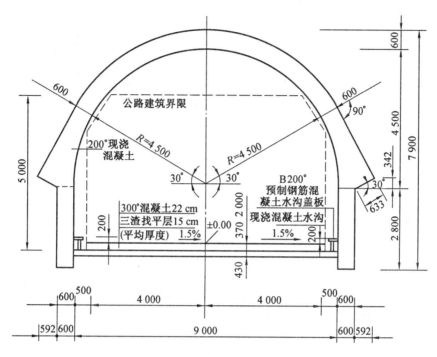

图 8.5　隧道洞口断面

2. 工程量清单计价

(1)施工方案。

现根据招标文件及设计图和工程量清单表作综合单价分析：

1)从工程地质图和以前进洞 20 m 已开挖的主洞看,石岩比较好,拟用光面爆破,全断面开挖。

2)衬砌采用先拱后墙法施工,对已开挖的主洞及时衬砌,减少岩面曝露时间,以利安全。

3)出渣运输用挖掘机装渣,自卸汽车运输。模板采用钢模板、钢模架。

(2)施工工程量的计算。

1)主洞开挖量计算。设计开挖断面积为 66.67 m²,超挖断面积为 3.26 m²,施工开挖量为(66.67+3.26)×50=3 496.50 m³。

2)拱部混凝土量计算。拱部设计衬砌断面为 10.17 m²,超挖充填混凝土断面积为 2.58 m²,拱部施工衬砌量为(10.17+2.58)×50=637.50 m³。

3)边墙衬砌量计算。边墙设计断面积为 3.36 m²,超挖充填断面积为 0.68 m²,边样施工衬砌量为(3.36+0.68)×50=202.00 m³。

(3)参照定额及管理费、利润的取定。

1)定额拟按全国市政工程预算考虑。

2)管理费按直接费的 10%考虑,利润按直接费的 5%考虑。

3)根据上述考虑作如下综合单价分析(见"工程量清单综合单价计分析表"表 8.41~表 8.43)。分部分项工程量清单与计价表见表 8.44。

表 8.41　工程量清单综合单价分析表

工程名称:A市某道路工程　　　　标段:0+320~0+370　　　　第　页　共　页

项目编码	040401001001	项目名称	平洞开挖(普坚石,设计断面66.67 m²)	计量单位		m²

清单综合单价组成明细

定额编号	定额名称	定额单位	数量	单价/元				合价/元			
				人工费	材料费	机械费	管理费和利润	人工费	材料费	机械费	管理费和利润
4-20	平洞全断面开挖用光面爆破	100 m³	0.01	999.69	669.96	1 974.31	551.09	10.0	6.70	1.97	5.51
4-54	平洞出渣	100 m³	0.01	25.17	—	1 804.55	274.46	0.25	—	1.80	2.75
人工单价			小计					10.25	6.70	3.77	8.26
22.47元/工日			未计价材料费								
清单项目综合单价								28.98			

材料费明细	主要材料名称、规格、型号		单位	数量	单价/元	合价/元	暂估单价/元	暂估合价/元
	其他材料费					—		—
	材料费小计					—		—

注:"数量"栏为"投标方工程量÷招标方工程量÷定额单位数量",如"0.01"为"3 496.5÷3 333.5÷100"。

表 8.42　工程量清单综合单价分析表

工程名称:A 市某道路工程　　　　　　　　标段:0+320~0+370　　　　　第 页 共 页

项目编码	040401001001		项目名称	混凝土拱部衬砌(拱顶厚 60 cm,C20 混凝土)		计量单位		10m³

清单综合单价组成明细

定额编号	定额名称	定额单位	数量	单价/元				合价/元			
				人工费	材料费	机械费	管理费和利润	人工费	材料费	机械费	管理费和利润
4—91	平洞拱部混凝土衬砌	10 m³	0.01	709.15	10.39	137.06	128.49	7.10	0.10	1.37	1.29
人工单价		小计						7.10	0.10	1.37	1.29
22.47 元/工日		未计价材料费									
清单项目综合单价								9.86			

	主要材料名称、规格、型号			单位	数量	单价/元	合价/元	暂估单价/元	暂估合价/元
材料费明细									
	其他材料费					—		—	
	材料费小计					—		—	

注:"数量"栏为"投标方工程量÷招标方工程量÷定额单位数量",如"0.01"为"637.50÷508.5÷100"。

表 8.43　　工程量清单综合单价分析表

工程名称:A 市某道路工程　　　　　　　标段:0＋320～0＋370　　　　　　第　页　共　页

项目编码	040401001001	项目名称	混凝土拱部衬砌(拱顶厚 60 cm,C20 混凝土)	计量单位	m³

清单综合单价组成明细

定额编号	定额名称	定额单位	数量	单价/元				合价/元			
				人工费	材料费	机械费	管理费和利润	人工费	材料费	机械费	管理费和利润
4－109	混凝土边墙衬砌	100 m³	0.01	535.91	9.18	106.14	97.69	5.36	0.09	1.06	0.98
人工单价			小计					5.36	0.09	1.06	0.98
22.47 元/工日			未计价材料费								
清单项目综合单价								7.49			

	主要材料名称、规格、型号		单位	数量	单价/元	合价/元	暂估单价/元	暂估合价/元
材料费明细								
	其他材料费					—		—
	材料费小计					—		—

注:"数量"栏为"投标方工程量÷招标方工程量÷定额单位数量",如"0.01"为"202÷168÷100"。

表 8.44　分部分项工程量清单与计价表

工程名称:A 市某道路工程　　　　　标段:0+320~0+370　　　　　第　页 共　页

序号	项目编号	项目名称	项目特征描述	计量单位	工程数量	金额/元		
						综合单价	合价	其中:暂估价
1	040401001001	平洞开挖	普坚石,设计断面 66.67 m²	m³	3 333.50	28.98	96 604.83	
2	040402001001	混凝土拱部衬砌	拱顶厚 60 cm, C20 混凝土	m³	508.5	9.86	5 013.81	
3	040402002001	混凝土边墙衬砌	厚 60 cm,C20 混凝土	m³	168.00	7.43	1 248.24	
		合计					102 866.88	

8.4　隧道工程工程量计算常用数据

1. 混凝土、钢筋混凝土构件模板、钢筋含量常用数据

岩石隧道部分模板、钢筋含量(每 10m³ 混凝土)见表 8.45。

表 8.45　岩石隧道部分模板、钢筋含量

构筑物名称	混凝土衬砌厚度 /cm	接触面积 /m²	含钢筋量/kg	
			φ10 以内	φ10 以上
平洞拱跨跨径 10 m 以内	30~50	23.81	185	431
平洞拱跨跨径 10 m 以内	50~80	15.51	154	359
平洞拱跨跨径 10 m 以内	80 以上	9.99	123	287
平洞拱跨跨径 10 m 以上	30~50	24.09	62	544
平洞拱跨跨径 10 m 以上	50~80	15.82	51	462
平洞拱跨跨径 10 m 以上	80 以上	10.32	41	369
平洞边墙	30~50	24.55	101	410
平洞边墙	50~80	17.33	82	328
平洞边墙	80 以上	12.01	62	246
斜井拱跨跨径 10 m 以内	30~50	26.19	198	461
斜井拱跨跨径 10 m 以内	50~80	17.06	165	384
斜井边墙	30~50	27.01	108	439
斜井边墙	50~80	18.84	88	351
竖井	15~25	46.69	—	359
竖井	25~35	30.22	—	462
竖井	35~45	23.12	—	564

注:表中模板、钢筋含量仅供参考编制预算时,应按施工图纸计算相应的模板接触面积和钢筋使用量。

2. 混凝土、砌筑砂浆配合比常用数据

泵送商品混凝土配合比见表 8.46。

表 8.46　泵送商品混凝土配合比表　　　　　　　单位：m³

项　目	单　位	碎石（最大粒径：15 mm）				
		混凝土强度等级				
		C20	C25	C30	C35	C40
425# 水泥（32.5级）	kg	409	466	—	—	—
525# 水泥（42.5级）	kg	—	—	445	498	—
625# 水泥（52.5级）	kg	—	—	—	—	473
木　钙	kg	1.02	1.17	1.11	1.25	1.18
中　砂	kg	819	793	802	778	790
5～15 碎石	kg	1 029	963	1 008	978	923
水	kg	230	230	230	230	230

项　目	单　位	碎石（最大粒径：25 mm）				
		混凝土强度等级				
		C20	C25	C30	C35	C40
425# 水泥（32.5级）	kg	376	429	479	—	—
525# 水泥（42.5级）	kg	—	—	458	500	—
木　钙	kg	0.94	1.07	1.20	1.15	1.25
中　砂	kg	881	856	832	842	822
5～15 碎石	kg	1 021	992	964	976	953
水	kg	210	210	210	210	210

项　目	单　位	碎石（最大粒径：40 mm）				
		混凝土强度等级				
		C20	C25	C30	C35	C40
425# 水泥（32.5级）	kg	351	400	446	—	—
525# 水泥（42.5级）	kg	—	—	427	466	—
木　钙	kg	0.88	1.00	1.12	1.07	1.16
中　砂	kg	940	916	893	902	883
5～40 碎石	kg	1 005	979	954	965	944
水	kg	190	190	190	190	190

3. 隧道工程中各种使用材料的损耗率

各种材料损耗率表见表 8.47。

表 8.47　各种材料损耗率表

材料名称	损耗率/%	材料名称	损耗率/%	材料名称	损耗率/%	材料名称	损耗率/%
水泥	2	木模板	4	木钙	5	帘布橡胶条	2.5
黄砂	3	水玻璃	5	环氧沥青漆	2.5	聚氯乙烯板	2
碎石	2	混凝土管片	1	防锈漆	2.5	硬泡沫塑料板	5
道渣	2	机油	5	乳胶漆	3	塑料板	3
石灰膏	1	柴油	5	环氧树脂	5	胶粉油毡衬垫	2.5
块石	4	汽油	4	胶粘剂	4	橡胶止水带	5
膨润土	15	牛油	15	外加剂	5	氯丁橡胶	2.5
触变泥浆	3	氧气	10	外掺剂	5	聚氨酯浆材	4
机砖	3	乙炔	10	乳胶水泥	3	氯丁橡胶条	3
锯材	5	电	5	聚硫密封胶	5	粉煤灰	5
枕木	4	水	5	环氧密封胶	5	煤	8
钢筋 10 以内	2.5	钢轨	2	铁丝	3	电焊条	10
钢筋 10 以外	4	铸铁管	1	管堵	2.5	不锈钢焊条	12
中厚钢板	6	钢板网	5	外接头	2.5	钢丝绳	2.5
钢板连接用		管片连接螺栓	3	铜接头	2.5	炭精棒	10
型钢	6	钢栓	2	压浆孔螺钉	2.5	钢轨枕	2.5
焊接钢管	2	钢模加工	25	举重臂螺钉	2.5	钢封门	4
无缝钢管	2.5	钢管片加工	15	铁件	1.5	电缆	5
高强钢丝	11	圆钉	2	促进剂	3	橡胶板	3
橡胶管	2.5	不锈钢板	25	表面滑性剂	2.5	电池硫酸	2.5
塑料注浆阀管	5	导向铝管	12	塑料测斜管	10	屏蔽线	5

4. 隧道工程机械台班幅度差

机械台班幅度差见表 8.48。

表 8.48　机械台班幅度差

机械种类	台班幅度差	机械种类	台班幅度差	机械种类	台班幅度差
盾构掘进机	1.30	灰浆搅拌机	1.33	沉井钻吸机组	1.33
履带式推土机	1.25	混凝土输送泵车	1.33	反循环钻机	1.25
履带式挖掘机	1.33	混凝土输送泵	1.50	超声波测壁机	1.43
压路机	1.33	振动器	1.33	泥浆制作循环设备	1.33
夯实机	1.33	钢筋加工机	1.30	液压钻机	1.43
装载机	1.25	木工加工机	1.30	液压注浆泵	1.25
履带式起重机	1.30	金属加工机械	1.43	垂直顶升设备	1.25
汽车式起重机	1.25	电动离心泵	1.30	轴流风机	1.25
龙门式起重机	1.30	泥浆泵	1.30	电瓶车	1.25
桅杆式起重机	1.20	潜水泵	1.30	轨道平车	1.25
载重汽车	1.25	电焊机	1.30	整流充电机	1.25
自卸汽车	1.25	对焊机	1.30	工业锅炉	1.33
电动卷扬机	1.30	电动空压机	1.25	潜水设备	1.66
混凝土搅拌机	1.33	履带式液压成槽机	1.33	旋喷桩机	1.33

第9章 市政管网工程工程量计算

9.1 市政管网工程全统市政定额工程量计算规则

9.1.1 市政管网工程预算定额的一般规定

1.定额说明

(1)给水工程。

1)管道安装。

①管道安装定额内容包括铸铁管、混凝土管、塑料管安装,铸铁管及钢管新旧管连接,管道试压,消毒冲洗。

②管道安装定额管节长度是综合取定的,实际不同时,不做调整。

③套管内的管道铺设按相应的管道安装人工、机械乘以系数1.2。

④混凝土管安装不需要接口时,按第六册"排水工程"相应定额执行。

⑤给水工程定额给定的消毒冲洗水量,如水质达不到饮用水标准,水量不足时,可按实调整,其他不变。

⑥新旧管线连接项目所指的管径是指新旧管中最大的管径。

⑦管道安装定额不包括以下内容:

a.管道试压、消毒冲洗、新旧管道连接的排水工作内容,按批准的施工组织设计另计。

b.新旧管连接所需的工作坑及工作坑垫层、抹灰,马鞍卡子、盲板安装,工作坑及工作坑垫层、抹灰执行第六册"排水工程"有关定额,马鞍卡子、盲板安装执行给水工程有关定额。

2)管道内防腐。

①管道内防腐定额内容包括铸铁管、钢管的地面离心机械内涂防腐、人工内涂防腐。

②地面防腐综合考虑了现场和场内集中防腐两种施工方法。

③管道的外防腐执行《全国统一安装工程预算定额》的有关定额。

3)管道附属构筑物。

①管道附属构筑物定额内容包括砖砌圆形阀门井、砖砌矩形卧式阀门井、砖砌矩形水表井、消火栓井、圆形排泥湿井、管道支墩工程。

②砖砌圆形阀门井是按《给水排水标准图集》S143、砖砌矩形卧式阀门井按《给水排水标准图集》S144、砖砌矩形水表井按《给水排水标准图集》S145、消火栓井按《给水排水标准图集》S162、圆形排泥湿井按《给水排水标准图集》S146编制的,且全部按无地下水考虑。

③管道附属构筑物定额所指的井深是指垫层顶面至铸铁井盖顶面的距离。井深大于

1.5 m 时，应按第六册"排水工程"有关项目计取脚手架搭拆费。

④管道附属构筑物定额是按普通铸铁井盖、井座考虑的，如设计要求采用球墨铸铁井盖、井座，其材料预算价格可以换算，其他不变。

⑤排气阀井，可套用阀门井的相应定额。

⑥矩形卧式阀门井筒每增 0.2 m 定额，包括 2 个井筒同时增 0.2 m。

⑦管道附属构筑物定额不包括以下内容：

a. 模板安装拆除、钢筋制作安装。如发生时，执行第六册"排水工程"有关定额。

b. 预制盖板、成型钢筋的场外运输。如发生时，执行第一册"通用项目"有关定额。

c. 圆形排泥湿井的进水管、溢流管的安装。执行"给水工程"有关定额。

4）管件安装。

①管件安装定额内容包括铸铁管件、承插式预应力混凝土转换件、塑料管件、分水栓、马鞍卡子、二合三通、铸铁穿墙管、水表安装。

②铸铁管件安装适用于铸铁三通、弯头、套管、乙字管、渐缩管、短管的安装，并综合考虑了承口、插口、带盘的接口，与盘连接的阀门或法兰应另计。

③铸铁管件安装（胶圈接口）也适用于球墨铸铁管件的安装。

④马鞍卡子安装所列直径是指主管直径。

⑤法兰式水表组成与安装定额内无缝钢管、焊接弯头所采用壁厚与设计不同时，允许调整其材料预算价格，其他不变。

⑥管件安装定额不包括以下内容：

a. 与马鞍卡子相连的阀门安装，执行第七册"燃气与集中供热工程"有关定额。

b. 分水栓、马鞍卡子、二合三通安装的排水内容，应按批准的"施工组织设计"另计。

5）取水工程。

①取水工程定额内容包括大口井内套管安装、辐射井管安装、钢筋混凝土渗渠管制作安装、渗渠滤料填充。

②大口井内套管安装。

a. 大口井套管为井底封闭套管，按法兰套管全封闭接口考虑。

b. 大口井底作反滤层时，执行渗渠滤料填充项目。

③取水工程定额不包括以下内容，如发生时，按以下规定执行：

a. 辐射井管的防腐，执行《全国统一安装工程预算定额》有关定额。

b. 模板制作安装拆除、钢筋制作安装、沉井工程，如发生时，执行第六册"排水工程"有关定额。其中渗渠制作的模板安装拆除人工按相应项目乘以系数 1.2。

c. 土石方开挖、回填，脚手架搭拆，围堰工程执行第一册"通用项目"有关定额。

d. 船上打桩及桩的制作，执行第三册"桥涵工程"有关项目。

e. 水下管线铺设，执行第七册"燃气与集中供热工程"有关项目。

（2）排水工程。

1）定型混凝土管道基础及铺设。

①定型混凝土管道基础及铺设定额包括混凝土管道基础、管道铺设、管道接口、闭水试验、管道出水口，是依(1996)《给水排水标准图集》合订本 S2 计算的。适用于市政工程

雨水、污水及合流混凝土排水管道工程。

②D300～D700 mm 混凝土管铺设分为人工下管和人机配合下管,D800～D2 400 mm 为人机配合下管。

③如在无基础的槽内铺设管道,其人工、机械乘以系数 1.18。如遇有特殊情况,必须在支撑下串管铺设,人工、机械乘以系数 1.33。若在枕基上铺设缸瓦(陶土)管,人工乘以系数 1.18。

④自(预)应力混凝土管胶圈接口采用给水册的相应定额项目。

⑤实际管座角度与定额不同时,采用非定型管座定额项目。企口管的膨胀水泥砂浆接口和石棉水泥接口适于 360°,其他接口均是按管座 120°和 180°列项的。如管座角度不同,按相应材质的接口做法,以管道接口调整表进行调整(见表 9.1)。

表 9.1 管道接口调整表

序号	项目名称	实做角度	调整基数或材料	调整系数
1	水泥砂浆抹带接口	90°	120°定额基价	1.330
2	水泥砂浆抹带接口	135°	120°定额基价	0.890
3	钢丝网水泥砂浆抹带接口	90°	120°定额基价	1.330
4	钢丝网水泥砂浆抹带接口	135°	120°定额基价	0.890
5	企口管膨胀水泥砂浆抹带接口	90°	定额中 1:2 水泥砂浆	0.750
6	企口管膨胀水泥砂浆抹带接口	120°	定额中 1:2 水泥砂浆	0.670
7	企口管膨胀水泥砂浆抹带接口	135°	定额中 1:2 水泥砂浆	0.625
8	企口管膨胀水泥砂浆抹带接口	180°	定额中 1:2 水泥砂浆	0.500
9	企口管石棉水泥接口	90°	定额中 1:2 水泥砂浆	0.750
10	企口管石棉水泥接口	120°	定额中 1:2 水泥砂浆	0.670
11	企口管石棉水泥接口	135°	定额中 1:2 水泥砂浆	0.625
12	企口管石棉水泥接口	180°	定额中 1:2 水泥砂浆	0.500

注:现浇混凝土外套环、变形缝接口,通用于平口、企口管。

⑥定额中的水泥砂浆抹带、钢丝网水泥砂浆接口均不包括内抹口,如设计要求内抹口时,按抹口周长每 100 延米增加水泥砂浆 0.042 m²、人工 9.22 工日计算。

⑦如工程项目的设计要求与本定额所采用的标准图集不同时,执行非定型的相应项目。

⑧定型混凝土管道基础及铺设各项所需模板、钢筋加工,执行"模板、钢筋、井字架工程"的相应项目。

⑨定额中计列了砖砌、石砌一字式、门字式、八字式适用于 D300～D2 400 mm 不同复土厚度的出水口,是按《给排水标准图集》合订本 S2,应对应选用,非定型或材质不同时可执行第一册"通用项目"和"非定型井、渠、管道基础及砌筑"相应项目。

2)定型井。

①定型井包括各种定型的砖砌检查井、收水井,适用于 D700～D2 400 mm 间混凝土雨水、污水及合流管道所设的检查井和收水井。

②各类井是按《给水排水标准图集》S2 编制的,实际设计与定额不同时,执行《全国统一市政工程预算定额》第六册相应项目。

③各类井均为砖砌,如为石砌时,执行《全国统一市政工程预算定额》第六册第三章相应项目。

④各类井只计列了内抹灰,如设计要求外抹灰时,执行《全国统一市政工程预算定额》第六册第三章的相应项目。

⑤各类井的井盖、井座、井算均系按铸铁件计列的,如采用钢筋混凝土预制件,除扣除定额中铸铁件外应按下列规定调整。

a.现场预制,执行《全国统一市政工程预算定额》第六册第三章相应定额。

b.现场集中预制,除按《全国统一市政工程预算定额》第六册第三章相应定额执行外,其运至施工地点的运费可按第一册"通用项目"相应定额另行计算。

⑥混凝土过梁的制、安,当小于 0.04 m³/件时,执行《全国统一市政工程预算定额》第六册第三章小型构件项目;当大于 0.04 m³/件时,执行定型井项目。

⑦各类井预制混凝土构件所需的模板钢筋加工,均执行《全国统一市政工程预算定额》第六册第七章的相应项目。但定额中已包括构件混凝土部分的人、材、机费用,不得重复计算。

⑧各类检查井,当井深大于 1.5 m 时,可视井深、井字架材质执行《全国统一市政工程预算定额》第六册第七章的相应项目。

⑨当井深不同时,除定型井定额中列有增(减)调整项目外,均按《全国统一市政工程预算定额》第六册第三章中井筒砌筑定额进行调整。

⑩如遇三通、四通井,执行非定型井项目。

3)非定型井、渠、管道基础及砌筑

①定额包括非定型井、渠、管道及构筑物垫层、基础,砌筑,抹灰,混凝土构件的制作、安装,检查井筒砌筑等。适用于本册定额各章节非定型的工程项目。

②定额各项目均不包括脚手架,当井深超过 1.5 m,执行《全国统一市政工程预算定额》第六册第七章井字脚手架项目;砌墙高度超过 1.2 m,抹灰高度超过 1.5 m 所需脚手架执行第一册"通用项目"相应定额。

③定额所列各项目所需模板的制、安、拆,钢筋(铁件)的加工均执行《全国统一市政工程预算定额》第六册第七章相应项目。

④收水井的混凝土过梁制作、安装执行小型构件的相应项目。跌水井跌水部位的抹灰,按流槽抹面项目执行。混凝土枕基和管座不分角度均按相应定额执行。干砌、浆砌出水口的平坡、锥坡、翼墙执行第一册"通用项目"相应项目。

⑤定额中、小型构件是指单件体积在 0.04 m³ 以内的构件。凡大于 0.04 m³ 的检查井过梁,执行混凝土过梁制作安装项目。

⑥拱(弧)型混凝土盖板的安装,按相应体积的矩形板定额人工、机械乘以系数 1.15 执行。

⑦定额计列了井内抹灰的子目,如井外壁需要抹灰,砖、石井均按井内侧抹灰项目人工乘以系数 0.8,其他不变。

⑧砖砌检查井的升高,执行检查井筒砌筑相应项目,降低则执行第一册"通用项目"拆除构筑物相应项目。

⑨石砌体均按块石考虑,如采用片石或平石时,块石与砂浆用量分别乘以系数 1.09 和 1.19,其他不变。

⑩给排水构筑物的垫层执行非定型井、渠、管道基础及砌筑定额相应项目,其中人工乘以系数 0.87,其他不变;如构筑物池底混凝土垫层需要找坡时,其中人工不变。现浇混凝土方沟底板,采用渠(管)道基础中平基的相应项目。

4)顶管工程。

①顶管工程包括工作坑土方,人工挖土顶管,挤压顶管,混凝土方(拱)管涵顶进,不同材质不同管径的顶管接口等项目,适用于雨、污水管(涵)以及外套管的不开槽顶管工程项目。

②工作坑垫层、基础执行《全国统一市政工程预算定额》第六册第三章的相应项目,人工乘以系数 1.10,其他不变。如果方(拱)涵管需设滑板和导向装置时,另行计算。

③工作坑挖土方是按土壤类别综合计算的,土壤类别不同,不允许调整。工作坑回填土,视其回填的实际做法,执行第一册"通用项目"的相应项目。工作坑内管(涵)明敷,应根据管径、接口做法执行《全国统一市政工程预算定额》第六册第一章的相应项目,人工、机械乘以系数 1.10,其他不变。

④定额是按无地下水考虑的,如遇地下水时,排(降)水费用按相关定额另行计算。定额中钢板内、外套环接口项目,只适用于设计所要求的永久性管口,顶进中为防止错口,在管内接口处所设置的工具式临时性钢胀圈不得套用。

⑤顶进施工的方(拱)涵断面大于 $4m^2$ 的,按箱涵顶进项目或规定执行。管道顶进项目中的顶镐均为液压自退式,如采用人力顶镐,定额人工乘以系数 1.43;如是人力退顶(回镐),时间定额乘以系数 1.20,其他不变。人工挖土顶管设备、千斤顶,高压油泵台班单价中已包括了安拆及场外运费,执行中不得重复计算。

⑥工作坑如设沉井,其制作、下沉套用给排水构筑物章的相应项目。水力机械顶进定额中,未包括泥浆处理、运输费用,可另计。

⑦单位工程中,管径 $\phi1\,650$ 以内敞开式顶进在 100 m 以内、封闭式顶进(不分管径)在 50 m 以内时,顶进定额中的人工费与机械费乘以系数 1.3。

⑧顶管采用中继间顶进时,顶进定额中的人工费与机械费乘以表 9.2 所列系数分级计算。安拆中继间项目仅适用于敞开式管道顶进。当采用其他顶进方法时,中继间费用允许另计。

表 9.2 中继间顶进

中继间顶进分级	一级顶进	二级顶进	三级顶进	四级顶进	超过四级
人工费、机械费调整系数	1.36	1.64	2.15	2.80	另计

⑨钢套环制作项目以"t"为单位,适用于永久性接口内、外套环,中继间套环,触变泥浆密封套环的制作。

⑩顶管工程中的材料是按 50 m 水平运距、坑边取料考虑的,如因场地等情况取用料水平运距超过 50 m 时,根据超过距离和相应定额另行计算。

5)给排水构筑物。

①定额包括沉井、现浇钢筋混凝土池、预制混凝土构件、折(壁)板、滤料铺设、防水工程、施工缝、井池渗漏试验等项目。

②沉井。

a.沉井工程是按深度 12 m 以内、陆上排水沉井考虑的。水中沉井、陆上水冲法沉井以及离河岸边近的沉井,需要采取地基加固等特殊措施者,可执行第四册"隧道工程"相应项目。

b.沉井下沉项目中已考虑了沉井下沉的纠偏因素,但不包括压重助沉措施,若发生可另行计算。

c.沉井制作不包括外渗剂,若使用外渗剂时可按当地有关规定执行。

③现浇钢筋混凝土池类。

a.池壁遇有附壁柱时,按相应柱定额项目执行,其中人工乘以系数 1.05,其他不变。

b.池壁挑檐是指在池壁上向外出檐作走道板用。池壁牛腿是指池壁上向内出檐以承托池盖用。

c.无梁盖柱包括柱帽及桩座。

d.井字梁、框架梁均执行连续梁项目。

e.混凝土池壁、柱(梁)、池盖是按在地面以上 3.6 m 以内施工考虑的,如超过 3.6 m 者按:

(a)采用卷扬机施工时,每 10 m³ 混凝土增加卷扬机(带塔)和人工见表 9.3。

表 9.3　卷扬机施工

序号	项目名称	增加人工工日	增加卷扬机(带塔)台班
1	池壁、隔墙	8.7	0.59
2	柱、梁	6.1	0.39
3	池盖	6.1	0.39

(b)采用塔式起重机施工时,每 10 m³ 混凝土增加塔式起重机台班,按相应项目中搅拌机台班用量的 50% 计算。

f.池盖定额项目中不包括进入孔,可按《全国统一安装工程预算定额》相应定额执行。

g.格型池壁执行直型池壁相应项目(指厚度)人工乘以系数 1.15,其他不变。

h.悬空落泥斗按落泥斗相应项目人工乘以系数 1.4,其他不变。

④预制混凝土构件。

a.预制混凝土滤板中已包括了所设置预埋件 ABS 塑料滤头的套管用工,不得另计。

b.集水槽若需留孔时,按每 10 个孔增加 0.5 个工日计。

c.除混凝土滤板、铸铁滤板、支墩安装外,其他预制混凝土构件安装均执行异型构件安装项目。

⑤施工缝。

a.各种材质填缝的断面取定见表 9.4。

表 9.4　各种材质填缝断面尺寸

序号	项目名称	断面尺寸/cm
1	建筑油膏、聚氯乙烯胶泥	3×2
2	油浸木丝板	2.5×15
3	紫铜板止水带	展开宽 45
4	氯丁橡胶止水带	展开宽 30
5	其余	15×3

b.如实际设计的施工缝断面与上表不同时,材料用量可以换算,其他不变。

c.各项目的工作内容为:

(a)油浸麻丝:熬制沥青、调配沥青麻丝,填塞。

(b)油浸木丝板:熬制沥青、浸木丝板,嵌缝。

(c)玛蹄脂:熬制玛蹄脂,灌缝。

(d)建筑油膏、沥青砂浆:熬制油膏沥青、拌和沥青砂浆,嵌缝。

(e)贴氯丁橡胶片:清理,用乙酸乙酯洗缝;隔纸,用氯丁胶粘剂贴氯丁橡胶片,最后在氯丁橡胶片上涂胶铺砂。

(f)紫铜板止水带:铜板剪裁、焊接成型,铺设。

(g)聚氯乙烯胶泥:清缝、水泥砂浆勾缝,垫牛皮纸,熬灌取聚氯乙烯胶泥。

(h)预埋止水带:止水带制作、接头及安装。

(i)铁皮盖板:平面埋木砖、钉木条、木条上钉铁皮,立面埋木砖、木砖上钉铁皮。

⑥井、池渗漏试验。

a.井、池渗漏试验容量在 500 m³ 是指井或小型池槽。

b.井、池渗漏试验注水采用电动单级离心清水泵,定额项目中已包括了泵的安装与拆除用工,不得再另计。

c.如构筑物池容量较大,需从一个池子向另一个池注水作渗漏试验采用潜水泵时,其台班单价可以换算,其他均不变。

⑦执行《全国统一市政工程预算定额》第六册其他册或章节的项目。

a.构筑物的垫层执行第三章非定型井、渠砌筑相应项目。

b.构筑物混凝土项目中的钢筋、模板项目执行第七章相应项目。

c.需要搭拆脚手架者,执行第一册"通用项目"相应项目。

d.泵站上部工程以及未包括的建筑工程,执行《全国统一建筑工程基础定额》相应项目。

e.构筑物中的金属构件制作安装,执行《全国统一安装工程预算定额》相应项目。

f.构筑物的防腐、内衬工程金属面,执行《全国统一安装工程预算定额》相应项目,非金属面应执行《全国统一建筑工程基础定额》相应项目。

6)给排水机械设备安装。

①给排水机械设备安装适用于给水厂、排水泵站及污水处理厂新建、扩建建设项目的专用设备安装。通用机械设备安装应套用《全国统一安装工程预算定额》有关专业册的相应项目。

②设备、机具和材料的搬运。

a.设备:包括自安装现场指定堆放地点运到安装地点的水平和垂直搬运。

b.机具和材料:包括施工单位现场仓库运至安装地点的水平和垂直搬运。

c.垂直运输基准面:在室内,以室内地平面为基准面;在室外,以室外安装现场地平面为基准面。

③工作内容。

a.设备、材料及机具的搬运,设备开箱点件、外观检查,配合基础验收,起重机具的领用、搬运、装拆、清洗、退库。

　　b.划线定位,铲麻面、吊装、组装、连接、放置垫铁及地脚螺栓,找正、找平、精平、焊接、固定、灌浆。

　　c.施工及验收规范中规定的调整、试验及无负荷试运转。

　　d.工种间交叉配合的停歇时间、配合质量检查、交工验收,收尾结束工作。

　　e.设备本体带有的物体、机件等附件的安装。

　　④给排水机械设备安装定额除有特别说明外,均未包括下列内容:

　　a.设备、成品、半成品、构件等自安装现场指定堆放点外的搬运工作。

　　b.因场地狭小、有障碍物,沟、坑等所引起的设备、材料、机具等增加的搬运、装拆工作。

　　c.设备基础地脚螺栓孔、预埋件的修整及调整所增加的工作。

　　d.供货设备整机、机件、零件、附件的处理、修补、修改、检修、加工、制作、研磨以及测量等工作。

　　e.非与设备本体联体的附属设备或构件等的安装、制作、刷油、防腐、保温等工作和脚手架搭拆工作。

　　f.设备变速箱、齿轮箱的用油,以及试运转所用的油、水、电等。

　　g.专用垫铁、特殊垫铁、地脚螺栓和产品图纸注明的标准件、紧固件。

　　h.负荷试运转、生产准备试运转工作。

　　⑤定额设备的安装是按无外围护条件下施工考虑的,如在有外围护的施工条件下施工,定额人工及机械应乘以 1.15 的系数,其他不变。

　　⑥定额是按国内大多数施工企业普遍采用的施工方法、机械化程度和合理的劳动组织编制的,除另有说明外,均不得因上述因素有差异而对定额进行调整或换算。

　　⑦一般起重机具的摊销费,执行《全国统一安装工程预算定额》的有关规定。

　　⑧各节有关说明。

　　a.拦污及提水设备。

　　(a)格栅组对的胎具制作,另行计算。

　　(b)格栅制作是按现场加工制作考虑的。

　　b.投药、消毒设备。

　　(a)管式药液混合器,以两节为准,如为三节,乘以系数 1.3。

　　(b)水射器安装以法兰式连接为准,不包括法兰及短管的焊接安装。

　　(c)加氯机为膨胀螺栓固定安装。

　　(d)溶药搅拌设备以混凝土基础为准考虑。

　　c.水处理设备。

　　(a)曝气机以带有公共底座考虑,如无公共底座时,定额基价乘以系数 1.3。如需制作、安装钢制支承平台时,应另行计算。

　　(b)曝气管的分管以闸阀划分为界,包括钻孔、塑料管为成品件,如需粘接和焊接时,可按相应规格项目的定额基价分别乘以系数 1.2 和 1.3。

　　(c)卧式表曝机包括泵(E)型、平板型、倒伞型和 K 型叶轮。

d. 排泥、撇渣及除砂机械。

(a)排泥设备的池底找平由土建负责,如需钳工配合,另行计算。

(b)吸泥机以虹吸式为准,如采用泵吸式,定额基价乘以系数1.3。

e. 污泥脱水机械:设备安装就位的上排、拐弯、下排,定额中均已综合考虑,施工方法与定额不同时,不得调整。

f. 闸门及驱动装置。

(a)铸铁圆闸门包括升杆式和暗杆式,其安装深度按6 m以内考虑。

(b)铸铁方闸门以带门框座为准,其安装深度按6 m以内考虑。

(c)铸铁堰门安装深度按3 m以内考虑。

(d)螺杆启闭机安装深度按手轮式为3 m、手摇式为4.5 m、电动为6 m、汽动为3 m以内考虑。

g. 集水槽、堰板制作安装及其他。

(a)集水槽制作安装。

a)集水槽制作项目中已包括了钻孔或铣孔的用工和机械,执行时,不得再另计。

b)碳钢集水槽制作和安装中已包括了除锈和刷一遍防锈漆、二遍调和漆的人工和材料,不得再另计除锈刷油费用。但如果油漆种类不同,油漆的单价可以换算,其他不变。

(b)堰板制作安装。

a)碳钢、不锈钢矩形堰执行齿型堰相应项目,其中人工乘以系数0.6,其他不变。

b)金属齿型堰板安装方法是按有连接板考虑的,非金属堰板安装方法是按无连接板考虑的,如实际安装方法不同,定额不做调整。

c)金属堰板安装项目,是按碳钢考虑的,不锈钢堰板按金属堰板安装相应项目基价乘以系数1.2,主材另计,其他不变。

d)非金属堰板安装项目适用于玻璃钢和塑料堰板。

(c)穿孔管、穿孔板钻孔。

a)穿孔管钻孔项目适用于水厂的穿孔配水管、穿孔排泥管等各种材质管的钻孔。

b)其工作内容包括:切管、划线、钻孔、场内材料运输。穿孔管的对接、安装应另按有关项目计算。

(d)斜板、斜管安装。

a)斜板安装定额是按成品考虑的,其内容包括固定、螺栓连接等,不包括斜板的加工制作费用。

b)聚丙烯斜管安装定额是按成品考虑的,其内容包括铺装、固定、安装等。

7)模板、钢筋、井字架。

①模板、钢筋、井字架工程定额包括现浇、预制混凝土工程所用不同材质模板的制、安、拆、钢筋、铁件的加工制作,井字脚手架等项目,适用于排水工程定额及第五册"给水工程"中的第四章管道附属构筑物和第五章取水工程。

②模板是分别按钢模钢撑、复合木模木撑、木模木撑区分不同材质分别列项的,其中钢模模数差部分采用木模。定额中现浇、预制项目中,均已包括了钢筋垫块或第一层底浆的工、料,及看模工日,套用时不得重复计算。预制构件模板中不包括地、胎模,需设置者,

土地模可按第一册"通用项目"平整场地的相应项目执行;水泥砂浆、混凝土砖地、胎模可按第三册"桥涵工程"的相应项目执行。

③模板安拆以槽(坑)深 3 m 为准,超过 3 m 时,人工增加系数 8%,其他不变。现浇混凝土梁、板、柱、墙的模板,支模高度是按 3.6 m 考虑的;超过 3.6 m 时,超过部分的工程量另按超高的项目执行。模板的预留洞,按水平投影面积计算,小于 0.3 m² 者:圆形洞每 10 个增加 0.72 工日;方形洞每 10 个增加 0.62 工日。

④小型构件是指单件体积在 0.04 m³ 以内的构件;地沟盖板项目适用于单块体积在 0.3 m³ 内的矩形板;井盖项目适用于井口盖板,井室盖板按矩形板项目执行,预留口按第七条规定执行。

⑤钢筋加工定额是按现浇、预制混凝土构件、预应力钢筋分别列项的,工作内容包括加工制作、绑扎(焊接)成型、安放及浇捣混凝土时的维护用工等全部工作,除另有说明外均不允许调整。

⑥各项目中的钢筋规格是综合计算的,子目中的×× 以内是指主筋最大规格,凡小于 10 的构造均执行 φ10 以内子目。

⑦定额中非预应力钢筋加工,现浇混凝土构件是按手工绑扎,预制混凝土构件是按手工绑扎、点焊综合计算的,加工操作方法不同不予调整。

⑧钢筋加工中的钢筋接头、施工损耗,绑扎铁线及成型点焊和接头用的焊条均已包括在定额内,不得重复计算。预制构件钢筋,如用不同直径钢筋点焊在一起时,按直径最小的定额计算,如粗细筋直径比在 2 倍以上时,其人工增加系数 25%。后张法钢筋的锚固是按钢筋绑条焊、U 型插垫编制的,如采用其他方法锚固,应另行计算。

⑨定额中已综合考虑了先张法张拉台座及其相应的夹具、承力架等合理的周转摊销费用,不得重复计算。非预应力钢筋不包括冷加工,如设计要求冷加工时,另行计算。

⑩下列构件钢筋、人工和机械增加系数见表 9.5。

表 9.5　构件钢筋人工和机械增加系数表

项　目	计算基数	现浇构件钢筋	构筑物钢筋		
		小型构件	小型池槽	矩形	圆形
增加系数	人工机械	100%	152%	25%	50%

(3)燃气与集中供热工程。

1)管道安装。

关于管道安装的说明如下:

①管道安装包括碳钢管、直埋式预制保温管、碳素钢板卷管、铸铁管(机械接口)、塑料管以及套管内铺设钢板卷管和铸铁管(机械接口)等各种管道安装。

②管道安装工作内容除各节另有说明外,均包括沿沟排管、50 mm 以内的清沟底、外观检查及清扫管材。

③新旧管道带气接头未列项目,各地区可按燃气管理条例和施工组织设计以实际发生的人工、材料、机械台班的耗用量和煤气管理部门收取的费用进行结算。

2)管件制作、安装。

①管件制作、安装定额包括碳钢管件制作、安装，铸铁管件安装、盲(堵)板安装、钢塑过渡接头安装，防雨环帽制作与安装等。

②异径管安装以大口径为准，长度综合取定。

③中频煨弯不包括煨制时胎具更换。

④挖眼接管加强筋已在定额中综合考虑。

3)法兰阀门安装。

①法兰阀门安装包括法兰安装，阀门安装，阀门解体、检查、清洗、研磨，阀门水压试验、操纵装置安装等。

②电动阀门安装不包括电动机的安装。

③阀门解体、检查和研磨，已包括一次试压，均按实际发生的数量，按相应项目执行。

④阀门压力试验介质是按水考虑的，如设计要求其他介质，可按实调整。

⑤定额内垫片均按橡胶石棉板考虑的，如垫片材质与实际不符时，可按实调整。

⑥各种法兰、阀门安装，定额中只包括一个垫片，不包括螺栓使用量，螺栓用量参考下文本书中表 9.38、表 9.39。

⑦中压法兰、阀门安装执行低压相应项目，其人工乘以系数 1.2。

4)燃气用设备安装。

①燃气用设备安装定额包括凝水缸制作、安装，调压器安装，过滤器、萘油分离器安装，安全水封、检漏管安装，煤气调长器安装。

②凝水缸安装。

a.碳钢、铸铁凝水缸安装如使用成品头部装置时，只允许调整材料费，其他不变。

b.碳钢凝水缸安装未包括缸体、套管、抽水管的刷油、防腐，应按不同设计要求另行套用其他定额相应项目计算。

③各种调压器安装。

a.雷诺式调压器、T 型调压器(TMJ、TMZ)安装是指调压器成品安装，调压站内组装的各种管道、管件、各种阀门根据不同设计要求，执行燃气用设备安装定额的相应项目另行计算。

b.各类型调压器安装均不包括过滤器、萘油分离器(脱萘筒)、安全放散装置(包括水封)安装，发生时，可执行燃气用设备安装定额相应项目另行计算。

c.燃气用设备安装定额过滤器、萘油分离器均按成品件考虑。

④检漏管安装是按在套管上钻眼攻丝安装考虑的，已包括小井砌筑。

⑤煤气调长器是按焊接法兰考虑的，如采用直接对焊时，应减去法兰安装用材料，其他不变。

⑥煤气调长器是按三波考虑的，如安装三波以上者，其人工乘以系数 1.33，其他不变。

5)集中供热用容器具安装。

①碳钢波纹补偿器是按焊接法兰考虑的，如直接焊接时，应减掉法兰安装用材料，其他不变。

②法兰用螺栓按法兰阀门安装螺栓用量表选用。

6)管道试压、吹扫。

①管道试压、吹扫包括管道强度试验、气密性试验、管道吹扫、管道总试压、牺牲阳极和测试桩安装等。

②强度试验、气密性试验、管道总试压。

a.管道压力试验,不分材质和作业环境均执行管道试压、吹扫。试压水如需加温,热源费用及排水设施另行计算。

b.强度试验、气密性试验项目,均包括了一次试压的人工、材料和机械台班的耗用量。

c.液压试验是按普通水考虑的,如试压介质有特殊要求,介质可按实调整。

2.有关数据的取定

(1)给水工程。

1)人工定额的取定。

①定额人工工日不分工种、技术等级一律以综合工日表示。

综合工日＝基本用工＋超运距用工＋人工幅度差＋辅助用工。

②水平运距综合取定 150 m,超运距 150－50＝100 m。

③人工幅度差＝(基本用工＋超运距用工)×10%。

2)材料定额的取定。

①主要材料净用量按现行规范、标准(通用)图集重新计算取定,对于影响不大,原定额的净用量比较合适的材料,未作变动。

②损耗率按建设部(96)建标经字第 47 号文件的规定计算。

3)机械定额的取定。

①凡是以台班产量定额为基础计算台班消耗量,均计入了机械幅度差。

②凡是以班组产量计算的机械台班消耗量,均不考虑幅度差。

4)有关问题的说明。

①所有电焊条的项目,均考虑了电焊条烘干箱烘干电焊条的费用。

②管件安装经过典型工程测算,综合取定每一件含 2.3 个口(其中铸件管件含 0.3 个盘),简化了定额套用。

③套用机械作业的劳动定额项目,凡劳动定额包括司机的项目,均已扣除了司机工日。

④取水工程项目均按无外围护考虑,经测算在全国统一市政劳动定额基础上乘以折减系数 0.87。

⑤安装管件配备的机械规格与安装直管配备的机械规格相同。

(2)排水工程。

1)人工定额的取定。

①定额人工工日不分工种、技术等级一律以综合工日表示。

综合工日＝基本用工＋超运距用工＋人工幅度差＋辅助用工。

②水平运距综合取定 150 m,超运距 100 m。

③人工幅度差＝(基本用工＋超运距用工)×10%。

2)材料定额的取定。

①主要材料净用量按先行规范、标准(通用)图集重新计算取定,对影响不大的原定额净用量比较合适的材料未作变动。

②材料损耗率按建设部(96)建标经字第47号文件的规定取定。

3)机械定额的取定。

①凡以台班产量定额为基础计算的台班消耗量,均按建设部的规定计入了幅度差。

②凡以班组产量计算的机械台班消耗量,均不考虑幅度差。

(3)燃气与集中供热工程。

有关数据的取定如下:

1)人工定额的取定。

①燃气与集中供热工程定额人工以《全国统一市政工程劳动定额》、《全国统一安装工程基础定额》为编制依据。人工工日包括基本用工和其他用工,定额人工工日不分工种、技术等级一律以综合工日表示。

②水平运距综合取定150 m,超运距100 m。

③人工幅度差＝(基本用工＋超运距用工)×10％。

2)材料定额的取定。

①主要材料净用量按先行规范、标准(通用)图集重新计算取定,对影响不大,原定额的净用量比较合适的材料未作变动。

②材料损耗率按建设部(96)建标经字第47号文件的规定不足部分意见作补充。

3)机械定额的取定。

①凡以台班产量定额为基础计算台班消耗量的,均计入了幅度差,套用基础定额的项目未加机械幅度差。幅度差的取定按建设部47号文件的规定。

②定额的施工机械台班是按正常合理机械配备和大多数施工企业的机械化程度综合取定的,实际与定额不一致时,除定额中另有说明外,均不得调整。

9.1.2　市政管网工程预算定额工程量计算规则

1.给水工程

(1)管道安装。

1)管道安装均按施工图中心线的长度计算(支管长度从主管中心开始计算到支管末端交接处的中心),管件、阀门所占长度已在管道施工损耗中综合考虑,计算工程量时均不扣除其所占长度。

2)管道安装均不包括管件(指三通、弯头、异径管)、阀门的安装,管件安装执行给水工程有关定额。

3)如有新旧管连接时,管道安装工程量计算到碰头的阀门处,但阀门及与阀门相连的承(插)盘短管、法兰盘的安装均包括在新旧管连接定额内,不再另计。

(2)管道内防腐。

管道内防腐按施工图中心线长度计算,计算工程量时不扣除管件、阀门所占的长度,但管件、阀门的内防腐也不另行计算。

（3）管道附属构筑物。

1）各种井均按施工图数量，以"座"为单位。

2）管道支墩按施工图以实体积计算，不扣除钢筋、铁件所占的体积。

（4）管件安装。

管件、分水栓、马鞍卡子、二合三通、水表的安装按施工图数量以"个"或"组"为单位计算。

（5）取水工程。

大口井内套管、辐射井管安装按设计图中心线长度计算。

2. 排水工程

（1）定型混凝土管道基础及铺设。

1）各种角度的混凝土基础、混凝土管、缸瓦管铺设，井中至井中的中心扣除检查井长度，以延米计算工程量。每座检查井扣除长度按表9.6计算。

表9.6　每座检查井扣除长度

检查井规格/mm	扣除长度/m	检查井规格	扣除长度/m
$\phi700$	0.4	各种矩形井	1.0
$\phi1\,000$	0.7	各种交汇井	1.20
$\phi1\,250$	0.95	各种扇形井	1.0
$\phi1\,500$	1.20	圆形跌水井	1.60
$\phi2\,000$	1.70	矩形跌水井	1.70
$\phi2\,500$	2.20	阶梯式跌水井	按实扣

2）管道接口区分管径和做法，以实际接口个数计算工程量。

3）管道闭水试验，以实际闭水长度计算，不扣各种井所占长度。

4）管道出水口区分型式、材质及管径，以"处"为单位计算。

（2）定型井。

1）各种井按不同井深、井径以"座"为单位计算。

2）各类井的井深按井底基础以上至井盖顶计算。

（3）非定性井、渠、管道基础及砌筑。

1）本章所列各项目的工程量均以施工图为准计算，其中：

①砌筑按计算体积，以"10 m³"为单位计算。

②抹灰、勾缝以"100 m²"为单位计算。

③各种井的预制构件以实体积"m³"计算，安装以"套"为单位计算。

④井、渠垫层、基础按实体积以"10 m³"计算。

⑤沉降缝应区分材质按沉降缝的断面积或铺设长度分别以"100 m²"和"100 m"计算。

⑥各类混凝土盖板的制作按实体积以"m³"计算，安装应区分单件（块）体积，以"10 m³"计算。

2）检查井筒的砌筑适用于混凝土管道井深不同的调整和方沟井筒的砌筑，区分高度以"座"为单位计算,高度与定额不同时采用每增减 0.5 m 计算。

3)方沟(包括存水井)闭水试验的工程量,按实际闭水长度的用水量,以"100 m³"计算。

(4)顶管工程。

1)工作坑土方区分挖土深度,以挖方体积计算。

2)各种材质管道的顶管工程量,按实际顶进长度,以延米计算。

3)顶管接口应区分操作方法、接口材质,分别以接口的个数和管口断面积计算工程量。

4)钢板内、外套环的制作,按套环质量以"t"为单位计算。

(5)给排水构筑物。

1)沉井。

①沉井垫木按刃脚中心线以"100 延米"为单位。

②沉井井壁及隔墙的厚度不同如上薄下厚时,可按平均厚度执行相应定额。

2)钢筋混凝土池。

①钢筋混凝土各类构件均按图示尺寸,以混凝土实体积计算,不扣除 0.3 m² 以内的孔洞体积。

②各类池盖中的进人孔、透气孔盖以及与盖相连接的结构,工程量合并在池盖中计算。

③平底池的池底体积,应包括池壁下的扩大部分;池底带有斜坡时,斜坡部分应按坡底计算;锥形底应算至壁基梁底面,无壁基梁者算至锥底坡的上口。

④池壁分别按不同厚度计算体积,如上薄下厚的壁,以平均厚度计算。池壁高度应自池底板面算至池盖下面。

⑤无梁盖柱的柱高,应自池底上表面算至池盖的下表面,并包括柱座、柱帽的体积。

⑥无梁盖应包括与池壁相连的扩大部分的体积;肋形盖应包括主、次梁及盖部分的体积;球形盖应自池壁顶面以上,包括边侧梁的体积在内。

⑦沉淀池水槽,是指池壁上的环形溢水槽及纵横 U 型水槽,但不包括与水槽相连接的矩形梁,矩形梁可执行梁的相应项目。

3)预制混凝土构件。

①预制钢筋混凝土滤板按图示尺寸区分厚度以"10 m³"计算,不扣除滤头套管所占体积。

②除钢筋混凝土滤板外其他预制混凝土构件均按图示尺寸以"m³"计算,不扣除 0.3 m² 以内孔洞所占体积。

4)折板、壁板制作安装。

①折板安装区分材质均按图示尺寸以"m²"计算。

②稳流板安装区分材质不分断面均按图示长度以"延米"计算。

5)滤料铺设:各种滤料铺设均按设计要求的铺设平面乘以铺设厚度以"m³"计算,锰砂、铁矿石滤料以"10 t"计算。

6)防水工程。

①各种防水层按实铺面积,以"100 m²"计算,不扣除 0.3 m²、以内孔洞所占面积。

②平面与立面交接处的防水层,其上卷高度超过 500 mm 时,按立面防水层计算。

7)施工缝:各种材质的施工缝填缝及盖缝均不分断面按设计缝长以"延米"计算。

8)井、池渗漏试验:井、池的渗漏试验区分井、池的容量范围,以"1 000 m³"水容量计算。

(6)给排水机械设备安装。

1)机械设备类。

①格栅除污机、滤网清污机、搅拌机械、曝气机、生物转盘、带式压滤机均区分设备重量,以"台"为计量单位,设备重量均包括设备带有的电动机的重量在内。

②螺旋泵、水射器、管式混合器、辊压转鼓式污泥脱水机、污泥造粒脱水机均区分直径,以"台"为计量单位。

③排泥、撇渣和除砂机械均区分跨度或池径按"台"为计量单位。

④闸门及驱动装置,均区分直径或长乘以宽以"座"为计量单位。

⑤曝气管不分曝气池和曝气沉砂池,均区分管径和材质按"延米"为计量单位。

2)其他项目。

①集水槽制作、安装分别按碳钢、不锈钢,区分厚度按"10 m²"为计量单位。

②集水槽制作、安装以设计断面尺寸乘以相应长度以"m²"计算,断面尺寸应包括需要折边的长度,不扣除出水孔所占面积。

③堰板制作分别按碳钢、不锈钢区分厚度按"10 m²"为计量单位。

④堰板安装分别按金属和非金属区分厚度按"10 m²"计量。金属堰板适用于碳钢、不锈钢,非金属堰板适用于玻璃钢和塑料。

⑤齿型堰板制作安装按堰板的设计宽度乘以长度以"m²"计算,不扣除齿型间隔空隙所占面积。

⑥穿孔管钻孔项目,区分材质按管径以"100 个孔"为计量单位。钻孔直径是综合考虑取定的,不论孔径大与小均不做调整。

⑦斜板、斜管安装仅是安装费,按"10 m²"为计量单位。

⑧格栅制作安装区分材质按格栅重量,以"t"为计量单位,制作所需的主材应区分规格、型号分别按定额中规定的使用量计算。

(7)模板、钢筋、井字架。

1)现浇混凝土构件模板按构件与模板的接触面积以"m²"计算。

2)预制混凝土构件模板,按构件的实体积以"m³"计算。

3)砖、石拱圈的拱盔和支架均以拱盔与圈弧弧形接触面积计算,并执行第三册"桥涵工程"相应项目。

4)各种材质的地模胎膜,按施工组织设计的工程量,并应包括操作等必要的宽度以"m²"计算,执行第三册"桥涵工程"相应项目。

5)井字架区分材质和搭设高度以"架"为单位计算,每座井计算一次。

6)井底流槽按浇筑的混凝土流槽与模板的接触面积计算。

7)钢筋工程,应区别现浇、预制分别按设计长度乘以单位重量,以"t"计算。

8)计算钢筋工程量时,设计已规定搭接长度的,按规定搭接长度计算;设计未规定搭接长度的,已包括在钢筋的损耗中,不另计算搭接长度。

9)先张法预应力钢筋,按构件外形尺寸计算长度,后张法预应力钢筋按设计图规定的预应力钢筋预留孔道长度,并区别不同锚具,分别按下列规定计算:

①钢筋两端采用螺杆锚具时,预应力的钢筋按预留孔道长度减0.35 m,螺杆另计。

②钢筋一端采用镦头插片,另一端采用螺杆锚具时,预应力钢筋长度按预留孔道长度计算。

③钢筋一端采用镦头插片,另一端采用帮条锚具时,增加0.15 m,如两端均采用帮条锚具,预应力钢筋共增加0.3 m长度。

④采用后张混凝土自锚时,预应力钢筋共增加0.35 m长度。

10)钢筋混凝土构件预埋铁件,按设计图示尺寸,以"t"为单位计算工程量。

3. 燃气与集中供热工程

(1)管道安装。

1)管道安装中各种管道的工程量均按延米计算,管件、阀门、法兰所占长度已在管道施工损耗中综合考虑,计算工程量时均不扣除其所占长度。

2)埋地钢管使用套管时(不包括顶进的套管),按套管管径执行同一安装项目。套管封堵的材料费可按实际耗用量调整。

3)铸铁管安装按N1和X型接口计算,如采用N型和SMJ型人工乘以系数1.05。

(2)管道试压、吹扫。

1)强度试验、气密性试验项目,分段试验合格后,如需总体试压和发生二次或二次以上试压时,应再套用管道试压、吹扫定额相应项目计算试压费用。

2)管件长度未满10 m者,以10 m计,超过10 m者按实际长度计。

3)管道总试压按每千米为一个打压次数,执行本定额一次项目,不足0.5 km按实际计算,超过0.5 km计算一次。

4)集中供热高压管道压力试验执行低中压相应定额,其人工乘以系数1.3。

9.2　市政管网工程工程量清单计算规则

9.2.1　市政管网工程工程量清单项目设置及工程量计算规则

(1)管道铺设工程工程量清单项目设置及工程量计算规则见表9.7。

表 9.7　管道铺设(编码:040501)

项目编码	项目名称	项目特征	计量单位	工程量计算规则	工程内容
040501001	陶土管铺设	1.管材规格 2.埋设深度 3.垫层厚度、材料品种、强度 4.基础断面形式、混凝土强度等级、石料最大粒径	m	按设计图示中心线长度以延长米计算,不扣除井所占的长度	1.垫层铺筑 2.混凝土基础浇筑 3.管道防腐 4.管道铺设 5.管道接口 6.混凝土管座浇筑 7.预制管枕安装 8.井壁(墙)凿洞 9.检测及试验
040501002	混凝土管道铺设	1.管有筋无筋 2.管材规格 3.埋设深度 4.接口形式 5.垫层厚度、材料品种、强度 6.基础断面形式、混凝土强度等级、石料最大粒径	m	按设计图示管道中心线长度以延长米计算,不扣除中间井及管件、阀门所占的长度	1.垫层铺筑 2.混凝土基础浇筑 3.管道防腐 4.管道铺设 5.管道接口 6.混凝土管座浇筑 7.预制管枕安装 8.井壁(墙)凿洞 9.检测及试验 10.冲洗消毒或吹扫
040501003	镀锌钢管铺设	1.公称直径 2.接口形式 3.防腐、保温要求 4.埋设深度 5.基础材料品种、厚度	m	按设计图示管道中心线长度以延长米计算,不扣除管件、阀门、法兰所占的长度	1.基础铺筑 2.管道防腐、保温 3.管道铺设 4.管道接口 5.检测及试验 6.冲洗消毒或吹扫
040501004	铸铁管铺设	1.管材材质 2.管材规格 3.埋设深度 4.接口形式 5.防腐、保温要求 6.垫层厚度、材料品种、强度 7.基础断面形式、混凝土强度、石料最大粒径	m	按设计图示管道中心线长度以延长米计算,不扣除井、管件、阀门所占的长度	1.垫层铺筑 2.混凝土基础浇筑 3.管道防腐 4.管道铺设 5.管道接口 6.混凝土管座浇筑 7.井壁(墙)凿洞 8.检测及试验 9.冲洗消毒或吹扫

续表 9.7

项目编码	项目名称	项目特征	计量单位	工程量计算规则	工程内容
040501005	钢管铺设	1. 管材材质 2. 管材规格 3. 埋设深度 4. 防腐、保温要求 5. 压力等级 6. 垫层厚度、材料品种、强度 7. 基础断面形式、混凝土强度、石料最大粒径	m	按设计图示管道中心线长度以延长米计算（支管长度从主管中心到支管末端交接处的中心），不扣除管件、阀门、法兰所占的长度 新旧管连接时，计算到碰头的阀门中心处	1. 垫层铺筑 2. 混凝土基础浇筑 3. 混凝土管座浇筑 4. 管道防腐、保温 5. 管道铺设 6. 管道接口 7. 检测及试验 8. 消毒冲洗或吹扫
040501006	塑料管道铺设	1. 管道材料名称 2. 管材规格 3. 埋设深度 4. 接口形式 5. 垫层厚度、材料品种、强度 6. 基础断面形式、混凝土强度等级、石料最大粒径 7. 探测线要求	m	按设计图示管道中心线长度以延长米计算（支管长度从主管中心到支管末端交接处的中心），不扣除管件、阀门、法兰所占的长度 新旧管连接时，计算到碰头的阀门中心处	1. 垫层铺筑 2. 混凝土基础浇筑 3. 管道防腐 4. 管道铺设 5. 探测线敷设 6. 管道接口 7. 混凝土管座浇筑 8. 井壁（墙）凿洞 9. 检测及试验 10. 消毒冲洗及或吹扫
040501007	砌筑渠道	1. 渠道断面 2. 渠道材料 3. 砂浆强度等级 4. 埋设深度 5. 垫层厚度、材料品种、强度 6. 基础断面形式、混凝土强度等级、石料最大粒径	m	按设计图示尺寸以长度计算	1. 垫层铺筑 2. 渠道基础 3. 墙身砌筑 4. 止水带安装 5. 拱盖砌筑或盖板预制、安装 6. 勾缝 7. 抹面 8. 防腐 9. 渠道渗漏试验
040501008	混凝土渠道	1. 渠道断面 2. 埋设深度 3. 垫层厚度、材料品种、强度 4. 基础断面形式、混凝土强度等级、石料最大粒径	m	按设计图示尺寸以长度计算	1. 垫层铺筑 2. 渠道基础 3. 墙身浇筑 4. 止水带安装 5. 渠盖浇筑或盖板预制、安装 6. 抹面 7. 防腐 8. 渠道渗漏试验

续表9.7

项目编码	项目名称	项目特征	计量单位	工程量计算规则	工程内容
040501009	套管内铺设管道	1.管材材质 2.管径、壁厚 3.接口形式 4.防腐要求 5.保温要求 6.压力等级	m	按设计图示管道中心线长度计算	1.基础铺筑（支架制作、安装） 2.管道防腐 3.穿管铺设 4.管道接口 5.检测及试验 6.冲洗消毒或吹扫 7.管道保温 8.防护
040501010	管道架空跨越	1.管材材质 2.管径、壁厚 3.跨越跨度 4.支承形式 5.防腐、保温要求 6.压力等级	m	按设计图示管道中心线长度计算，不扣除管件、阀门、法兰所占的长度	1.支承结构制作、安装 2.防腐 3.管道铺设 4.管道接口 5.检测及试验 6.冲洗消毒或吹扫 7.管道保温 8.防护
040501011	管道沉管跨越	1.管材材质 2.管径、壁厚 3.跨越跨度 4.支承形式 5.防腐要求 6.压力等级 7.标志牌灯要求 8.基础厚度、材料品种、规格	m	按设计图示管道中心线长度计算，不扣除管件、阀门、法兰所占的长度	1.管沟开挖 2.管沟基础铺筑 3.防腐 4.跨越拖管头制作 5.沉管铺设 6.检测及试验 7.冲洗消毒或吹扫 8.标志牌灯制作、安装
040501012	管道焊口无损探伤	1.管材外径、壁厚 2.探伤要求	口	按设计图示要求探伤的数量计算	1.焊口无损探伤 2.编写报告

（2）管件、钢支架制作、安装及新旧管连接工程工程量清单项目设置及工程量计算规则见表9.8。

表 9.8　管件、钢支架制作、安装及新旧管连接(编码:040502)

项目编码	项目名称	项目特征	计量单位	工程量计算规则	工程内容
040502001	预应力混凝土管转换件安装	转换件规格	个	按设计图示数量计算	安装
040502002	铸钉管件安装	1.类型 2.材质 3.规格 4.接口形式	个	按设计图示数量计算	安装
040502003	钢管件安装	1.管件类型 2.管径、壁厚 3.压力等级	个	按设计图示数量计算	1.制作 2.安装
040502004	法兰钢管件安装				1.法兰片焊接 2.法兰管件安装
040502005	塑料管件安装	1.管件类型 2.材质 3.管径、壁厚 4.接口形式 5.探测线要求	个	按设计图示数量计算	1.塑料管件安装 2.探测线敷设
040502006	钢塑转换件安装	转换件规格	个	按设计图示数量计算	安装
040502007	钢管道间法兰连接	1.平焊法兰 2.对焊法兰 3.绝缘法兰 4.公称直径 5.压力等级	处	按设计图示数量计算	1.法兰片焊接 2.法兰连接
040502008	水分栓安装	1.材质 2.规格	个	按设计图示数量计算	1.法兰片焊接 2.安装
040502009	盲(堵)板安装	1.盲板规格 2.盲板材料	个	按设计图示数量计算	1.法兰片焊接 2.安装
040502010	防水套管制作、安装	1.刚性套管 2.柔性套管 3.规格	个	按设计图示数量计算	1.制作 2.安装
040502011	除污器安装	1.压力要求 2.公称直径 3.接口形式	个	按设计图示数量计算	1.除污器组成安装 2.除污器安装

续表 9.8

项目编码	项目名称	项目特征	计量单位	工程量计算规则	工程内容
040502012	补偿器安装	1. 压力要求 2. 公称直径 3. 接口形式	个	按设计图示数量计算	1. 焊接钢套筒补偿器安装 2. 焊接法兰、法兰式波纹补偿器安装
040502013	钢支架制作、安装	类型	kg	按设计图示尺寸以质量计算	1. 制作 2. 安装
040502014	新陈代谢旧管连接（碰头）	1. 管材材质 2. 管材管径 3. 管材接口	处	按设计图示数量计算	1. 新旧管连接 2. 马鞍卡子安装 3. 接管挖眼 4. 钻眼攻丝
040502015	气体置换	管材内径	m	按设计图示管道中心线长度计算	气体置换

（3）阀门、水表、消火栓安装工程工程量清单项目设置及工程量计算规则见表 9.9。

表 9.9　阀门、水表、消火栓安装（编码：040503）

项目编码	项目名称	项目特征	计量单位	工程量计算规则	工程内容
040503001	阀门安装	1. 公称直径 2. 压力要求 3. 阀门类型	个	按设计图示数量计算	1. 阀门解体、检查、清洗、研磨 2. 法兰片焊接 3. 操纵装置安装 4. 阀门安装 5. 阀门压力试验
040503002	水表安装	公称直径	个	按设计图示数量计算	1. 丝扣水表安装 2. 法兰片焊接、法兰水表安装
040503003	消火栓安装	1. 部位 2. 型号 3. 规格	个	按设计图示数量计算	1. 法兰片焊接 2. 安装

（4）井类、设备基础及出水口工程工程量清单项目设置及工程量计算规则见表 9.10。

表 9.10　　井类、设备基础及出水口(编码:040504)

项目编码	项目名称	项目特征	计量单位	工程量计算规则	工程内容
040504001	砌筑检查井	1.材料 2.井深、尺寸 3.定型井名称、定型图号、尺寸及井深 4.垫层、基础厚度、材料品种、强度	座	按设计图示数量计算	1.垫层铺筑 2.混凝土浇筑 3.养生 4.砌筑 5.爬梯制作、安装 6.勾缝 7.抹面 8.防腐 9.盖板、过梁制作、安装 10.井盖井座制作、安装
040504002	混凝土检查井	1.井深、尺寸 2.混凝土强度等级、石料最大粒径 3.垫层厚度、材料品种、强度	座	按设计图示数量计算	1.垫层铺筑 2.混凝土浇筑 3.养生 4.爬梯制作、安装 5.盖板、过梁制作安装 6.防腐涂刷 7.井盖及井座制作、安装
040504003	雨水进水井	1.混凝土强度、石料最大粒径 2.雨水井型号 3.井深 4.垫层厚度、材料品种、强度 5.定型井名称、图号、尺寸及井深	座	按设计图示数量计算	1.垫层铺筑 2.混凝土浇筑 3.养生 4.砌筑 5.勾缝 6.抹面 7.预制构件制作、安装 8.井算安装
040504004	其他砌筑井	1.阀门井 2.水表井 3.消火栓井 4.排泥湿井 5.井的尺寸、深度 6.井身材料 7.垫层、基础厚度、材料品种、强度 8.定型井名称、图号、尺寸及井深	座	按设计图示数量计算	1.垫层铺筑 2.混凝土浇筑 3.养生 4.砌支墩 5.砌筑井身 6.爬梯制作、安装 7.盖板、过梁制作、安装 8.勾缝(抹面) 9.井盖及井座制作、安装

续表 9.10

项目编码	项目名称	项目特征	计量单位	工程量计算规则	工程内容
040504005	设备基础	1. 混凝土强度等级、石料最大粒径 2. 垫层厚度、材料品种、强度	m³	按设计图示尺寸以体积计算	1. 垫层铺筑 2. 混凝土浇筑 3. 养生 4. 地脚螺栓灌浆 5. 设备底座与基础间灌浆
040504006	出水口	1. 出水口材料 2. 出水口形式 3. 出水口尺寸 4. 出水口深度 5. 出水口砌体强度 6. 混凝土强度等级、石料最大粒径 7. 砂浆配合比 8. 垫层厚度、材料品种、强度	处	按设计图示数量计算	1. 垫层铺筑 2. 混凝土浇筑 3. 养生 4. 砌筑 5. 勾缝 6. 抹面
040504007	文(挡)墩	1. 混凝土强度等级 2. 石料最大粒径 3. 垫层厚度、材料品种、强度	m³	按设计图示尺寸以体积计算	1. 垫层铺筑 2. 混凝土浇筑 3. 养生 4. 砌筑 5. 抹面(勾缝)
040504008	混凝土工作井	1. 土壤类别 2. 断面 3. 深度 4. 垫层厚度、材料品种、强度	座	按设计图示数量计算	1. 混凝土工作井制作 2. 挖土下沉定位 3. 土方场内运输 4. 垫层铺设 5. 混凝土浇筑 6. 养生 7. 回填夯实 8. 余方弃置 9. 缺方内运

(5)顶管工程工程量清单项目设置及工程量计算规则见表 9.11。

表 9.11　顶管(编码:040505)

项目编码	项目名称	项目特征	计量单位	工程量计算规则	工程内容
040505001	混凝土管道顶进	1.土壤类别 2.管径 3.深度 4.规格	m	按设计图示尺寸以长度计算	1.顶进后座及坑内工作平台搭拆 2.顶进设备安装、拆除 3.中继间安装、拆除 4.触变泥浆减阻 5.套环安装 6.防腐涂刷 7.挖土、管道顶进 8.洞口止水处理 9.余方弃置
040505002	钢管顶进	1.土壤类别 2.材质 3.管径 4.深度			
040505003	铸铁管顶进	1.土壤类别 2.管径 3.深度			
040505004	硬塑料管顶进	1.土壤类别 2.管径 3.深度	m	按设计图示尺寸以长度计算	1.顶进后座及坑内工作平台搭拆 2.顶进设备安装、拆除 3.套环安装 4.管道顶进 5.洞口止水处理 6.余方弃置
040505005	水平导向钻进	1.土壤类别 2.管径 3.管材材质	m	按设计图示尺寸以长度计算	1.钻进 2.泥浆制作 3.扩孔 4.穿管 5.余方弃置

(6)构筑物工程工程量清单项目设置及工程量计算规则见表9.12。

表 9.12　构筑物(编码:040506)

项目编码	项目名称	项目特征	计量单位	工程量计算规则	工程内容
040506001	管道方沟	1.断面 2.材料品种 3.混凝土强度等级、石料最大粒径 4.深度 5.垫层、基础厚度、材料品种、强度	m	按设计图示尺寸以长度计算	1.垫层铺筑 2.方沟基础 3.墙身砌筑 4.拱盖砌筑或盖板预制、安装 5.勾缝 6.抹面 7.混凝土浇筑

续表 9.11

项目编码	项目名称	项目特征	计量单位	工程量计算规则	工程内容
040506002	现浇混凝土沉井井壁及隔墙	1. 混凝土强度等级 2. 混凝土抗渗需求 3. 石料最大粒径	m³	按设计图示尺寸以体积计算	1. 垫层铺筑、垫木铺设 2. 混凝土浇筑 3. 养生 4. 预留孔封口
040506003	沉井下沉	1. 土壤类别 2. 深度	m³	按自然地坪至设计底板垫层底的高度乘以沉井外壁最大断面积以体积计算	1. 垫木拆除 2. 沉井挖土下沉 3. 填充 4. 余方弃置
040506004	沉井混凝土底板	1. 混凝土强度等级 2. 混凝土抗渗需求 3. 石料最大粒径 4. 地梁截面 5. 垫层厚度、材料品种、强度	m³	按设计图示尺寸以体积计算	1. 垫层铺筑 2. 混凝土浇筑 3. 养生
040506005	沉井内地下混凝土结构	1. 所在部位 2. 混凝土强度等级、石料最大粒径	m³	按设计图示尺寸以体积计算	1. 混凝土浇筑 2. 养生
040506006	沉井混凝土顶板	1. 混凝土强度等级、石料最大粒径 2. 混凝土抗渗需求	m³	按设计图示尺寸以体积计算	1. 混凝土浇筑 2. 养生
040506007	现浇混凝土池底	1. 混凝土强度等级、石料最大粒径 2. 混凝土抗渗要求 3. 池底形式 4. 垫层厚度、材料品种、强度	m³	按设计图示尺寸以体积计算	1. 垫层铺筑 2. 混凝土浇筑 3. 养生
04050608	现浇混凝土池壁(隔墙)	1. 混凝土强度等级、石料最大粒径 2. 混凝土抗渗要求	m³	按设计图示尺寸以体积计算	1. 混凝土浇筑 2. 养生

续表 9.11

项目编码	项目名称	项目特征	计量单位	工程量计算规则	工程内容
040506009	现浇混凝土池柱	1. 混凝土强度等级、石料最大粒径 2. 规格	m³	按设计图示尺寸以体积计算	1. 混凝土浇筑 2. 养生
040506010	现浇混凝土池梁				
040506011	现浇混凝土池盖				
040506012	现浇混凝土板	1. 名称、规格 2. 混凝土强度等级、石料最大粒径	m³	按设计图示尺寸以体积计算	1. 混凝土浇筑 2. 养生
040506013	池槽	1. 混凝土强度等级、石料最大粒径 2. 池槽断面	m	按设计图示尺寸以长度计算	1. 混凝土浇筑 2. 养生 3. 盖板 4. 其他材料铺设
040506014	砌筑导流壁、筒	1. 块体材料 2. 断面 3. 砂浆强度等级	m³	按设计图示尺寸以体积计算	1. 砌筑 2. 抹面
040506015	混凝土导流壁、筒	1. 断面 2. 混凝土强度等级、石料最大粒径	m³	按设计图示尺寸以体积计算	1. 混凝土浇筑 2. 养生
040506016	混凝土扶梯	1. 规格 2. 混凝土强度等级、石料最大粒径	m³	按设计图示尺寸以体积计算	1. 混凝土浇筑或预制 2. 养生 3. 扶梯安装
040506017	金属扶梯、栏杆	1. 材质 2. 规格 3. 油漆品种、工艺要求	t	按设计图示尺寸以质量计算	1. 钢扶梯制作、安装 2. 除锈、刷油漆
040506018	其他现浇混凝土构件	1. 规格 2. 混凝土强度等级、石料最大粒径	m³	按设计图示尺寸以体积计算	1. 混凝土浇筑 2. 养生

续表 9.11

项目编码	项目名称	项目特征	计量单位	工程量计算规则	工程内容
040506019	预制混凝土板	1. 混凝土强度等级、石料最大粒径 2. 名称、部位、规格	m³	按设计图示尺寸以体积计算	1. 混凝土浇筑 2. 养生 3. 构件移动及堆放 4. 构件安装
040506020	预制混凝土槽	1. 规格 2. 混凝土强度等级、石料最大粒径	m³	按设计图示尺寸以体积计算	1. 混凝土浇筑 2. 养生 3. 构件移动及堆放 4. 构件安装
040506021	预制混凝土支墩				
040506022	预制混凝土异型构件				
040506023	滤板	1. 滤板材质 2. 滤板规格 3. 滤板厚度 4. 滤板部位	m²	按设计图示尺寸以面积计算	1. 制作 2. 安装
040506024	折板	1. 折板材料 2. 折板形式 3. 折板部位	m²	按设计图示尺寸以面积计算	1. 制作 2. 安装
040506025	壁板	1. 壁板材料 2. 壁板部位	m²	按设计图示尺寸以面积计算	1. 制作 2. 安装
040506026	滤料铺设	1. 滤料品种 2. 滤料规格	m³	按设计图示尺寸以体积计算	铺设
040506027	尼龙网板	1. 工艺要求 2. 材料品种	m²	按设计图示尺寸以面积计算	1. 制作 2. 安装
040506028	刚性防水	1. 工艺要求 2. 材料品种	m²	按设计图示尺寸以面积计算	1. 配料 2. 铺筑
040506029	柔性防水				涂、贴、粘、刷防水材料
040506030	沉降缝	1. 材料品种 2. 沉降缝规格 3. 沉降缝部位	m	按设计图示尺寸以长度计算	铺、嵌沉降缝
040506031	井、池渗漏试验	构筑物名称	m³	按设计图示储水尺寸以体积计算	渗漏试验

(7)设备安装工程工程量清单项目设置及工程量计算规则见表 9.13。

表 9.13　设备安装(编码:040507)

项目编码	项目名称	项目特征	计量单位	工程量计算规则	工程内容
040507001	管道仪表	1.规格、型号 2.仪表名称	个	按设计图示数量计算	1.取源部件安装 2.支架制作、安装 3.套管安装 4.表弯制作、安装 5.仪表脱脂 6.仪表安装
040507002	格栅制作	1.材质 2.规格、型号	kg	按设计图示尺寸以质量计算	1.制作 2.安装
040507003	格栅除污机	规格、型号	台	按设计图示数量计算	1.安装 2.无负荷试运转
040507004	滤网清污机				
040507005	螺旋泵				
040507006	加氯机		套		
040507007	水射器	公称直径	个	按设计图示数量计算	1.安装 2.无负荷试运转
040507008	管式混合器				
040507009	搅拌机械	1.规格、型号 2.重量	台	按设计图示数量计算	1.安装 2.无负荷试运转
040507010	曝气器	规格、型号	个	按设计图示数量计算	1.安装 2.无负荷试运转
040507011	布气管	1.材料品种 2.直径	m	按设计图示以长度计算	1.钻孔 2.安装
040507012	曝气机	规格、型号	台	按设计图示数量计算	1.安装 2.无负荷试运转
040507013	生物转盘	规格			
040507014	吸泥机	规格、型号			
040507015	刮泥机				
040507016	辗压转鼓式吸泥脱水机				
040507017	带式压滤机	设备质量			
040507018	污泥造粒脱水机	转鼓直径	座	按设计图示数量计算	安装
040507019	闸门	1.闸门材质 2.闸门形式 3.闸门规格、型号	座	按设计图示数量计算	安装
040507020	旋转门	1.材质 2.规格、型号	座	按设计图示数量计算	安装
040507021	堰门	1.材质 2.规格	座	按设计图示数量计算	安装

续表 9.13

项目编码	项目名称	项目特征	计量单位	工程量计算规则	工程内容
040507022	升杆式铸铁泥阀	公称直径	座	按设计图示数量计算	安装
040507023	平底盖闸	公称直径	座	按设计图示数量计算	安装
040507024	集水槽制作	1.材质 2.厚度	m²	按设计图示尺寸以面积计算	1.制作 2.安装
040507025	堰板制作	1.堰板材质 2.堰板厚度 3.堰板形式	m²	按设计图示尺寸以面积计算	1.制作 2.安装
040507026	斜板	1.材料品种 2.厚度	m²	按设计图示尺寸以面积计算	安装
040507027	斜管	1.斜管材料品种 2.斜管规格	m	按设计图示以长度计算	安装
040507028	凝水缸	1.材料品种 2.压力要求 3.型号、规格 4.接口	组	按设计图示数量计算	1.制作 2.安装
040507029	调压器	型号、规格	组	按设计图示数量计算	安装
040507030	过滤器	型号、规格	组	按设计图示数量计算	安装
040507031	分离器	型号、规格	组	按设计图示数量计算	安装
040507032	安全水封	公称直径	组	按设计图示数量计算	安装
040507033	检漏管	规格	组	按设计图示数量计算	安装
040507034	调长器	公称直径	个	按设计图示数量计算	安装
040507035	牺牲阳性、测试桩	1.牺牲阳极安装 2.测试桩安装 3.组合及要求	组	按设计图示数量计算	1.安装 2.测试

(8)其他相关问题。

其他相关问题应按下列规定处理：

1)顶管工作坑的土石方开挖、回填夯实等,应按《建设工程工程量清单计价规范》(GB 50500—2008)附录 A 中相关项目编码列项。

2)"市政管网工程"设备安装工程只列市政管网专用设备的项目,标准、定型设备应按《建设工程工程量清单计价规范》(GB 50500—2008)附录 C 中相关项目编码列项。

9.2.2　市政管网工程工程量清单项目说明

1. 管道铺设工程

(1)管道铺设工程适用于市政管网工程及市政管网专用设备安装工程。

(2)管道铺设项目设置中没有明确区分是排水、给水、燃气还是供热管道,它适用于市政管网管道工程。在列工程量清单时可用排水、给水、燃气、供热的专业名称以示区别。

(3)管道铺设中的管件、钢支架制作安装及新旧管连接,应分别列清单项目。

(4)管道铺设除管沟挖填方外,包括从垫层起至基础,管道防腐、铺设、保温、检验试验、冲洗消毒或吹扫等全部内容。

(5)管道街头零件及价格、每米管道土方数量、铸铁管接口间隙体积、青铅接口一个口材料净用量、石棉水泥接口一个口材料净用量、和水泥接口一个接口材料净用量按相关规定计取。

2. 管件、钢支架制作、安装及新旧管连接工程

(1)管件、钢支架制作安装及新旧管连工程适用于市政管网工程及市政管网专用设备安装工程。

(2)管道法兰连接应单独列清单项目,内容包括法兰片的焊接和法兰的连接;法兰管件安装的清单项目包括法兰片的焊接和法兰管体的安装。

(3)管件制作与安装相关数据按相关规定计取。

3. 井类、设备基础及出水口工程

(1)井类、设备基础及出口工程适用于市政管网工程和市政管网专用设备安装工程。

(2)设备基础的清单项目,包括了地脚螺栓灌浆和设备底座与基础面之间的灌浆,即包括了一次灌浆和二次灌浆的内容。

(3)各种井每立方米砖砌体机砖、砂浆用量见表 9.14。

表 9.14　单位砌体机砖、砂浆用量表

序　号	井　形		机砖/块	砂浆/m³	备　注
1	进水井		529	0.250	M7.5 水泥砂浆
2	矩形井		529	0.250	砌 MU25 砖
3	圆形井		503	0.316	
4	扇形井	(圆体)	503	0.316	
		(直线)	529	0.250	

(4)各种井基础混凝土厚度取定见表 9.15。

表 9.15　各种井混凝土基础厚度表

序　号	管径 D/mm	基础混凝土厚度/mm
1	200～400	100
2	500	110
3	600	120
4	700	140
5	800	160
6	900	180
7	1 000	200
8	1 100	220
9	1 200	240
10	1 350	260
11	1 500	310
12	1 650	340
13	1 800	370
14	2 000	420

4. 顶管工程

(1)顶管工程适用于市政管网工程及市政管网专用设备安装工程。

(2)顶管的清单项目,除工作井的制作和工作井的挖、填方不包括外,包括了其他所有顶管过程的全部内容。

5. 构筑物工程

(1)管道附属构筑物构筑用量见表 9.16。

表 9.16　管道附属构筑物构筑用量表

项　目		用　料　量
勾缝材料		0.211 m³/100 m²
砖、砂浆		见表 10—23
草袋		草袋净用量(个)$=\dfrac{\text{混凝土露明面积(m}^2)}{0.42\ \text{m}^2/\text{个}\times 2}$
水	冲洗石子	4.5 m³/10 m³ 混凝土
	冲洗搅拌机	2.2 m³/10 m³ 混凝土
	养护用水	平面:0.14 m³/m²(混凝土露明面积)(每天浇水 5 次、养生 7 天) 立面:0.056 m³/m²(混凝土露明面积)(每天浇水 2 次、养生 7 天)。
	浸砖用水	0.2 m³/千块
电		插入式、平板式振捣器每台班用电 4 kW·h。 (插入式振捣器台班:混凝土搅拌机台班= 2:1;平板式振捣器台班:混凝土搅拌机台班=1:1)

(2)管道附属构筑物砖、砂浆用量见表 9.17。

表 9.17　构筑物砖、砂浆用量表

墙　厚	矩　形		圆　形	
	砖/块	砂浆/m³	砖/块	砂浆/m³
24 墙	529	0.226	503	0.316
37 墙	522	0.236		
50 墙	518	0.242		

6. 设备安装工程

(1) 设备安装工程适用于市政管网工程专用设备安装。

(2) 设备安装只列了市政管网的专用设备安装,内容包括了设备无负荷试运转在内。标准、定型设备部分应按《建设工程工程量清单计价规范》(GB 50500—2008)附录 C 安装工程相关项目编列清单。

9.3　市政管网工程工程量计算示例

【示例 9.1】

套管内安装 $D75$ 塑料给水管(粘接),$D75$ 塑料管单价:30.00 元/m。求定额基价。

【解】

套管内的管道铺设按相应的管道安装人工、机械乘以系数 1.2。

选用《全国统一市政工程预算定额》中定额 5—87 换算。

$$定额基价 = 19 + (17.75 + 0.06) \times (1.20 - 1.0) + 10.0 \times 30$$
$$= 19 + 17.81 \times 0.2 + 300$$
$$= 322.562 \ 元/10 \ m$$

【示例 9.2】

求渗渠直墙钢模板制作项目的定额基价。

【解】

模板制作安装拆除、钢筋制作安装、沉井工程,如发生时,执行《全国统一市政工程预算定额》第六册"排水工程"有关定额,其中渗渠制作的模板安装拆人工按相应项目乘以系数 1.2。

选用《全国统一市政工程预算定额》中定额 6—1305 换算。

$$定额基价 = 1 \ 768.36 + 625.59 \times (1.2 - 1.0)$$
$$= 1 \ 893.478 \ 元/100 \ m^2$$

【示例 9.3】

$\phi400$ 混凝土管单价 28.00 元/m,求 $\phi400$ 承插式混凝土管道铺设(人工下管)的定额基价。

【解】

如在无基础的槽内铺设管道,其人工、机械乘以系数 1.18。

选用《全国统一市政工程预算定额》中定额 6—99 换算。

$$定额基价 = 343.70 \times 1.18 + 101.00 \times 28$$
$$= 405.566 + 2 \ 828 = 3 \ 233.566 \ 元/100 \ m$$

【示例 9.4】

求片石砌非定型渠道扶盖。

【解】

石砌体均按块石考虑,如采用片石或平石时,块石于砂浆用量分别乘以系数 1.09 和 1.19,其他不变。

选用《全国统一市政工程预算定额》中定额 6－622 换算。

$$定额基价＝999.40＋11.526×41.00×(1.09－1.0)×3.67×88.38×(1.19－1.0)$$
$$＝999.40＋42.53＋61.63$$
$$＝1\ 103.56\ 元/10\ m^3$$

【示例 9.5】

求澄清池反映筒壁钢模(池深 5.0 m)定额基价。

【解】

模板按拆以槽(坑)深 3 m 为准,超过 3 m 时,人工增加 8% 系数,其他不变。

选用《全国统一市政工程预算定额》中定额 6－1297 换算。

$$定额基价＝1\ 941.06＋767.22×0.08$$
$$＝2\ 002.44\ 元/100\ m^2$$

【示例 9.6】

某段管线工程,主管为 $DN1\ 200$;支管为 $DN500$,J2 为非定型圆形检查井 $\phi2\ 000$,单侧布置,具体如图 9.1 所示。试计算主管和支管在 J2 处的扣除长度。

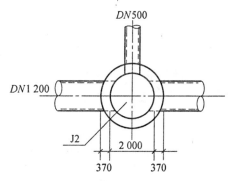

图 9.1　某段管线工程图

【解】

$DN1\ 200$ 管在 J2 处应扣除长度为:$2.0－0.15×2＝1.7\ m$

$DN500$ 在 J2 处应扣除长度为:$2.0÷2＝1.0\ m$

【示例 9.7】

某排水工程中,有一段管线长 300 m,如图 9.2 所示,$D500$ 混凝土(每节 2.5 m)污水管,120° 混凝土基础,采用水泥砂浆接口,共有 6 座检查井($\phi1\ 000$ 圆形检查井),求主要工程量及套用清单与定额。

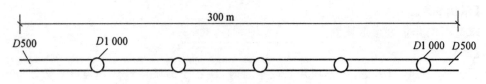

图 9.2　某排水管线示意图

【解】

在排水工程混凝土管道铺设中,其计算规则是按设计图示管道中心线长度以延长米计算,不扣除中间井及管件、阀门所占长度。

故混凝土管道基础及铺设:$L_1/m=300$

管道接口:$(300/2.5-1)$个=127 个

闭水试验:$L_2/m=300$

圆形检查井:6 座

分部分项工程量清单见表 9.18。

表 9.18　分部分项工程量清单

序号	项目编码	项目名称	项目特征描述	单位	工程量
1	040501002001	混凝土管道铺设	120°混凝土基础,D500	m	600
2	040504001001	砌筑检查井	圆形 φ1 000	座	6

【示例 9.8】

在某排水工程中,常用到水池,如图 9.3 所示,为一个现浇混凝土池壁的水池(有隔墙),计算其工程量(图中尺寸:mm)。

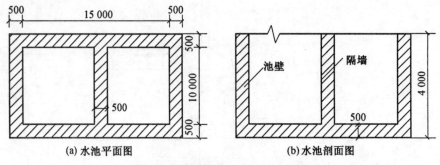

(a) 水池平面图　　　　　　　　(b) 水池剖面图

图 9.3　现浇混凝土池壁的水池示意图

【解】

池壁指池内构筑物的内墙壁,具有不同的形状,不同类型,根据不同作用的池类,池壁制作样式也有不同,现根据图示计算工程量。

混凝土浇筑:

$(15+0.5\times2)\times10.1\times4-(15-0.5)\times10\times(4.0-0.5)=595.65$ m³

分部分项工程量清单见表 9.19。

表 9.19　分部分项工程量清单

项目编码	项目名称	项目特征描述	单位	工程量
040506008001	现浇混凝土池壁(隔墙)	水池,现浇混凝土	m³	595.65

【示例9.9】

某街道道路新建排水工程。已知：

1)平面图和纵断面图如图9.4所示。

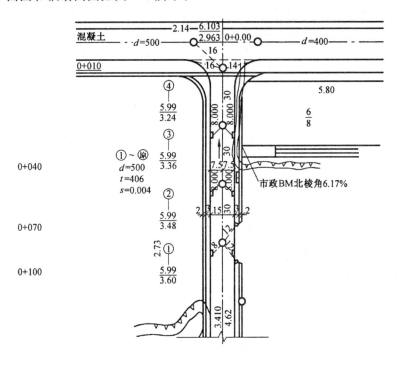

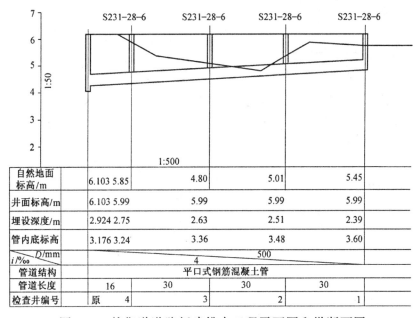

自然地面标高/m	6.103 5.85		4.80		5.01		5.45
井面标高/m	6.103 5.99		5.99		5.99		5.99
埋设深度/m	2.924 2.75		2.63		2.51		2.39
管内底标高	3.176 3.24		3.36		3.48		3.60
i/‰　　 D/mm			4	500			
管道结构			平口式钢筋混凝土管				
管道长度	16		30		30		30
检查井编号	原　　4		3		2		1

图9.4　某街道道路新建排水工程平面图和纵断面图

2)管基断面如图9.5所示,管基断面图适用于开槽施工的雨水和合流管道及污水管道。C_1、C_2分开浇筑时,C_1部分表面要求做成毛面并冲洗干净。图中B值根据国家标准《混凝土和钢筋混凝土排水管》(GB/T 11836—2009)所给的最小管壁厚度确定,使用时可根据管材具体情况调整。覆土4 m<H≤6 m。

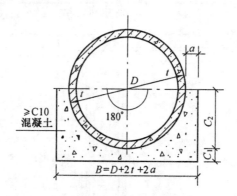

图9.5　管基断面图

3)钢筋混凝土管180°混凝土基础如图9.6所示。

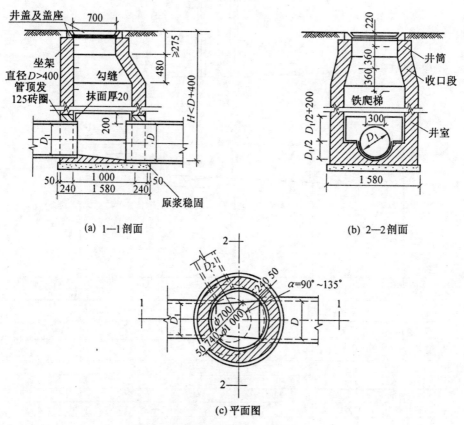

(a) 1—1剖面　　　　　　　　　　　(b) 2—2剖面

(c) 平面图

图9.6　钢筋混凝土管180°混凝土基础图

4)φ1 000砖砌圆形雨水检查井如图9.7所示。

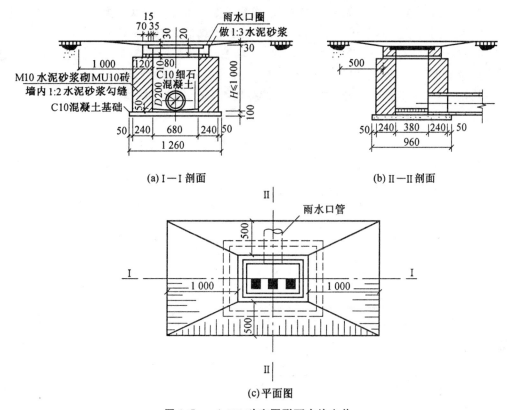

图 9.7　φ1 000 砖砌圆形雨水检查井

5)排水工程中,平算式单箅雨水口标准表见表 9.20。

表 9.20　平算式单箅雨水口标准表

管径内 D/mm	管壁厚 t/mm	管肩宽 a/mm	管基宽 B/mm	管基厚		基础混凝土 /(m³·m⁻¹)
				C_1/mm	C_2/mm	
300	30	80	520	100	180	0.947
400	35	80	630	100	235	0.124 3
500	42	80	744	100	292	0.157 7
600	50	100	900	100	350	0.212 6
700	55	110	1 030	110	405	0.272 8
800	65	130	1 190	130	465	0.368 4
900	70	140	1 320	140	520	0.446 5
1 000	75	150	1 450	150	575	0.531 9
1 100	85	170	1 610	170	635	0.662 7
1 200	90	180	1 740	180	690	0.765 9
1 350	105	210	1 980	210	780	1.004 5
1 500	115	230	2 190	230	865	1.222 7
1 650	125	250	2 400	250	950	1.462 4
1 800	140	280	2 640	280	1 040	1.785 8
2 000	155	310	2 930	310	1 155	2.197 0
2 200	155	310	2 930	310	1 155	2.197 0
2 400	185	370	3 510	370	1 385	3.146 9

6)钢筋混凝土管 180°混凝土基础工程数量见表 9.21,表中单位为 mm。井基材料采用 C10 混凝土,厚度等于干管管基厚;若干管为土基时,井基厚度为 100 mm。井墙用 M7.5 水泥砂浆砌 MU7.5 砖,无地下水时,可用 50 号混合砂浆砌 MU7.5 砖。遇地下水时井外壁抹面至地下水位以上 500 mm,厚 20 mm,井底铺碎石,厚 100 mm。抹面、勾缝、坐浆均用 1:2 水泥砂浆。接入支管超挖部分用级配砂石,混凝土或砌砖填实。井室自井底至收口段高度一般为 1 800 mm,当埋深不允许时可酌情减小。

表 9.21 工程数量表

管径 D	砖砌体/m³			C10 号混凝土 /m³	砂浆抹面 /m²
	收口段	井室	井筒/m		
200	0.39	176	0.71	0.20	2.48
300	0.39	1.76	0.71	0.20	2.48
400	0.39	1.76	0.71	0.20	2.70
500	0.39	1.76	0.71	0.22	2.79
600	0.39	1.76	0.71	0.24	2.86

7)砖砌圆形雨水检查井工程数量见表 9.22,表中单位为 mm。各项技术要求详见雨水口总说明。

表 9.22 工程数量表

H	工程数量					铸铁算子 /个
	C10 混凝土 /m³	C30 混凝土 /m³	C30 细石混凝土	砖砌体 /m³	钢筋/kg	
700	0.121	0.03	0.013	0.43	2.68	1
1 000	0.121	0.03	0.013	0.65	2.68	1

【解】

1. 工程量清单编制

(1)工程量计算。

1)主要工程材料。

①钢筋混凝钢管:规格为 d300×2 000×30,数量为 94 m;

②钢筋混凝土管:规格为 d500×2 000×42,数量为 106 m;

③检查口:S231-28-6,规格为 ϕ1 000 砖砌,数量为 4 座;

④雨水口:S235-2-4,规格为 680×380,H=1.0,数量为 9 座。

2)管道铺设及基础工程量见表 9.23。

表 9.23　管道铺设及基础工程量

管段井号	管径/mm	管道铺设长度（井中至井中）/m	基础及接口形式	支管及180°平接口基础铺设	
				$d300$	$d250$
起 1	500	30		32	—
2	500	30		16	—
3	500	30	180°平接口	16	—
4	500	16		30	—
止原井					—
合　计		106		94	—

3）检查井、进水井数量见表 9.24。

表 9.24　检查井、进水井数量

井号	检查井设计井面标高/m	井底标高/m	井深	砖砌圆形井						砖砌雨水口井		
				雨水检查中			沉泥中					
				圆号　井径	数量/个		圆号　进径	数量/座		圆号规格	井深	数量/座
	1	2	3＝1－2									
起 1	5.99	3.6	2.39	S231－28－6 φ1 000	1		—			S235－2－4 C680×380	1	3
2	5.99	3.48	2.51	S231－28－6 φ1 000	1		—			S235－2－4 C680×380	1	2
3	5.99	3.35	2.64	S231－28－6 φ1 000	1		—			S235－2－4 C680×380	1	2
4	5.99	3.24	2.75	S231－28－6 φ1 000	1		—			S235－2－4 C680×380	1	2
止原井	(6.103)	(2.936)	3.14				—					
本表综合 小　计	1.砖砌圆形雨水检查井 φ1 000 平均井深 2.6 m,共计 4 座。 2.砖砌雨水口进水井 680×380　井深 1 m　共计 9 座。											

4）挖干管管沟土方工程量见表 9.25。

表 9.25　挖干管管沟土方工程量

井号或管数	管径/mm	管沟长/m	沟底度/m	原地面标高（综合取定）/m	井底流水位标高/m	基础加深/m	平均挖深/m	土壤类别	计算式	数量/m³
		L	b	平均	流水位	平均		H		$L×b×H$	
起 1											
1	500	30	0.744	5.4	3.60	3.54	0.14	2.00	三类土	30×0.744×2.00	44.64
2	500	30	0.744	4.75	3.48	3.42	0.14	1.47	三类土	30×0.744×1.47	32.48
3	500	30	0.744	5.28	3.36	3.30	0.14	2.12	三类土	30×0.744×2.21	47.32
4	500	16	0.744	5.98	3.24	3.21	0.14	2.91	四类土	16×0.744×2.91	34.54
止原井					3.176						

5)挖支管管沟土方工程量见表 9.26。

表 9.26　挖支管管沟土方工程量

管径 /mm	管沟长 /m	沟底宽 /m	平均挖深 /m	土壤类别	计算式	数量 /m³
	L	b	H		$L \times b \times H$	
d300	94	0.52	1.13	三类土	94×0.52×1.13	55.23
d250						

6)挖井位土方工程量见表 9.27。

表 9.27　挖井位土方工程量

井号	井底基础尺寸/m			原地面至 流水面高 /m	基础 加深 /m	平均 挖深 /m	个数	土壤 类别	计算式	数量 /m³
	长	宽	直径							
	L	B	ϕ			H				
雨水井	1.26	0.96		1.0	0.13	1.13	9	三类土	1.26×0.96×1.13×9	12.30
1			1.58	1.86	0.14	2.00	1	三类土	井位 2 块弓形面积 为 0.83×2.00	1.66
2			1.58	1.33	0.14	1.47	1	三类土	0.83×1.47	1.22
3			1.58	1.98	0.14	2.12	1	三类土	0.83×2.12	1.76
4			1.58	2.77	0.14	2.91	1	四类土	0.83×2.91	2.42

7)挖混凝土路面(厚 22 cm)及稳定层(厚 35 cm):

①挖混凝土路面面积:16×0.744=11.9 m²

　　挖混凝土路面体积:11.9×0.22=2.62 m³

②挖稳定层面积:16×0.744=11.9 m²

　　挖稳定层体积:11.9×0.35=4.17 m³

8)管道及基础所占体积:

①d500 管道与基础所占体积:

　[(0.1+0.292)×(0.5+0.084+0.16)+0.292²×3.14×1/2]×106=45.16 m³

②d300 管道与基础所占体积:

[(0.1+0.18)×(0.3+0.006+0.16)+0.18²×3.14×1/2]×94=18.68 m³

所占体积之和:45.16+18.68=63.68 m³

9)土方工程量汇总:

①挖沟槽土方三类土 2 m 以内:

44.64+32.81+55.23+12.30+1.66+1.22=147.86 m³

②挖沟槽土方三类土 4 m 以内:

47.32+1.76=49.08 m³

③挖沟槽土方四类土 4 m 以内:

34.64+2.42-2.62-4.17=30.27 m³

④管沟回填方:

147.86+49.08+30.27-63.68=163.53 m³

⑤就地弃土 63.68 m³

(2)工程量清单计价见表 9.28。

表 9.28　分部分项工程量清单与计价表

工程名称:某街道道路新建排水工程　　　　　　　标段:　　　　　　　　第　页　共　页

序号	项目编号	项目名称	项目特征描述	计量单位	工程数量	金额/元		
						综合单价	合价	其中:暂估价
1	040101002001	挖沟槽土方	三类土,深 2 m 以内	m³	147.86			
2	040101002002	挖沟槽土方	三类土,深 4 m 以内	m³	49.08			
3	040101002003	挖沟槽土方	四类土,深 2 m 以内	m³	30.27			
4	040103001001	填方	沟槽回填,密实度 95%	m³	163.53			
5	040501002001	混凝土管道铺设	$d300 \times 2\ 000 \times 3$ 钢筋混凝土管,180°;C15 混凝土基础	m	94.00			
6	040501002002	混凝土管道铺设	$d500 \times 2\ 000 \times 42$ 钢筋混凝土管,180°;C15 混凝土基础	m	106.00			
7	040504001001	砌筑检查井	砖砌圆形井,$\phi1\ 000$,平均井深 2.6 m	座	4.00			
8	040504003001	雨水进水井	砖砌,680×380,井深 1 m,单箅平算	座	9.00			
			合计					

2. 工程量清单计价

(1)该排水工程的施工方案如下。

1)该道路的土方管沟回填后不需外运,可作为道路缺方的一部分就地摊平。

2)在原井至 4 号井的两个雨水进水井处设施工护栏共长约 70 m,以减少施工干涉和确保行车、行人安全。

3)4 号检查井与原井连接部分的干管管沟挖土用木挡土板密板支撑,以保证挖土安全和减少路面开挖量。

4)其余干管部分管沟挖土,采取放坡,支管部分管沟挖土不需放坡,但挖好的管沟要及时铺管覆土。

5)所有挖土均采用人工挖土,土方场内运输采用手推车,填土采用人工夯实。

(2)参照定额及管理费、利润的取定。

1)定额拟按全国市政工程预算定额。

2)管理费按直接费的 14% 考虑,利润按直接费的 7% 考虑,管理费及利润以直接费为取费基数。

根据上述考虑作如下综合单价分析(见"工程量清单综合单价分析表"表 9.29~表 9.36)。分部分项工程量清单与计价表见表 9.37。

表 9.29　工程量清单综合单价分析表

工程名称：某街道道路新建排水工程　　　　　标段：　　　　　　第　页　共　页

项目编码	040101002001	项目名称	挖沟槽土方	计量单位	m³

清单综合单价组成明细

定额编号	定额名称	定额单位	数量	单价/元				合价/元			
				人工费	材料费	机械费	管理费和利润	人工费	材料费	机械费	管理费和利润
1—8	人工挖沟槽土方(三类土,深 2 mm 以内)	100 m³	0.029	1 294.72	—	—	271.89	37.55	—	—	7.89
人工单价			小计					37.55	—	—	7.89
22.47 元/工日			未计价材料费								
清单项目综合单价								45.44			

材料费明细	主要材料名称、规格、型号		单位	数量	单价/元	合价/元	暂估单价/元	暂估合价/元
	其他材料费					—		—
	材料费小计					—		—

注："数量"栏为"投标方工程量÷招标方工程量÷定额单位数量",如"0.029"为"435.54÷147.86÷100"。

表 9.30　工程量清单综合单价分析表

工程名称：某街道道路新建排水工程　　　　　标段：　　　　　　第　页　共　页

项目编码	040101002002	项目名称	挖沟槽土方	计量单位	m³

清单综合单价组成明细

定额编号	定额名称	定额单位	数量	单价/元				合价/元			
				人工费	材料费	机械费	管理费和利润	人工费	材料费	机械费	管理费和利润
1—9	人工挖沟槽土方(三类土,深 4 mm 以内)	100 m³	0.038	1 542.79	—	—	323.99	58.63	—	—	12.31
人工单价			小计					58.63	—	—	12.31
22.47 元/工日			未计价材料费								
清单项目综合单价								70.94			

材料费明细	主要材料名称、规格、型号		单位	数量	单价/元	合价/元	暂估单价/元	暂估合价/元
	其他材料费					—		—
	材料费小计					—		—

注："数量"栏为"投标方工程量÷招标方工程量÷定额单位数量",如"0.038"为"187.66÷49.08÷100"。

表 9.31　工程量清单综合单价分析表

工程名称:某街道道路新建排水工程　　　　　　标段:　　　　　　第　页　共　页

项目编码	040101002003	项目名称	挖沟槽土方	计量单位	m³

清单综合单价组成明细

定额编号	定额名称	定额单位	数量	单价/元				合价/元			
				人工费	材料费	机械费	管理费和利润	人工费	材料费	机械费	管理费和利润
1—13	人工挖沟槽土方(三类土,深 4 m 以内)	100 m³	0.03	2 175.77	—	—	456.91	65.27	—	—	13.70
1—531	木密挡土板支撑	100 m²	0.03	480.63	1 126.08	—	337.40	14.79	33.78	—	10.12
人工单价		小计						80.06	33.78	—	23.82
22.47 元/工日		未计价材料费									
清单项目综合单价								137.66			

材料费明细	主要材料名称、规格、型号	单位	数量	单价/元	合价/元	暂估单价/元	暂估合价/元
	圆木	m³	0.007	1 051.0	7.257		
	板方材	m³	0.002	1 764.0	3.528		
	木挡土板	m³	0.011	1 764.0	19.404		
	钢丝 10 号	kg	0.425	6.14	2.605		
	扒钉	kg	0.274	3.60	0.986		
	其他材料费			—			
	材料费小计			—	33.78		

注:"数量"栏为"投标方工程量÷招标方工程量÷定额单位数量",如"0.03"为"93.12÷30.27÷100"。

表 9.32　　工程量清单综合单价分析表

工程名称：某街道道路新建排水工程　　　　　　　　标段：　　　　　　　　　第　页　共　页

项目编码	040103001001	项目名称		填方	计量单位		m³

清单综合单价组成明细

定额编号	定额名称	定额单位	数量	单价/元				合价/元			
				人工费	材料费	机械费	管理费和利润	人工费	材料费	机械费	管理费和利润
1—56	人工填土夯实(密实度95%)	100 m³	0.039	891.61	0.70	—	187.39	34.77	0.03	—	7.31
人工单价		小计						34.77	0.03	—	7.31
22.47 元/工日		未计价材料费									
清单项目综合单价								42.11			

材料费明细	主要材料名称、规格、型号	单位	数量	单价/元	合价/元	暂估单价/元	暂估合价/元
	水	m³	0.06	0.45	0.03		
	其他材料费			—		—	
	材料费小计			—	0.03	—	

注："数量"栏为"投标方工程量÷招标方工程量÷定额单位数量"，如"0.039"为"637.38÷163.53÷100"。

表 9.33　　工程量清单综合单价分析表

工程名称：某街道道路新建排水工程　　　　　　　　标段：　　　　　　　　　第　页　共　页

项目编码	040501002001	项目名称		混凝土管道铺设	计量单位		m

清单综合单价组成明细

定额编号	定额名称	定额单位	数量	单价/元				合价/元			
				人工费	材料费	机械费	管理费和利润	人工费	材料费	机械费	管理费和利润
6—18	平接式管道基础	100 m	0.01	600.15	9.57	150.14	159.57	6.00	0.10	1.50	0.60
6—52	钢筋混凝土管道铺设	100 m	0.01	281.66	—		59.15	2.82			0.59
6—124	水泥砂浆接口	10 个	0.05	21.46	5.85		5.74	1.10	0.29		0.29
人工单价		小计						9.92	0.39	1.50	1.48
22.47 元/工日		未计价材料费						62.69			
清单项目综合单价								75.98			

材料费明细	主要材料名称、规格、型号	单位	数量	单价/元	合价/元	暂估单价/元	暂估合价/元
	混凝土 C15	m³	0.096 5	231	22.29		
	钢筋混凝土管 φ300	m	1.01	40	40.40		
	其他材料费			—			
	材料费小计			—	62.69	—	

注："数量"栏为"投标方工程量÷招标方工程量÷定额单位数量"，如"0.01"为"94÷94÷100"。

表9.34　工程量清单综合单价分析表

工程名称:某街道道路新建排水工程　　　　　　　标段:　　　　　　　第　页　共　页

项目编码	040501002002		项目名称	混凝土管道铺设		计量单位		m

<table>
<tr><th colspan="9">清单综合单价组成明细</th></tr>
<tr><th rowspan="2">定额编号</th><th rowspan="2">定额名称</th><th rowspan="2">定额单位</th><th rowspan="2">数量</th><th colspan="4">单价/元</th><th colspan="4">合价/元</th></tr>
</table>

定额编号	定额名称	定额单位	数量	人工费	材料费	机械费	管理费和利润	人工费	材料费	机械费	管理费和利润
6—20	平接式混凝土管道基础混凝土 d500,180°,C15	100 m	0.01	999.53	15.13	250.43	265.67	10.00	0.15	25.04	2.66
6—54	钢筋混凝土管道铺设 d500×2 000×42	100 m	0.01	437.00	—	—	91.77	4.37	—	—	0.92
6—125	水泥砂浆接口(180°基础,平接口)	10 个	0.049	23.37	7.16	—	6.411	1.15	0.35	—	0.31
人工单价		小计						15.52	0.50	25.04	3.89
22.47 元/工日		未计价材料费						123.04			
		清单项目综合单价						167.99			

材料费明细	主要材料名称、规格、型号	单位	数量	单价/元	合价/元	暂估单价/元	暂估合价/元
	混凝土 C15	m³	0.161	231	37.19		
	钢筋混凝土管 φ500	m	1.01	85	85.85		
	其他材料费			—	—		
	材料费小计			—	123.04		

注:"数量"栏为"投标方工程量÷招标方工程量÷定额单位数量",如"0.01"为"103.2÷106.00÷100"。

表 9.35　　工程量清单综合单价分析表

工程名称:某街道道路新建排水工程　　　　　　标段:　　　　　　　　第　页　共　页

项目编码	040504001001	项目名称	砌筑检查井	计量单位	座

清单综合单价组成明细

定额编号	定额名称	定额单位	数量	单价/元				合价/元			
				人工费	材料费	机械费	管理费和利润	人工费	材料费	机械费	管理费和利润
6-402	砖砌圆形雨水检查井	座	1	660.60	212.09	660.60	184.47	212.09	660.60	5.74	184.47
6-581	井壁(墙)凿洞	10 m²	0.007	261.06	112.99	—	78.551	1.83	0.79	—	0.55
人工单价			小计					213.92	661.39	5.74	185.02
22.47 元/工日			未计价材料费					82.65			
清单项目综合单价								1 148.72			

	主要材料名称、规格、型号		单位	数量	单价/元	合价/元	暂估单价/元	暂估合价/元
材料费明细	混凝土 C10		m³	0.375	221	82.65		
	其他材料费				—	—		
	材料费小计				—	82.65	—	

注:"数量"栏为"投标方工程量÷招标方工程量÷定额单位数量",如"1"为"8÷8÷1"。

表 9.36　　工程量清单综合单价分析表

工程名称:某街道道路新建排水工程　　　　　　标段:　　　　　　　　第　页　共　页

项目编码	040504003001	项目名称	雨水进水井	计量单位	座

清单综合单价组成明细

定额编号	定额名称	定额单位	数量	单价/元				合价/元			
				人工费	材料费	机械费	管理费和利润	人工费	材料费	机械费	管理费和利润
6-532	砖砌雨水井	座	1	69.63	133.45	2.17	43.10	69.63	133.45	2.17	43.10
人工单价			小计					69.63	133.45	2.17	43.10
22.47 元/工日			未计价材料费					30.28			
清单项目综合单价								278.63			

	主要材料名称、规格、型号		单位	数量	单价/元	合价/元	暂估单价/元	暂估合价/元
材料费明细	混凝土 C10		m³	0.137	221	30.28		
	其他材料费				—	—		
	材料费小计				—	30.28	—	

注:"数量"栏为"投标方工程量÷招标方工程量÷定额单位数量",如"1"为"9÷9÷1"。

表 9.37　分部分项工程量清单与计价表

工程名称：某街道道路新建排水工程　　　　　　标段：　　　　　　　　第　页　共　页

序号	项目编号	项目名称	项目特征描述	计量单位	工程数量	综合单价	合价	其中：暂估价
1	040101002001	挖沟槽土方	三类土，深 2 m 以内	m³	147.86	45.44	6 718.76	
2	040101002002	挖沟槽土方	三类土，深 4 m 以内	m³	49.08	70.94	3 481.74	
3	040101002003	挖沟槽土方	四类土，深 2 m 以内	m³	30.27	137.66	4 166.97	
4	040103001001	填方	沟槽回填，密实度95 %	m³	163.53	42.11	6 886.25	
5	040501002001	混凝土管道铺设	$d300 \times 2\,000 \times 30$ 钢筋混凝土管，180°；C15 混凝土基础	m	94.00	75.98	7 142.12	
6	040501002002	混凝土管道铺设	$d500 \times 2\,000 \times 42$ 钢筋混凝土管，180°；C15 混凝土基础	m	106.00	167.99	17 806.94	
7	040504001001	砌筑检查井	砖砌圆形井，ϕ1 000，平均井深2.6 m	座	4	1 148.72	4 594.88	
8	040504003001	雨水进水井	砖砌，680 × 380，井深 1 m，单箅平算	座	9	278.63	2 507.67	
合计							53 305.33	

9.4　市政管网工程工程量计算常用数据

1. 螺栓用量表

螺栓用量表见表 9.38、9.39。

表 9.38　平焊法兰安装用螺栓用量表

外径×壁厚/mm	规格	重量/kg	外径×壁厚/mm	规格	重量/kg
57×4.0	M12×50	0.319	377×10.0	M20×75	3.906
76×4.0	M12×50	0.319	426×10.0	M20×80	5.42
89×4.0	M16×55	0.635	478×10.0	M20×80	5.42
108×5.0	M16×55	0.635	529×10.0	M20×85	5.84
133×5.0	M16×60	1.338	630×8.0	M22×85	8.89
159×6.0	M16×60	1.338	720×10.0	M22×90	10.668
219×6.0	M16×65	1.404	820×10.0	M27×95	19.962
273×8.0	M16×70	2.208	920×10.0	M27×100	19.962
325×8.0	M20×70	3.747	1020×10.0	M27×105	24.633

表 9.39　对焊法兰安装用螺栓用量表

外径×壁厚/mm	规格	重量/kg	外径×壁厚/mm	规格	重量/kg
57×3.5	M12×50	0.319	325×8.0	M20×75	3.906
76×4.0	M12×50	0.319	377×9.0	M20×75	3.906
89×4.0	M16×60	0.669	426×9.0	M20×75	5.208
108×4.0	M16×60	0.669	478×9.0	M20×75	5.208
133×4.5	M16×65	1.404	529×9.0	M20×80	5.42
159×5.0	M16×65	1.404	630×9.0	M22×80	8.25
219×6.0	M16×70	1.472	720×9.0	M22×80	9.9
273×8.0	M16×75	2.31	720×9.0	M22×80	9.9
273×8.0	M16×75	2.31	820×10.0	M27×85	18.804

2. 模板常用数据

(1)模板的一次使用量表。

1)预制混凝土构件模板使用量(每 10 m³ 构件体积)见表 9.40。

表 9.40　预制混凝土构件模板使用量(每 10 m³ 构件体积)

定额编号	项目	模板支撑种类	钢模板	复合木模板		模板木材	钢支撑	零星卡具	木支撑
				钢框肋	面板				
			kg	kg	m²	m³	kg	kg	m³
6-1311	平板	定型钢模钢撑	7 833.96	—	—	—	—	—	—
6-1312	平板	木模木撑	—	—	—	5.76	—	—	—
6-1313	滤板穿孔板	木模木撑	—	—	—	89.06	—	—	—
6-1314	橡流板	木模木撑	—	—	—	9.46	—	—	—
6-1315	隔(壁)板	木模木撑	—	—	—	10.344	—	—	—
6-1316	挡水板	木模木撑	—	—	—	2.604	—	—	—
6-1317	矩形柱	钢模钢撑	1 698.67	—	—	0.46	587.16	236.40	0.86
6-1318	矩形柱	复合木模木撑	141.82	683.01	44.24	0.46	587.16	236.40	0.86
6-1319	矩形梁	钢模钢撑	4 734.42	—	—	0.38	55	836.67	8.165
6-1320	矩形梁	复合木撑	739.18	1 758.88	111.75	0.38	559.30	836.67	8.165
6-1321	异形梁	木模木撑	—	—	—	12.532	—	—	—
6-1322	集水槽、辐射	木模木撑	—	—	—	5.17	—	—	—
6-1323	小型池槽	木模木撑	—	—	—	15.96	—	—	—
6-1324	槽形板	定型钢撑	55 895.92	—	—	—	—	—	—
6-1325	槽形板	木模木撑	—	—	—	3.56	—	—	4.34
6-1326	地沟盖板	木模木撑	—	—	—	5.687	—	—	—
6-1327	井盖板	木模木撑	—	—	—	15.74	—	—	—
6-1328	井圈	木模木撑	—	—	—	30.30	—	—	—
6-1329	混凝土拱块	木模木撑	—	—	—	13.65	—	—	—
6-1330	小型构件	木模木撑	—	—	—	12.428	—	—	—

2)现浇混凝土构件模板使用量(每 100 m² 模板接触面积)见表 9.41。

表 9.41　现浇混凝土构件模板使用量(每 100 m² 模板接触面积)

定额编号	项　目	模板支撑种类	钢模板	复合木模板		模板木材	钢支撑	零星卡具	木支撑
				钢框肋	面板				
			kg	kg	m²	m³	kg	kg	m³
6—1251	混凝土基础垫层	木模木撑	—	—	—	5.853	—	—	—
6—1252	杯形基础	钢模钢撑	3 129.00	—	—	0.885	3 538.40	657.00	0.292
6—1253		复合木模木撑	98.50	1 410.50	77.00	0.885	—	361.80	6.486
6—1254	设备基础 5 m³ 以外	钢模钢撑	3 392.50	—	—	0.57	—	692.80	4.975
6—1255		复合木模木撑	88.00	1 536.00	93.50	0.57	3 667.20	639.80	2.05
6—1256	设备基础 5 m³ 以内	钢模钢撑	3 368.00	—	—	0.425	3 667.20	639.80	2.05
6—1257		复合木模木撑	75.00	1 471.50	93.50	0.425	—	540.60	3.29
6—1258	螺 0.5 m 内		—	—	—	0.045	—	—	0.017
6—1259	栓 1.0 m 内	木模木撑	—	—	—	0.142	—	—	0.021
6—1260	套 1.0 m 外		—	—	—	0.235	—	—	0.065
6—1261	平池底	钢模钢撑	3 503.00	—	—	0.06	—	374.00	2.874
6—1262	平池底	木模木撑	—	—	—	3.064	—	—	2.559
6—1263	锥坡池底	木模木撑	—	—	—	9.914	—	—	
6—1264	矩形池底	钢模钢撑	3 556.50	—	—	0.02	3 408.00	1 036.6	—
6—1265	矩形池壁	木模木撑	—	—	—	2.519	—	—	6.023
6—1266	圆形池壁	木模木撑	—	—	—	3.289	—	—	4.269
6—1267	支模高度超过 3.6 m每增加 1 m	钢模钢撑	—	—	—	—	220.80	—	0.005
6—1268		木撑	—	—	—	—	—	—	0.445
6—1269	无梁池盖	木模木撑	—	—	—	3.076	—	—	4.981
6—1270	无梁池盖	复合木模木撑	—	1 410.50	95.00	0.226	6 453.60	348.80	1.75
6—1271	肋形池盖	木模木撑	—	—	—	4.91	—	—	4.981
6—1272	无梁盖柱	钢模钢撑	3 380.00	—	—	1.56	3 970.10	1 035.2	2.545
6—1273	无梁盖柱	木模木撑	—	—	—	4.749	—	—	7.128
6—1274	矩形柱	钢模钢撑	3 866.00	—	—	0.305	5 458.80	1 308.6	1.73
6—1275		复合木模木撑	512.00	1 515.00	87.50	0.305	—	1 186.2	5.05
6—1276	圆(异)形柱	木模木撑	—	—	—	5.296	—	—	5.131
6—1277	支模高度超过 3.6 m,每增加 1 m	钢撑	—	—	—	—	400.80	—	0.20
6—1278		木撑	—	—	—	—	—	—	0.52

续表 9.41

定额编号	项　目	模板支撑种类	钢模板	复合木模板		模板木材	钢支撑	零星卡具	木支撑
				钢框肋	面板				
			kg	kg	m²	m³	kg	kg	m³
6—1279	连续梁单梁	钢模钢撑	3 828.50	—	—	0.08	9 535.70	806.00	0.29
6—1280		复合木模木撑	358.00	1 541.50	98.00	0.08	—	716.60	4.562
6—1281	沉淀池壁基梁	木模木撑	—	—	—	2.94	—	—	7.30
6—1282	异形梁	木模木撑	—	—	—	3.689	—	—	7.603
6—1283	支模高度超过 3.6 m，每增加 1 m	钢撑	—	—	—	—	1 424.40	—	—
6—1284		木撑	—	—	—	—	—	—	1.66
6—1285	平板走道板	钢模钢撑	3 380.00	—	—	0.217	5 704.80	542.40	1.448
6—1286		复合木模木撑	—	1 482.50	96.50	0.217	—	542.40	8.996
6—1287	悬空板	钢模钢撑	2 807.50	—	—	0.822	4 128.00	511.60	2.135
6—1288		复合木模木撑	—	1 386.50	80.50	0.822	—	511.60	6.97
6—1289	挡水板	木模木撑	—	—	—	4.591	—	49.52	5.998
6—1290	支模高度超过 3.6 m，每增加 1 m	钢撑	—	—	—	—	1 225.20	—	—
6—1291		木撑	—	—	—	—	—	—	2.00
6—1292	配出水槽	木模木撑	—	—	—	2.743	—	—	2.328
6—1293	沉淀池水槽	木模木撑	—	—	—	4.455	—	—	10.169
6—1294	澄清池反压筒壁	钢模钢撑	3 255.50	—	—	0.705	2 356.80	764.60	—
6—1295		复合木模木撑	—	1 495.00	89.50	0.705	—	599.40	2.835
6—1296	导流墙筒	木模木撑	—	—	—	4.828	—	29.60	1.481
6—1297	小型池槽	木模木撑	—	—	—	4.33	—	—	1.86
6—1298	带形基础	钢模钢撑	3 146.00	—	—	0.69	2 250.00	582.00	1.858
6—1299		复合木模木撑	45.00	1 397.07	98.00	0.69	—	432.06	5.318
6—1300	混凝土管座	钢模钢撑	3 146.00	—	—	0.69	2 250.00	582.00	1.858
6—1301		复合木模木撑	45.00	1 397.07	98.00	0.69	—	432.06	5.318
6—1302	渠（涵）直墙	钢模钢撑	3 556.00	—	—	0.14	2 920.80	863.40	0.155
6—1303		复合木模木撑	249.00	1 498.00	96.50	0.14	—	712.00	5.81
6—1304	顶板	钢模钢撑	3 380.00	—	—	0.217	5 704.80	542.40	1.448
6—1305		复合木模木撑	—	1 482.50	96.50	0.217	—	542.40	8.996
6—1306	井底流槽	木模木撑	—	—	—	4.746	—	—	—
6—1307	小型构件	木模木撑	—	—	—	5.67	—	—	3.254

注：6—1297 小型池槽项目单位为每 10 m³ 外形体积。

(2)模板的周转使用次数、施工损耗的补损率。

1)现浇构件组合钢模、复合模板见表9.42。

表9.42 现浇构件组合钢模、复合木模的周转使用次数、施工损耗补损率

定额编号	项目	模板支撑种类	钢模板	复合木模板		模板木材	钢支撑	零星卡具	木支撑
				钢框肋	面板				
			kg	kg	m²	m³	kg	kg	m³
6－1279	连续梁单梁	钢模钢撑	3 828.50	—	—	0.08	9 535.70	806.00	0.29
6－1280		复合木模木撑	358.00	1 541.50	98.00	0.08	—	716.60	4.562
6－1281	沉淀池壁基梁	木模木撑	—	—	—	2.94	—	—	7.30
6－1282	异形梁	木模木撑	—	—	—	3.689	—	—	7.603
6－1283	支模高度超过3.6m，每增加1m	钢撑	—	—	—	—	1 424.40	—	—
6－1284		木撑	—	—	—	—	—	—	1.66
6－1285	平板走道板	钢模钢撑	3 380.00	—	—	0.217	5 704.80	542.40	1.448
6－1286		复合木模木撑	—	1 482.50	96.50	0.217	—	542.40	8.996

计算式为：

$$钢模板摊销量 = \frac{一次使用量 \times (1 + 施工损耗)}{周转次数}$$

$$一次使用量 = 每100 \text{ m}^2 构件一次净用量。$$

2)现浇构件木模板见表9.43。

表9.43 现浇构件木模板周转使用次数、施工损耗补损率

外径×壁厚/mm	规格	重量/kg	外径×壁厚/mm	规格	重量/kg
57×4.0	M12×50	0.319	377×10.0	M20×75	3.906
76×4.0	M12×50	0.319	426×10.0	M20×80	5.42
89×4.0	M16×55	0.635	478×10.0	M20×80	5.42
108×5.0	M16×55	0.635	529×10.0	M20×85	5.84
133×5.0	M16×60	1.338	630×8.0	M22×85	8.89
159×6.0	M16×60	1.338	720×10.0	M22×90	10.668
219×6.0	M16×65	1.404	820×10.0	M27×95	19.962
273×8.0	M16×70	2.208	920×10.0	M27×100	19.962
325×8.0	M20×70	3.747	1020×10.0	M27×105	24.633

计算式为：

$$木模板一次使用量 = 每100 \text{ m}^2 构件一次模板净用量$$

$$周转用量 = 一次使用量 \times (1 + 施工损耗) \times$$

$$[1 + (周转次数 - 1) \times 补损率 \div 周转次数]$$

$$摊销量 = 一次使用量 \times (1 + 施工损耗) \times [1 + (周转次数 - 1) \times$$

$$补损率 \div 周转次数 - (1 - 补损率) \div 周转次数] =$$

$$一次使用量 \times (1 + 施工损耗) \times K$$

3)预制构件模板见表9.44。

表 9.44　预制构件模板周转使用次数、施工损耗补损率

定额编号	项目	模板支撑种类	钢模板	复合木模板		模板木材	钢支撑	零星卡具	木支撑
				钢框肋	面板				
			kg	kg	m²	m³	kg	kg	m³
6—1279	连续梁单梁	钢模钢撑	3 828.50	—	—	0.08	9 535.70	806.00	0.29
6—1280		复合木模木撑	358.00	1 541.50	98.00	0.08	—	716.60	4.562
6—1281	沉淀池壁基梁	木模木撑	—	—	—	2.94	—	—	7.30
6—1282	异形梁	木模木撑	—	—	—	3.689	—	—	7.603
6—1283	支模高度超过 3.6 m,每增加 1 m	钢撑	—	—	—	—	1 424.40	—	—
6—1284		木撑	—	—	—	—	—	—	1.66
6—1285	平板走道板	钢模钢撑	3 380.00	—	—	0.217	5 704.80	542.40	1.448
6—1286		复合木模木撑	—	1 482.50	96.50	0.217	—	542.40	8.996

计算式为:

$$组合钢模板摊销量=一次使用量/周转次数$$

$$配合组合钢模板使用的木模板、木支撑、木楔摊销量=一次使用量/周转次数$$

$$一次使用量=每 10 \text{ m}^3 混凝土模板接触面积净用量×(1+施工损耗率)$$

第10章 地铁工程工程量计算

10.1 地铁工程全统市政定额工程量计算规则

10.1.1 地铁工程预算定额说明

1. 土建工程

（1）土方与支护。

1）土方与支护定额包括土方工程、支护工程等 2 节 26 个子目。

2）土方与支护定额未含土方外运项目，发生时执行第一册"通用项目"相应子目。

3）竖井挖土方项目未分土质类别，按综合考虑的。

4）盖挖土方项目以盖挖顶板下表面划分，顶板下表面以上的土方执行第一册"通用项目"的土方工程相应子目，顶板下表面以下的土方执行盖挖土方相应子目。

（2）结构工程。

1）结构工程定额包括混凝土、模板、钢筋、防水工程等共 4 节 83 个子目。

2）结构工程定额喷射混凝土按 C20 测算，与设计要求不同时可按各省、自治区、直辖市标准进行调整。子目中已包括超挖回填、回弹和损耗量。

3）钢筋工程是按 $\phi10$ 以上及 $\phi10$ 以下综合编制的。

4）结构工程定额中的预制混凝土站台板子目只包括了站台板的安装费用，未含预制混凝土站台板的本身价格，其价格由各省、自治区、直辖市造价管理部门自行编制确定。

5）圆形隧道的喷射混凝土及混凝土项目按拱顶、弧墙、拱底划分，其中起拱线以上为拱顶，起拱线至墙脚为弧墙，两墙脚之间为拱底，分别套用相应子目。

6）临时支护喷射混凝土子目，适用于施工过程中必须采用的临时支护措施的喷射混凝土。

7）竖井喷射混凝土执行临时支护喷射混凝土子目。

8）模板按钢模板为主、木模板为辅综合测算。区间隧道模板分为钢模板钢支撑、钢模板木支撑及隧道模板台车项目，其中隧道非标准断面执行相应的钢模板钢支撑和钢模板木支撑项目，隧道标准断面应执行隧道模板台车项目。底板梁的模板按混凝土的接触面积并入板的模板计算。梗斜的模板靠墙的并入墙的模板计算；靠梁的并入梁的模板计算。

9）模板项目中均综合考虑了地面运输和模板的地面装卸费用。

（3）其他工程。

1）其他工程定额包括隧道内临时工程拆除、材料运输、竖井提升共计 13 个子目。

2）其他工程定额临时工程适用于暗挖或盖挖施工时所铺设的洞内临时性管、线、路工程。

3)其他工程定额拆除混凝土子目中未含废料地面运输费用,如发生执行第一册"通用项目"第一章相应子目。临时工程按季度摊销量测算,不足一季度按一季度计算。

4)洞内材料运输和材料竖井提升子目仅适用于洞内施工(盖挖与暗挖)所使用的水泥、砂、石子、砖及钢材的运输与提升。

2. 轨道工程

(1)铺轨。

1)铺轨包括隧道铺轨、地面铺轨、桥面铺轨、道岔尾部无枕地段铺轨、换铺长轨等共5节28个子目。

2)铺轨定额所列扣件根据隧道、地面、桥面道床形式和轨枕类型不同,分别按弹条扣件和无螺栓弹条扣件列入定额子目。

3)人工铺长轨、换铺长轨子目,不包括长轨焊接费用,实际发生时执行长轨焊接相应子目。

4)换铺长轨子目不包括工具轨的铺设费用,但包括工具轨的拆除、回运及码放费用。

5)道岔尾部无枕地段铺轨,是指道岔跟端至末根岔枕中心距离(L)已铺长岔枕地段的铺轨。长岔枕铺设的用工、用料均在铺道岔定额中。

6)整体道床铺轨子目已包括了钢轨支撑架的摊销费用。

(2)铺道岔。

1)铺道岔包括人工铺单开道岔、复式交分道岔和交叉渡线共3节12个子目。

2)碎石道床地段铺设道岔,岔枕是按木枕和钢筋混凝土枕分别考虑的;整体道床地段铺设道岔,岔枕是按钢筋混凝土短岔枕考虑的。

3)铺道岔定额的整体道床铺道岔所采用的支撑架类型、数量是按施工组织设计计算的,其支撑架的安拆整修用工已含在定额内。

4)铺道岔定额中道岔轨枕扣件按分开式弹性扣件计列,如设计类型与定额不同时,相应扣件类型按设计数量进行换算。

(3)铺道床。

1)铺道床包括铺碎石道床1节共3个子目。

2)铺道床适用于城市轨道交通工程地面线路碎石道床铺设。

(4)安装轨道加强设备及护轮轨。

1)安装轨道加强设备及防护轨定额包括安装轨道加强设备和铺设护轮轨2节共10个子目。

2)安装轨道加强设备及防护轨定额中安装绝缘轨距杆,是按厂家成套成品安装考虑的。

3)安装轨道加强设备及防护轨定额中防爬支撑子目,是按木制防爬支撑考虑的,如设计使用材质不同时,另列补充项目。

4)铺设护轮轨子目,是按北京市城建设计院设计的地铁防脱护轨考虑的,本子目系按单侧编制,双侧安装时按实际长度折合为单侧工作量。

(5)线路其他工程。

1)线路其他工程包括铺设平交道口、安装车挡、安装线路及信号标志、沉落整修及机车压道、改动无缝线路等 5 节共 19 个子目。

　　2)铺设平交道口项目其计量的单位 10 m 宽是指道路路面宽度,夹角是指铁路与道路中心线相交之锐角;本项目是按木枕地段 50 kg 钢轨、板厚 100 mm、夹角 90°设立的。

　　3)安装线路及信号标志的洞内标志,按金属搪瓷标志综合考虑,洞外标志和永久性基标按混凝土制标志考虑的。

　　4)沉落整修项目仅适用于人工铺设面渣地段。

　　5)加强沉落整修项目适用于线路开通后,其行车速度要求达到每小时 45 km 以上时使用,当无此要求时,则应按规定采用沉落整修项目,两个项目不能同时使用。

　　6)机车压道项目仅适用于碎石道床人工铺轨线路。

　　7)改动无缝线路项目仅适用于地面及桥面无缝线路铺轨。

　　(6)接触轨安装。

　　1)接触轨安装定额包括接触轨安装、接触轨焊接接头轨弯头安装、安装防护板 4 节共 7 个子目。

　　2)接触轨安装定额接触轨焊接是按移动式气压焊现场焊接考虑的。

　　3)接触轨安装定额接触轨防护板是按玻璃钢防护板考虑的,如使用木制防护板,由各省、自治区、直辖市定额管理部门另行补充项目。

　　4)接触轨安装定额整体道床接触轨安装已包括混凝土底座吊架的摊销费用。

　　(7)轨料运输。

　　1)轨料运输定额 1 节共 2 个子目。

　　2)轨料运输定额适用于长钢轨运输、标准轨及道岔运输。

　　3)轨料运输运距按 10 km 综合考虑的。

　　4)轨料运输包括将钢轨及道岔自料库基地(或焊轨场)运至工地的费用。

　　3. 通信工程

　　(1)导线敷设。

　　1)导线敷设定额包括顶棚敷设导线、托架敷设导线、地槽敷设导线共 3 节 11 个子目,适用于地铁洞内导线常用方式的敷设。

　　2)导线敷设定额敷设导线子目是根据导线类型、规格按敷设方式设置的。且9—208～9—212 子目每百米均综合了按导线截面通过电流大小配置的相应接线端子 20 个。

　　3)导线敷设引入箱、架中心部(或设备中心部)后,应另再增加 1.5 m 的预留量。

　　4)顶棚、托架敷设导线项目分别按每 1.5 m 防护绑扎和 5 m 绑扎一次综合测算。

　　5)敷设导线定额的预留量。

　　①根据广播网络洞内扬声器布设的需要,托架敷设广播用导线每 50 m 预留 1.5 m。

　　②根据洞内隧道电话插销布设的需要,托架敷设隧道电话插销用导线每 200 m 应预留 3 m。

　　③其他要求的预留量,可参照托架敷设电缆预留量的标准执行。

　　(2)电缆、光缆敷设及吊、托架安装。

　　1)电缆、光缆敷设及吊、托架安装定额包括顶棚敷设电缆,托架敷设电缆,站内、洞内钉固及吊挂敷设电缆,安装托板、托架、吊架,托架敷设光缆,钉固敷设光缆,地槽敷设光缆共 7 节 41 个子目,适用于地铁电缆、光缆站内、洞内常用方式的敷设和托、吊架的安装。

2)电缆、光缆敷设预留量的规定。

①电缆预留量规定。

a.接续处预留 1.5~2 m。

b.引入设备处预留 1~2 m。

c.总配线架成端预留量。

100 对成端预留量 3.5 m(采用一条 100 对电缆成端)。

200 对成端预留量 4.5 m(采用一条 200 对电缆成端)。

300 对成端预留量 5.5 m(采用一条 300 对电缆成端)。

400 对成端预留量 9 m(采用两条 200 对电缆成端)。

600 对成端预留量 11 m(采用两条 300 对电缆成端)。

d.组线箱成端预留量 50 对以下组线箱成端预留 1.5 m。

e.交接箱接头排预留量 100 对电缆以上接头排预留 5 m。

f.分线箱(盒)预留量 50 对以下箱(盒)预留 2.5 m。

②光缆预留量规定。

a.接续处预留 2~3 m。

b.引入设备处预留 5 m。

c.中继站两侧引入口处各预留 3~5 m。

d.接续装置内光纤收容余长每侧不得小于 0.8 m。

e.敷设托架光缆每 200 m 增加 2~3 m 预留量,进出平拉隧道隔断门(或立转门)各增加 5 m(或 3 m)的预留量,跨越绕行增加 12 m(或 2.5 m)的计算长度。

f.其他特殊情况,请按设计规定执行。

3)顶棚、托架、地槽敷设电缆、光缆子目,是根据每 5 m 绑扎一次综合测定的。

4)站内钉固电缆子目是按每 0.5 m 钉固一次综合测定的。洞内电缆子目是按每米钉固一次敷设的,若间距小于等于 0.5 m 时,可适当按照站内相应钉固子目予以调整。光缆钉固子目不分站内、洞内均按每米钉固一次综合测定。

5)安装托板托架子目是以面层镀锌工艺制作、镀层厚 4~5 μm 的 6 层组合式膨胀螺栓固定的托板托架设置的,每套由 1 根托架、6 块活动托板组成。若使用 5 层一体化预埋铁螺栓紧固托板托架时,人工用量按该子目的 80% 调整。

6)安装漏缆吊架(工艺要求同托架)包括安装吊架本身以及连接固定漏缆的卡扣。

7)洞内安装漏泄同轴电缆是按每米吊挂一次综合测算的。

8)光缆敷设综合考虑了仪器仪表的使用费,光缆芯数超出 108 芯以后,光缆芯数每增加 24 芯,敷设百米光缆,人工增加 0.8 个工日,仪器仪表的使用费增加 5.18 元。

9)电缆、光缆敷设的检验测试,要有完整的原始数据记录,以作为工程资料的一个组成部分。电缆、光缆在运往现场时,应按施工方案配置好顺序。隧道区间内预留的电缆、光缆必须固定在隧道壁上,以防止列车碰刷。

(3)电缆接焊、光缆接续与测试。

1)电缆接焊、光缆接续与测试定额包括电缆接焊、电缆测试、光缆接续、光缆测试共 4

节 20 个子目。适用于地铁工程常用的电缆接焊、光缆接续与测试。

2)电缆接焊头项目,是以缆芯对数划分按前套管直通头封装方式测算的。本项目适用于常用电缆接头的芯线接续(一字型、分歧型),接头的对数为计算标准。

①纸隔与塑隔电缆的接续点按塑隔芯线计算,大小线径相接按大小线径计算。

②若为分歧接焊,在相同对数的基础上:铅套管分歧封头按相同对数铅套管直通头子目规定,人工增加 10%,分歧封头材料费按定额消耗量不变,材料单价可调整。C 型套管接续套用相同规格子目,主要材料换价计取。

3)电缆全程测试项目,是指从总配线架(或配线箱)至配线区的分线设备端子的电缆测试,包括测试中对造成的故障线路修复,并综合考虑了相应仪器仪表的使用费。

4)光缆接续子目综合考虑了仪器仪表的使用费,光缆芯数每增加 24 芯,人工增加 8 个工日,仪器仪表的使用费增加 224.06 元。

5)光缆测试子目综合考虑了仪器仪表的使用费,光缆芯数每增加 24 芯,人工增加 4 个工日,仪器仪表的使用费增加 129.33 元。

(4)通信电源设备安装。

1)通信电源设备安装定额包括蓄电池安装及充放电、电源设备安装共 2 节 14 个子目。适用于地铁常用通信电源的安装和调试。

2)蓄电池项目,是按其额定工作电压、容量大小划分,以蓄电池组综合测算的,适用于 24V、48V 工作电压的常用蓄电池组安装及蓄电池组按规程进行充放电。

蓄电池组容量超过 500A,24V 蓄电池组每增加 500A,人工增加 1.5 工日;48V 蓄电池组每增加 500A,人工增加 4 工日。

3)蓄电池电极连接系按电池带有紧固螺栓、螺母、垫片考虑的。定额中未考虑焊接。如采用焊接方式连接,除增加焊接材料外,人工工日不变。

4)蓄电池组容量和电压与定额所列不同时,可按相近子目套用。

5)安装调试不间断电源和数控稳压设备项目,是按额定功率划分,以台综合测算的。包括了电源间与设备间进出线的连接和敷设。

6)组合电源设备的安装已包括进出线、缆的连接,但未包括进出线、缆的敷设。

7)安装调试充放电设备项目,包括监测控制设备、变阻设备、电源设备的安装、调试与连接线缆的敷设。

8)安装蓄电池机柜、架定额,是以 600 mm(宽)×1 800 mm(高)×600 mm(厚)的机柜,二层总体积为 2 200 mm(宽)×1 000 mm(高)×1 500 mm(厚)的蓄电池机架综合测定的。

9)配电设备自动性能调测子目是以台综合测算的。

10)布放电源线可参考通信工程定额第三部分导线敷设中相应子目。

(5)通信电话设备安装。

1)通信电话设备安装定额包括安调程控交换机及附属设备、安调电话设备及配线装置共 2 节 19 个子目。适用于地铁工程国产和进口各种制式的程控交换机设备的硬件、软件安装、调试与开通,以及电话设备安装和调试。

2)程控交换机安装调试项目均包括硬件的安装调试和软件的安装调试,且综合考虑了仪器仪表的使用费。程控交换机的硬件安装各子目均包括相对应的配线架(柜)的安装(配线架的容量按交换机容量 1.4～1.6 倍计)。工作内容还包括:安插电路板及机柜部件、连接地线、电源线、柜间连线、加电检查,程控交换机至配线架(柜)横列间所有电缆的量裁、布放、绑扎、绕接(或卡接)。其中主要连接线、缆敷设按程控机房、电源室、配线架的相应长度以及各种连接插件的安装按规定数量,已综合在子目内。

程控交换机软件安装包括以下内容:

①程控交换机进行系统硬件测试。

②系统配置的数据库生成,用户及中继线数据库生成,各项功能数据库的生成,列表检查核对,复制设备软盘。

3)程控交换机定额,只列出了 5 000 门以下的交换设备。若实际设置超过 5 000 门容量的交换设备,按超过的容量,直接套用相应子目计取。

4)安调终端及打印设备、计费系统、话务台、修改局数据、增减中继线、安装远端用户模块定额均指独立于程控交换机安装项目之外的安装调试。

5)终端及打印设备安装调试定额均包括:终端设备、打印机的安装调试及随机附属线、缆的连接。

6)计费系统安装调试均包括:计算机、显示器、打印机、调制解调器、电源、鼠标、键盘的安装调试及随机线缆、进出线缆的连接。

7)话务台安装调试定额均包括:计算机、显示器、鼠标、键盘、ISDT 设备安装调试及随机线缆、进出线缆的连接。

8)安装调试程控调度交换设备、程控调度电话、双音频电话、数字话机(或接口)均包括:设备(或装置)本身的安装调试及附属接线盒的安装和线缆的连接。

9)安装交接箱定额是以 600 回线交接箱的安装综合测算的;安装卡接模块定额是以 10 回线模块的安装综合测算的;安装交接箱模块支架定额是以安装 10×10 回线的模块支架综合测定的;安装卡接保安装置定额是以安装在卡接模块每回线上的保安装置综合测算的。

10)计算机终端及打印机单独安装调测时,可按全国统一安装工程预算定额的相应子目计取。

(6)无线设备安装。

1)无线设备安装定额包括安装电台及控制、附属设备,安装天线、馈线及场强测试,共 2 节 11 个子目,适用于车站、车场、列车电台设备的安装调试。

2)安装基地电台项目包括:机架、发射机、接收机、功放单元、控制单元、转换单元、控制盒、电源的安装调试以及随机线缆安装、进出线缆的连接,且综合考虑了仪器仪表的使用。

3)安装调测中心控制台项目包括:计算机、显示器、控制台、鼠标、键盘的安装调试以及随机线缆安装、进出线缆的连接。

4)安装调试录音记录设备项目、安装调试便携电台(或集群电话)均以单台综合测算的,且安装调试便携电台(或集群电话)子目还综合考虑了仪器仪表的使用费。

5)安装调测列车电台是以安装调试含有设备箱的一体化结构电台、控制盒、送受话器以及随机线缆安装、进出线缆连接综合测算的,且综合考虑了仪器仪表的使用费。

6)固定台天线是以屋顶安装方式综合测算的,采用其他形式安装时,可参考本定额另行计取。车站电台天线安装调试,可直接套用列车天线相应子目。

7)场强测试是按正线区间(1 km)双隧道,并分别按照顺向、逆向、重点核查三次测试而综合测算的,且综合考虑了仪器仪表的使用费。

8)同轴软缆敷设以 30 m 为 1 根计算,超过 30 m 每增加 5 m 为 1 根计算。

9)系统联调,是以包括 1 套中心控制设备,10 套车站设备,20 套列车设备为一系统综合测算的,且综合考虑了仪器仪表的使用费。

10)设备安调均以带有机内(或机间)连接线缆综合考虑,设备到端子架(箱)的连接线缆,可参照适当子目另行计取。

(7)光传输、网管及附属设备安装。

1)电传输、网管及附属设备安装定额包括光传输、网管及附属设备安装,稳定观测、运行试验共 2 节 11 个子目,适用于 PCM、PDH、SDH、OTN 等制式的传输设备的安装和调试。

2)安装调试多路复用光传输设备包括:端机机架、机盘、光端机、复用单元、传输及信令接口单元、光端机主备用转换单元、维护单元、电源单元的安装调试以及随机线缆安装、进出线缆的连接,且综合考虑了相应仪器仪表的使用费,但不含 UPS 电源设备的安装调试。

3)安调中心网管设备定额,安装调试车站网管设备定额,均以套综合测算。其中安装调试中心网管设备综合考虑了相应仪器仪表的使用费。安装调试中心网管设备包括:中心网管设备、计算机、显示器、鼠标、键盘的安装调试以及随机线缆的安装连接。安装调试车站网管设备包括:车站网管设备的安装调试和随机线、缆的安装连接。

4)安装光纤配线架、数字配线架、音频终端架,均以架综合测算。其中光纤配线架和音频终端架定额是以 60 芯以下配线架综合测算的。

5)放绑同轴软线以 10 m 为 1 条测算,尾纤制作连接以 3 m 为 1 条测算。

6)安装光纤终端盒以个综合测算。

7)传输系统稳定观测,网管系统运行试验定额,均以 10 个车站、1 个中心站为一个系统综合测算的,且综合考虑了相应仪器仪表的使用费。

8)设备安装调试均以带有机内(或机间)连接线缆综合考虑,设备到端子架(箱)的连接线缆,可参照相关章节适当子目,另行计取。

(8)时钟设备安装。

1)时钟设备安装定额包括安装调试中心母钟设备、安装调试二级母钟及子钟设备共 2 节 9 个子目,适用于计算机管理的、GPS 校准的、以中央处理器为主单元的数字化子钟运营、管理系统的安装调测。

2)安装调试中心母钟定额,以套综合测算,且考虑了相应仪器仪表的使用费。包括:机柜、电视解调器、自动校时钟、多功能时码转换器、卫星校频校时钟、高稳定时钟(2 台)、时码切换器、时码发生器、时码中继器、中心检测接口、中心监测接口、时码定时通信器、计算机接口装置直流电源的安装调试,以及随机线缆安装、进出线缆的连接。

3)全网时钟系统调试是以 10 套二级母钟、1 套中心母钟为一系统综合测定的,且考虑了相应仪器仪表的使用费。

4)安装调试二级母钟包括机柜、高稳定时钟、车站监测接口、时码分配中继器的安装调试,以及随机线缆安装、进出线缆的连接。

5)车站时钟系统调试,是以每套二级母钟带 35 台子钟为一系统综合考虑的,且考虑了相应仪器仪表的使用费。

6)站台数显子钟以 10 双面悬挂式、发车数显子钟以 5 单面墙挂式、室内数显子钟以 3 单面墙挂式、室内指针子钟以 12 单面墙挂式综合测算。

7)安调卫星接收天线包括天线的安装调试和 20 m 同轴电缆的敷设连接。

8)电源设备、微机设备安装调试,可参考其他章节或《全国统一安装工程预算定额》相关子目。

9)设备安装调试定额均以带有机内(或机间)连接线缆综合考虑,设备到端子架(箱)的连接线缆,可参照相关章节适当子目另行计取。

(9)专用设备安装。

1)专用设备安装定额包括安装中心广播设备、安装调试车站及车场广播设备、安调附属、设备及装置共 3 节 22 个子目,适用于计算机控制管理、以中央处理器为主控制单元的各种有线广播设备的安装,以及调测和通信专用附属设备的安装、调试。

2)中心广播控制台设备是以 20 回路输出设备综合测定的,且考虑了相应仪器仪表的使用费,包括控制台、计算机、显示器、鼠标、键盘的安装调试以及随机线缆的安装连接。车站广播控制台设备,是以 10 回路输出设备综合测定的,且考虑了相应仪器仪表的使用费,包括车站控制台、话筒的安装调试,以及随机线缆安装、进出缆的连接。

3)车站功率放大设备是以输出总功率 2 800 W 设备综合考虑的,以套为单位计算,包括机架、功放单元(7 层)、变阻单元(3 层)、切换分机、功放检测分机、电源分机的安装调试,以及随机线缆安装、进出线缆的连接,且考虑了相应仪器仪表的使用费。

4)车站广播控制盒、防灾广播控制盒是以具有放音卡座及语音存储器功能的设备综合考虑的,包括控制盒和话筒的安装调试以及随机线缆安装、进出线缆的敷设连接。

5)安装调试列车间隔钟是以含有支架安装综合测算的。

6)安装调试中心广播接口设备、车站广播接口设备、扩音转接机、电视遥控电源单元、设备通电 24 h,以及安装调试专用操作键盘,均以台综合测算。其中安装调试中心广播接口设备、安装调试车站广播接口设备子目,均考虑了相应仪器仪表的使用费。

7)安装广播分线装置、安装调试扩音通话柱、安装音箱、安装纸盆扬声器、安装吸顶扬声器、安装号码标志牌、安装隧道电话插销、安装监视器防护外罩定额,均以个综合测算。安装号筒扬声器子目以对测算。

8)安装号码标志牌,特指隧道内超运距安装。若在隧道外安装时,每个号码牌标志人工调减至 0.1 工日。

9)系统稳定性调试定额,是以 1 套中心广播设备、10 套车站广播设备为一系统,稳定运行 200 h 综合测算的,且综合考虑了相应仪器仪表的使用费。

10)设备安装调试定额均以带有机内(或机间)连接线缆综合考虑,设备到端子架(箱)

的连接线缆可参照相关章节适当子目另行计取。

4. 信号工程

(1)室内设备安装。

1)室内设备安装定额包括:控制台安装,电源设备安装,各种盘、架、柜安装共 3 节 52 个子目。

2)室内设备安装定额不含非定型及数量不固定的器材(如组合、继电器、交流轨道电路滤波器等),编制概预算时应按设计数量另行计算其消耗量。但其安装所需要的工、料费用已综合在各有关子目中。

3)单元控制台安装(按横向单元块数分列子目),调度集中控制台安装,信息员工作台安装,调度长工作台安装,调度员工作台安装,微机连锁数字化仪工作台安装,微机连锁应急台安装,综合了室内地脚螺栓安装和地板上摆放安装所用人工、材料消耗量。

4)调度集中控制台安装,不含通信设备、微机终端设备的安装接线。

5)分线柜安装按六柱端子、十八柱端子分 10 组道岔以上、10 组道岔以下综合测算,不包括分线柜与墙体的绝缘设置(如发生费用另计)、电缆固定以及电缆绝缘测试设备的安装。

6)大型单元控制台安装(50~70 块以上)及调度集中控制台安装、信息员工作台安装、调度员工作台安装、中心模拟盘安装均考虑了搬运上楼的困难因素并增加了起重机台班的消耗量,高度按 20 m 以内确定,超过 20 m 时应另行计算。

7)电气集中组合架安装、电气集中新型组合柜及电气集中继电器柜安装,综合了室内地脚螺栓安装和地板上摆放安装,按 25 组道岔以下、25 组道岔以上综合测算。

8)电气集中组合架安装、电气集中新型组合柜安装及电气集中继电器柜安装,不包括熔丝报警器与其他电源装置的安装。

9)走线架及工厂化配线槽道安装,按螺栓固定安装在室内各种盘、架、柜的上部测算,包括室内设备上部安装有走线架或工厂化配线槽道的所有设备。走线架或工厂化配线槽道与机架或墙体如设计要求需加绝缘时,其人工、材料费另计。

(2)信号机安装。

1)信号机安装定额包括:矮型色灯信号机安装、高柱色灯信号机安装、表示器安装、信号机托架的安装,共 4 节 9 个子目。

2)信号机安装定额工作内容包括:设备本身的固定安装,内部器材的安装、接线等全部工作内容。

3)矮型色灯信号机安装与矮型进路表示器安装,不论是洞内安装在托架上还是车场安装在混凝土基础上,均综合考虑了洞内分线箱方式配线及室外(车场)电缆盒方式配线的工作内容。

(3)电动道岔转辙装置安装。

1)电动道岔转辙装置安装定额包括:各种电动道岔转辙装置的安装及四线制道岔电路整流二极管安装等 5 个子目。

2)电动道岔转辙装置的安装是按普通安装方式测算的。当采用三轨方式送牵引电,电动道岔转辙装置安装侵限,需对电动道岔转辙装置改型、加工时,其消耗量不得调整。

3)电动道岔转辙装置的安装包括了绝缘件安装用工,但不含转辙装置绝缘件本身价值。

(4)轨道电路安装。

1)轨道电路安装定额包括:轨道电路安装、轨道绝缘安装、钢轨接续线、道岔跳线、极性交叉回流线安装与传输环路安装共 4 节 24 个子目。

2)轨道电路安装定额轨道电路安装、钢轨接续线安装焊接、道岔跳线安装焊接、极性交叉回流线安装焊接及传输环路安装子目中各种规格的电缆、导线在钢轨上焊接时,所采用的工艺方法均按北京地下铁道标准测算。

3)焊药按规格每个焊头用一管,焊接模具按每套焊接 40 个焊头摊销。

4)轨道电路安装含箱、盒内各种器材安装及配线。

5)钢轨接续线焊接按每点含 2 个轨缝,每个轨缝焊接 2 根钢轨接续线($95\ mm^2 \times 1.3\ m$、$95\ mm^2 \times 1.5\ m$ 橡套软铜线)测算。

(5)室外电缆防护、箱盒安装。

1)室外电缆防护、箱盒安装定额包括室外电缆防护,箱盒安装,共 2 节 18 个子目。

2)箱盒安装,不含箱盒内各种器材设施的安装及配线。

(6)信号设备基础。

1)信号设备基础定额包括:信号机、箱、盒基础及信号机卡盘,电缆和地线埋设标共 2 节 15 个子目。

2)信号设备基础定额基础混凝土均按现场浇筑测算。

3)各种基础的混凝土强度等级均采用 C20。

(7)车载设备调试。

1)车载设备调试定额包括:列车自动防护(ATP)车载设备调试、列车自动运行(ATO)车载设备调试、列车识别装置(PTI)车载设备调试共 3 节 5 个子目。

2)车载设备调试包括:车载信号设备本身各种功能的静态调试和动态调试,不含车载设备安装及车载设备与地面其他有关设备功能的联调。

3)车载信号设备功能调试,是以北京地铁现有车载信号设备为依据编制的。车载设备静态调试是指列车在静止状态下,对车载信号设备各种功能及指标的调整、测试。设备动态调试是指列车在装有与车载信号设备相对应的地面设备专用线上,在动态状况下,对车载设备各种功能及指标的调整、测试。

4)车载设备调试以一列车为一车组,其一列车综合了 2 套车载信号设备。

(8)信号工程系统调试。

1)信号工程系统调试定额包括:继电联锁系统调试、微机联锁系统调试、调度集中系统调试、列车自动防护(ATP)系统调试、列车自动监控(ATS)系统调试、列车自动运行(ATO)系统调试与列车自动控制(ATC)系统调试共 7 节 11 个子目。

2)信号设备系统调试指每个子系统内部各组成部分间或主设备与分设备之间的功能、指标的调整测试。

3)信号设备系统调试,是以北京地铁现有信号设备功能为依据综合测算的。

(9)信号工程其他部分。

1)信号工程其他部分包括:信号设备接地、信号设备加固、分界标与信号设备管、线预埋等共 4 节 11 个子目。

2)信号设备接地,只含接地连接线,不含接地装置。如需要制作接地装置,按《全国统一安装工程预算定额》相应子目执行。

3)地铁车站信号设备管、线预埋是指除土建部分应预留的孔、洞以外的信号室外电缆、电线引入机房或机房内其他部位信号设备管线的预埋,按一般型和其他型分别列子目。

10.1.2　地铁工程预算定额工程量计算规则

1.土建工程

(1)土方与支护。

1)盖挖土方按设计结构净空断面面积乘以设计长度以 m³ 计算,其设计结构净空断面面积是指结构衬墙外侧之间的宽度乘以设计顶板底至底板(或垫层)底的高度。

2)隧道暗挖土方按设计结构净空断面(其中拱、墙部位以设计结构外围各增加 10 cm)面积乘以相应设计长度以 m³ 为单位计算。

(2)结构工程。

1)喷射混凝土按设计结构断面面积乘以设计长度以 m³ 为单位计算。

2)混凝土按设计结构断面面积乘以设计长度以 m³ 为单位计算(靠墙的梗斜混凝土体积并入墙的混凝土体积计算,不靠墙的梗斜并入相邻顶板或底板混凝土计算),计算扣除洞口大于 0.3 m³ 的体积。

3)混凝土垫层按设计图纸垫层的体积以 m³ 为单位计算。

4)混凝土柱按结构断面面积乘以柱的高度以 m³ 为单位计算(柱的高度按柱基上表面至板或梁的下表面标高之差计算)。

5)填充混凝土按设计图纸填充量以 m³ 为单位计算。

6)整体道床混凝土和检修沟混凝土按设计断面面积乘以设计结构长度以 m³ 为单位计算。

7)楼梯按设计图纸水平投影面积以 m² 为单位计算。

8)格栅、网片、钢筋及预埋件按设计图纸重量以 t 为单位计算。

9)模板工程按模板与混凝土的实际接触面积以 m² 为单位计算。

10)施工缝、变形缝按设计图纸长度以延米计算。

11)防水工程按设计图纸面积以 m² 为单位计算。

12)防水保护层和找平层按设计图纸面积以 m² 为单位计算。

(3)其他工程。

1)拆除混凝土项目按拆除的体积以 m³ 为单位计算。

2)洞内材料运输、材料竖井提升按洞内暗挖施工部位所用的水泥、砂、石子、砖及钢材折算重量以 t 为单位计算。

3)洞内通风按隧道的施工长度减 30 m 为单位计算。

4)洞内照明按隧道的施工长度以延米为单位计算。

5)洞内动力线路按隧道的施工长度加 50 m 为单位计算。

6)洞内轨道按施工组织设计所布置的起止点为准,以延米计算。对所设置的道岔,每处道岔按相应轨道折合 30 m 计算。

2.轨道工程

(1)铺轨。

1)隧道、桥面铺轨按道床类型、轨型、轨枕及扣件型号、每公里轨枕布置数量划分,线路设计长度扣除道岔所占长度以 km 为单位计算。

2)地面碎石道床铺轨,按轨型、轨枕及扣件型号、每公里轨枕布置数量划分,线路设计长度扣除道岔所占长度和道岔尾部无枕地段铺轨长度以 km 为单位计算。

3)道岔长度是指从基本轨前端至辙叉根端的距离。特殊道岔以设计图纸为准。

4)道岔尾部无枕地段铺轨,按道岔根端至末根岔枕的中心距离以 km 为单位计算。

5)长钢轨焊接按焊接工艺划分,接头设计数量以个为单位计算。

6)换铺长轨按无缝线路设计长度以 km 为单位计算。

(2)铺道岔。

铺设道岔按道岔类型、岔枕及扣件型号、道床型式划分,以组为单位计算。

(3)铺道床。

1)铺碎石道床底渣应按底渣设计断面乘以设计长度以 1 000 m³ 为单位计算。

2)铺碎石道床线间石渣应按线间石渣设计断面乘以设计长度以 1 000 m³ 为单位计算。

3)铺碎石道床面渣应按面渣设计断面乘以设计长度,并扣除轨枕所占道床体积以 1 000 m³ 为单位计算。

(4)安装轨道加强设备及护轮轨。

1)安装绝缘轨距杆按直径、设计数量以 100 根为单位计算。

2)安装防爬支撑分木枕、混凝土枕地段按设计数量以 1 000 个为单位计算。

3)安装防爬器分木枕、混凝土枕地段按设计数量以 1 000 个为单位计算。

4)安装钢轨伸缩调节器分桥面、桥头引线以对为单位计算。

5)铺设护轮轨工程量,单侧安装时按设计长度以单侧 100 延米为单位计算,双侧安装时按设计长度折合为单侧安装工程量,仍以单侧 100 延米计算。

(5)线路其他工程。

1)平交道口分单线道口和股道间道口,均按道口路面宽度以 10 m 宽为单位计算。遇有多个股道间道口时,应按累加宽度计算。

2)车挡分缓冲滑动式车挡和库内车挡,均以处为单位计算。

3)安装线路及信号标志按设计数量,洞内标志以个为单位,洞外标志和永久性基标以百个为单位计算。

4)线路沉落整修按线路设计长度扣除道岔所占长度以 km 为单位计算。

5)道岔沉落整修以组为单位计算。

6)加强沉落整修按正线线路设计长度(含道岔)以正线公里为单位计算。

7)机车压道按线路设计长度(含道岔)以 km 为单位计算。

8)改动无缝线路,按无缝线路设计长度以 km 为单位计算。

(6)接触轨安装。

1)接触轨安装分整体道床和碎石道床,按接触轨单根设计长度扣除接触轨弯头所占长度以 km 为单位计算。

2)接触轨焊接,按设计焊头数量以个为单位计算。

3)接触轨弯头安装分整体道床和碎石道床,按设计数量以个为单位计算。

4)安装接触轨防护板分整体道床和碎石道床,按单侧防护板设计长度以 km 为单位计算。

(7)轨料运输。

轨道车运输按轨料重量以 t 为单位计算。

3. 通信工程

(1)导线敷设。

1)导线敷设子目均按照导线敷设方式、类型、规格以 100 m 为计算单位。

2)导线敷设引入箱、架(或设备)的计算,应计算到箱、架中心部(或设备中心部)。

(2)电缆、光缆敷设及吊、托架安装。

1)电缆、光缆敷设均是按照敷设方式根据电、光缆的类型、规格分别以 10 m、100 m 为单位计算。

2)电缆、光缆敷设计算规则。

①电缆、光缆引入设备,工程量计算到实际引入汇接处,预留量从引入汇接处起计算。

②电缆、光缆引入箱(盒),工程量计算到箱(盒)底部永平处,预留量从箱(盒)底部水平处起计算。

3)安装托板托架、漏缆吊架子目均以套为计算单位。

(3)电缆接焊、光缆接续与测试。

1)电缆接焊头按缆芯数以个为计算单位。

2)电缆全程测试以条或段为计算单位。

3)光缆接续头按光缆芯数以个为计算单位。

4)光缆测试按光缆芯数以光中继段为计算单位。

(4)通信电源设备安装。

1)蓄电池安装按其额定工作电压、容量大小划分,以蓄电池组为单位计算。

2)安装调试不间断电源和数控稳压设备定额是按额定功率划分,以台为单位计算。

3)安装调试充放电设备以套为单位计算。

4)安装蓄电池机柜、架分别以架为单位计算。

5)安装组合电源、配电设备自动性能调测均是以台为单位计算。

(5)通信电话设备安装。

1)程控交换机安装调试定额,按门数划分以套为计算单位。

2)安调终端及打印设备、计费系统、话务台、程控调度交换设备、程控调度电话、双音频电话、数字话机均以套为计算单位。

3)修改局数据以路由为计算单位。

4)增减中继线以回线为计算单位。

5)安装远端用户模块以架为计算单位。

6)安装交接箱、交接箱模块支架、卡接模块均以个为计算单位。

(6)无线设备安装。

1)安装基地电台、安装调测中心控制台、安装调测列车电台,均以套为计算单位。

2)安装调试录音记录设备、安装调试便携电台(或集群电话),均以台为计算单位。

3)固定台天线、列车电台天线以副为计算单位。

4)场强测试以区间为计算单位。

5)同轴软缆敷设均以根为计算单位。

6)系统联调以系统为计算单位。

(7)光传输、网管及附属设备安装。

1)安装调试多路复用光传输设备,安装调试中心网管设备,安装调试车站网管设备,均以套为单位计算。

2)安装光纤配线架、数字配线架、音频终端架,均以架为单位计算。

3)放绑同轴软线,尾纤制作连接均以条为单位计算。

4)安装光纤终端盒以个为单位计算。

5)传输系统稳定观测,网管系统运行试验均以系统为单位计算。

(8)时钟设备安装。

1)安装调试中心母钟、安装调试二级母钟均以套为单位计算。

2)安装调试卫星接收天线、以副为单位计算。

3)安装调试数显站台子钟、数显发车子钟、数显室内子钟、指针室内子钟均以台为单位计算。

4)车站时钟系统调试、全网时钟系统调试均以系统为单位计算。

(9)专用设备安装。

1)中心广播控制台设备、车站广播控制台设备、车站功率放大设备、车站广播控制盒、防灾广播控制盒、列车间隔钟、设备通电24 h均以套为单位计算。

2)中心广播接口设备、车站广播接口设备、扩音转接机、电视遥控电源单元、专用操作键盘,均以台为单位计算。

3)广播分线装置、扩音通话柱、音箱、纸盆扬声器、吸顶扬声器、号码标志牌、隧道电话插销、监视器防护外罩,均以个为单位计算。

4)安装号筒扬声器子目以对为单位计算。

5)系统稳定性调试以系统为单位计算。

4. 信号工程

(1)室内设备安装。

1)单元控制台安装,按横向单元块数,以台为单位计算。

2)调度集中控制台安装、信息员工作台安装、调度长工作台安装、调度员工作台安装、微机连锁数字化仪工作台安装、微机连锁应急台安装,以台为单位计算。

3)电源屏安装、电源切换箱安装,以个为单位计算。

4)电源引入防雷箱安装,按规格类型以台为单位计算。

5)电源开关柜安装、熔丝报警电源装置安装、灯丝报警电源装置安装、降压点灯电源装置安装,以台为单位计算。

6)电气集中组合架安装、电气集中新型组合柜安装、分线盘安装、列车自动运行(ATO)架安装、列车自动防护轨道架安装、列车自动防护码发生器架安装、列车自动监控(RTU)架安装及交流轨道电路与滤波器架安装,分别以架为单位计算。

7)走线架安装与工厂化配线槽道安装,以 10 架为单位计算。

8)电缆柜电缆固定,以 10 根为单位计算。

9)人工解锁按钮盘安装、调度集中分机柜安装、调度集中总机柜安装、列车自动监控(DPU)柜安装、列车自动监控(LPU)柜安装、微机连锁接口柜安装及熔丝报警器安装,以台为单位计算。

10)电缆绝缘测试,以 10 块为单位计算。

11)轨道测试盘,按规格型号以台为单位计算。

12)交流轨道电路防雷组合安装、列车自动防护(ATP)维修盘安装及微机连锁防雷柜安装,以个为单位计算。

13)中心模拟盘安装,以面为单位计算。

14)电气集中继电器柜安装,以台为单位计算。

(2)信号机安装。

1)矮型色灯信号机安装,高柱色灯信号机安装,分二显示、三显示,以架为单位计算。

2)进路表示器矮型二方向、矮型三方向、高柱二方向、高柱三方向,以组为单位计算。

3)信号机托架安装,以个为单位计算。

(3)电动道岔转辙装置安装。

1)电动道岔转辙装置单开道岔(一个牵引点)安装、电动道岔转辙装置重型单开道岔(两个牵引点)安装、电动道岔转辙装置(可动心轨)安装及电动道岔转辙装置(复式交分)安装,以组为单位计算。

2)四线制道岔电路整流二极管安装,以 10 组为单位计算。

(4)轨道电路安装。

1)50 Hz 交流轨道电路安装,以一送一受、一送二受、一送三受划分子目,以区段为单位计算。

2)FS2500 无绝缘轨道电路安装,以区段为单位计算。

3)轨道绝缘安装按钢轨重量及普通和加强型绝缘划分,以组为单位计算。

4)道岔连结杆绝缘安装,按组为单位计算。

5)钢轨接续线焊接,以点为单位计算。

6)单开道岔跳线、复式交分道岔跳线安装焊接,以组为单位计算。

7)极性交叉回流线焊接,以点为单位计算(每点含 2 根 95 mm 的 2 m×3.5 m 橡套软铜线)。

8)列车自动防护(ATP)道岔区段环路安装,按环路长度分为 30 m、60 m、90 m、120 m,以个为单位计算。

9)列车识别(PTI)环路安装,日月检环路安装,列车自动运行(ATO)发送环路安装,列车自动运行(ATO)接收环路安装,以个为单位计算。

(5)室外电缆防护、箱盒安装。

1)电缆过隔断门防护,以 10 m 为单位计算。

2)电缆穿墙管防护,以 100 m 为单位计算。

3)电缆过洞顶防护,以 m 为单位计算。

4)电缆梯架,以 m 为单位计算。

5)终端电缆盒安装、分向盒安装及变压器箱安装,分型号规格以个为单位计算。

6)分线箱安装,按用途划分,以个为单位计算。

7)发车计时器安装,以个为单位计算。

(6)信号设备基础。

1)矮型信号机基础(一架用),分土、石,以个为单位计算。

2)变压器箱基础及分向盒基础,分土、石,以 10 对为单位计算。

3)终端电缆盒基础及信号机梯子基础,分土、石,以 10 个为单位计算。

4)固定连接线用混凝土枕及固定 Z(X)型线用混凝土枕,以 10 个为单位计算。

5)信号机卡盘、电缆或地线埋设标,分土、石,以 10 个为单位计算。

(7)车载设备调试。

1)列车自动防护车载设备(ATP)静态调试,以车组为单位计算。

2)列车自动防护车载设备(ATP)动态调试,以车组为单位计算。

3)列车自动运行车载设备(ATO)静态调试,以车组为单位计算。

4)列车自动运行车载设备(ATO)动态调试,以车组为单位计算。

5)列车识别装置车载设备(PTD)静态调试,以车组为单位计算。

(8)信号工程系统调试。

1)继电联锁及微机联锁站间联系系统调试,以处为单位计算。

2)继电联锁及微机联锁道岔系统调试,以组为单位计算。

3)调度集中系统远程终端(RTU)调试,以站为单位计算。

4)列车自动防护(ATP)系统联调及列车自动运行(ATO)系统调试,以车组为单位计算。

5)列车自动监控局部处理单元(LPU)系统调试,列车自动监控远程终端单元(RTU)系统调试及列车自动监控车辆段处理单元(DPU)系统调试,以站为单位计算。

6)列车自动控制(ATC)系统调试,以系统为单位计算。

(9)信号工程其他部分。

1)室内设备接地连接,电气化区段室外信号设备接地,以处为单位计算。

2)电缆屏蔽连接,以 10 处为单位计算。

3)信号机安全连接,以 10 根为单位计算。

4)信号设备加固培土,信号设备干砌片石,信号设备浆砌片石,信号设备浆砌砖,以 m³ 为单位计算。

5)分界标安装,以处为单位计算。

6)地铁信号车站预埋(一般型),地铁信号车站预埋(其他型),以站为单位计算。

7)转辙机管预埋(单动),转辙机管预埋(双动),转辙机管预埋(复式交分),调谐单元管预埋,以处为单位计算。

10.2　地铁工程工程量清单计算规则

10.2.1　地铁工程工程量清单项目设置及工程量计算规则

(1)结构工程工程量清单项目设置及工程量计算规则见表 10.1。

表 10.1　结构(编码:040601)

项目编码	项目名称	项目特征	计量单位	工程量计算规则	工程内容
040601001	混凝土圈梁	1. 部位 2. 混凝土强度等级、石料最大粒径	m³	按设计图示尺寸以体积计算	1. 混凝土浇筑 2. 养生
040601002	竖井内衬混凝土				
040601003	小导管(管棚)	1. 管径 2. 材料	m	按设计图示尺寸以长度计算	导管制作、安装
040601004	注浆	1. 材料品种 2. 配合比 3. 规格	m³	按设计注浆量以体积计算	1. 浆液制作 2. 注浆
040601005	喷射混凝土	1. 部位 2. 混凝土强度、石料最大粒径		按设计图示以体积计算	1. 岩石、混凝土面清洗 2. 喷射混凝土
040601006	混凝土底板	1. 混凝土强度等级、石料最大粒径 2. 垫层厚度、材料品种、强度		按设计图示尺寸以体积计算	1. 垫层铺设 2. 混凝土浇筑 3. 养生
040601007	混凝土内衬墙	混凝土强度等级、石料最大粒径		按设计图示尺寸以体积计算	1. 混凝土浇筑 2. 养生
040601008	混凝土中层板				
040601009	混凝土顶板				
040601010	混凝土圈梁	混凝土强度等级、石料最大粒径		按设计图示尺寸以体积计算	1. 混凝土浇筑 2. 养生
040601011	混凝土梁				

续表 10.1

项目编码	项目名称	项目特征	计量单位	工程量计算规则	工程内容
040601012	混凝土独立柱基	混凝土强度等级、石料最大粒径	m³	按设计图示尺寸以体积计算	
040601013	混凝土现浇站台板		m³		
040601014	预制站台板				1. 制作 2. 安装
040601015	混凝土楼梯		m²	按设计图示尺寸以水平投影面积计算	
040601016	混凝土中隔墙		m³	按设计图示尺寸以体积计算	1. 混凝土浇筑 2. 养生
040601017	隧道内衬混凝土				
040601018	混凝土检查沟				
040601019	砌筑	1. 材料 2. 规格 3. 砂浆强度等级	m³	按设计图示尺寸以体积计算	1. 砂浆运输、制作 2. 砌筑 3. 勾缝 4. 抹灰、养护
040601020	锚杆支护	1. 锚杆形式 2. 材料 3. 砂浆强度等级	m	按设计图示以长度计算	1. 钻孔 2. 锚杆制作、安装 3. 砂浆灌注
040601021	变形缝（诱导缝）	1. 材料 2. 规格 3. 工艺要求			变形缝安装
040601022	刚性防水层		m²	按设计图示尺寸以面积计算	1. 找平层铺筑 2. 防水层铺设
040601023	柔性防水层	1. 部位 2. 材料 3. 工艺要求			防水层铺设

（2）轨道工程工程量清单项目设置及工程量计算规则见表 10.2。

表 10.2　轨道(编码:040602)

项目编码	项目名称	项目特征	计量单位	工程量计算规则	工程内容
040602001	地下一般段道床	1.类型 2.混凝土强度等级	m³	按设计图示尺寸	1.支承块预制、安装 2.整体道床浇筑
040602002	高架一般段道床	1.类型 2.混凝土强度等级、石料最大粒径	m³	按设计图示尺寸(含道岔道床)以体积计算	1.支承块预制、安装 2.整体道床浇筑 3.铺碎石道床
040602003	地下减振段道床				1.预制支承块及安装 2.整体道床浇筑
040602004	高架减振段道床				
040602005	地面段正线道床				铺碎石道床
040602006	车辆段、停车场道床				1.支承块预制、安装 2.整体道床浇筑 3.铺碎石道床
040602007	地下一般段轨道	1.类型 2.规格	铺轨 km	按设计图示(不含道岔)以长度计算	1.铺设 2.焊轨
040602008	高架一般段轨道				
040602009	地下减振段轨道			按设计图示以长度计算	
040602010	高架减振段轨道				
040602011	地面段正线轨道			按设计图示(不含道岔)以长度计算	
040602012	车辆段、停车场轨道				
040602013	道岔	1.区段 2.类型 3.规格	组	按设计图示以组计算	铺设

续表 10.2

项目编码	项目名称	项目特征	计量单位	工程量计算规则	工程内容
040602014	护轮轨	1. 类型 2. 规格	km	按设计图示以长度计算	铺设
040602015	轨距杆		1 000 根	按设计图示以根计算	安装
040602016	防爬设备		1 000 个	按设计图示数量计算	1. 防爬器安装 2. 防爬支撑制作、安装
040602017	钢轨伸缩调节器	类型	对	按设计图示数量计算	安装
040602018	线路及信号标志		铺轨 km	按设计图示以长度计算	1. 洞内安装 2. 洞外埋设 3. 桥上安装
040602019	车挡		处	按设计图示数量计算	安装

(3)信号工程工程量清单项目设置及工程量计算规则见表 10.3。

表 10.3　信号(编码:040603)

项目编码	项目名称	项目特征	计量单位	工程量计算规则	工程内容
040603001	信号机		架		1. 基础制作 2. 安装与调试
040603002	电动转辙装置		组		安装与调试
040603003	轨道电路	1. 类型 2. 规格	区段	按设计图示数量计算	1. 箱、盒基础制作 2. 安装与调试
040603004	轨道绝缘				
040603005	钢轨接续线				
040603006	道岔跳线		组		安装
040603007	极性叉回流线				
040603008	道岔区段传输环路	长度	个	按设计图示数量计算	安装与调试
040603009	信号电缆柜	1. 类型 2. 规格	架	按设计图示数量计算	安装
040603010	电气集中分线柜	1. 类型 2. 规格	架	按设计图示数量计算	安装与调试
040603011	电气集中走线架	1. 类型 2. 规格	架	按设计图示数量计算	安装

续表 10.3

项目编码	项目名称	项目特征	计量单位	工程量计算规则	工程内容
040603012	电气集中组合柜	1. 类型 2. 规格	架	按设计图示数量计算	1. 继电器等安装与调试 2. 电缆绝缘测试盘安装与调试 3. 轨道电路测试盘安装与调试 4. 报警装置安装与调试 5. 防雷组合安装与调试
040603013	电气集中控制台	1. 类型 2. 规格	台	按设计图示数量计算	安装与调试
040603014	微机联锁控制台	1. 类型 2. 规格	台	按设计图示数量计算	安装与调试
040603015	人工解锁按钮台	1. 类型 2. 规格	台	按设计图示数量计算	安装与调试
040603016	调度集中控制台	1. 类型 2. 规格	台	按设计图示数量计算	安装与调试
040603017	调度集中总机柜	1. 类型 2. 规格	台	按设计图示数量计算	安装与调试
040603018	调度集中分机柜	1. 类型 2. 规格	台	按设计图示数量计算	安装与调试
040603019	列车自动防护(ATP)中心模拟盘	1. 类型 2. 规格	面	按设计图示数量计算	安装与调试
040603020	列车自动防护(ATP)架	类型	架	按设计图示数量计算	1. 轨道架安装与调试 2. 码发生器架安装与调试
040603021	列车自动运行(ATO)架	类型	架	按设计图示数量计算	安装与调试
040603022	列车自动监控(ATS)架	类型	架	按设计图示数量计算	1. DPU 柜安装与调试 2. RTU 架安装与调试 3. LPU 柜安装与调试

续表 10.3

项目编码	项目名称	项目特征	计量单位	工程量计算规则	工程内容
040603023	信号电源设备	1.类型 2.规格	台	按设计图示数量计算	1.电源屏安装与调试 2.电源防雷箱安装与调试 3.电源切换箱安装与调试 4.电源开关柜安装与调试 5.其他电源设备安装与调试
040603024	信号设备接地装置	1.位置 2.类型 3.规格	处	按设计列车配备数量计算	1.接地装置安装 2.标志桩埋设
040603025	车载设备	类型	车组	按设计列车配备数量计算	1.列车自动防护(ATP)车载设备安装与调试 2.列车自动运行(ATO)车载设备安装与调试 3.列车识别装置(PTD车载设备)安装与调试
040603026	车站联锁系统调试	类型	站	按设计图示数量计算	1.继电联锁调试 2.微机联锁调试
040603027	全线信号设备系统调试	类型	系统	按设计图示数量计算	1.调度集中系统调试 2.列车自动防护(ATP)系统调试 3.列车自动运行(ATO)系统调试 4.列车自动监控(ATS)系统调试 5.列车自动控制(ATC)系统调试

(4)电力牵引工程工程量清单项目设置及工程量计算规则见表 10.4。

表 10.4　电力牵引(编码:040604)

项目编码	项目名称	项目特征	计量单位	工程量计算规则	工程内容
040604001	接触轨	1. 区段 2. 道床类型 3. 防护材料 4. 规格	km	按单根设计长度扣除接触轨弯头所占长度计算	1. 接触轨安装 2. 焊轨 3. 断轨
040604002	接触轨设备	1. 设备类型 2. 规格	台	按设计图示数量计算	安装与调试
040604003	接触轨试运行	区段名称	km	按设计图示以长度计算	试运行
040604004	地下段接触网节点	1. 类型 2. 悬挂方式	处	按设计图示数量计算	1. 钻孔 2. 预埋件安装 3. 混凝土浇筑
040604005	地下段接触网悬挂	1. 类型 2. 悬挂方式	处	按设计图示数量计算	悬挂安装
04060406	地下段接触网架线及调整	3. 材料 4. 规格	条 km	按设计图示以长度计算	1. 接触网架设 2. 附加导线安装 3. 悬挂调整
040604007	地面段、高架段接触网支柱	1. 类型 2. 材料品种 3. 规格	根	按设计图示数量计算	1. 基础制作 2. 立柱
040604008	地面段、高架段接触网悬挂	1. 类型 2. 悬挂方式 3. 材料 4. 规格	处	按设计图示数量计算	悬挂安装
040604009	地面段、高架段接触网架线及调整	1. 类型 2. 悬挂方式 3. 材料 4. 规格	条 km	按设计图示数量以长度计算	1. 接触网架设 2. 附加导线安装 3. 悬挂调整
040604010	接触网设备	1. 类型 2. 设备 3. 规格	台	按设计图示数量计算	安装与调试
040604011	接触网附属设施	1. 区段 2. 类型	处	按设计图示数量计算	1. 牌类安装 2. 限界门安装
040604012	接触网试运行	区段名称	条 km	按设计图示以长度计算	试运行

(5)其他相关问题。

其他相关问题应按下列规定处理:

1)土石方工程应按土石方工程中相关项目编码列项。

2)高架结构应按桥涵护岸工程中相关项目编码列项。

3)钢筋混凝土中钢筋、道床钢筋应按钢筋工程中相关项目编码列项。

4)信号电缆敷设与防护应按《建设工程工程量清单计价规范》(GB 50500—2008)的安装工程工程量清单项目及计算规则中相关项目编码列项。

5)通信、供电、通风、空调、暖气、给水、排水、消防、电视监控等工程,应按《建设工程工程量清单计价规范》(GB 50500—2008)的安装工程工程量清单项目及计算规则中相关项目编码列项。

10.2.2　地铁工程工程量清单项目说明

1.结构工程

(1)结构工程共设有 23 个项目,用于地铁的结构部分。

(2)结构工程的清单工程量均按设计图示尺寸计算,按不同清单项目分别以体积、面积、长度计量。

2.轨道工程

(1)轨道工程共设有 19 个项目,用于城市地下、地面和高架轨道交通的铺轨工程。

(2)轨道节中道床部分的清单工程量均按设计尺寸(包括道岔、道床在内)以体积计量。

(3)轨道节中铺轨部分的铺轨清单工程量按设计图示以长度(不包括道岔所占的长度)计算,以公里为计量单位计量。

3.信号工程

(1)信号工程共设有 27 个项目,用于与城市轨道交通相应配套的信号工程。

(2)信号线路(电缆)的敷设和防护在《建设工程工程量清单计价规范范》(GB 50500—2008)中本附录未设立清单项目的,应按《建设工程工程量清单计价规范范》(GB 50500—2008)附录 C 的相关清单项目进行编制。

4.电力牵引工程

电力牵引工程共设有 12 个项目,用于城市轨道交通中馈电接触轨的接触网及其相应的设备安装工程。

10.3　地铁工程工程量计算示例

【示例 10.1】

有一地铁铺轨工程,在一般段整体道床上铺 60 kg 钢轨混凝土短枕轨道 2.3 km(已扣除道岔长度)和 9 号交叉渡线道岔两组。按上述条件编制清单项目表及综合单价分析表(轨道加强设备部分因未有数量,因此不包括此部分的清单项目和单价分析)。

【解】

1.工程量清单编制

分部分项工程量清单表见表 10.5。

表 10.5　分部分项工程量清单表

工程名称:某地铁铺轨工程　　　　　　　　标段:　　　　　　　　　　　　第　页　共　页

序号	项目编号	项目名称	项目特征描述	计量单位	工程数量	金额/元		
						综合单价	合价	其中:暂估价
1	040602007001	地下一般轨道	60 kg 钢轨混凝土枕,1 840 对	km	2.3			
2	040602013001	道岔	9 号交叉渡线道岔	组	2			
		合计						

2. 工程量清单计价

分部分项工程量清单综合单价分析表见表 10.6~10.7,其中管理费按直接费的 10% 考虑,利润按直接费的 5% 考虑,其分部分项工程量清单与计价表见表 10.8。

表 10.6　工程量清单综合单价分析表

工程名称:某地铁铺轨工程　　　　　　　　标段:　　　　　　　　　　　　第　页　共　页

项目编码	040602007001	项目名称	地下一般轨道,60 kg 钢轨混凝土枕,1 840 对	计量单位	km

清单综合单价组成明细

定额编号	定额名称	定额单位	数量	单价/元				合价/元			
				人工费	材料费	机械费	管理费和利润	人工费	材料费	机械费	管理费和利润
9—124	隧道内整体道床人工铺轨,(60 kg 钢轨,混凝土枕,1 840 对)	km	1	27 763.71	1 148 014.7	1 099.54	176 531.69	27 763.71	1 148 014.70	1 099.54	176 531.69

人工单价		小计		27 763.71	1 148 014.70	1 099.54	176 531.69
22.47 元/工日		未计价材料费					
	清单项目综合单价				1 353 409.64		

材料费明细	主要材料名称、规格、型号	单位	数量	单价/元	合价/元	暂估单价/元	暂估合价/元
	其他材料费			—		—	
	材料费小计			—		—	

注:"数量"栏为"投标方工程量÷招标方工程量÷定额单位数量",如"1"为"2.3÷2.3÷1"。

表 10.7　　工程量清单综合单价分析表

工程名称:某地铁铺轨工程　　　　　　　标段:　　　　　　　　　　　　　第　页　共　页

项目编码	040602013001	项目名称	道岔(9号交叉渡线道岔,60 kg 钢轨)	计量单位	组

清单综合单价组成明细

定额编号	定额名称	定额单位	数量	单价/元				合价/元			
				人工费	材料费	机械费	管理费和利润	人工费	材料费	机械费	管理费和利润
9—162	人工铺设交叉渡线(分岔 60 kg 钢轨,9 号交叉渡线道岔,整道床铺设)	组	1	21 908.25	—	3 777.18	3 852.81	21 908.25	—	3 777.18	3 852.81
人工单价		小计						21 908.25	—	3 777.18	3 852.81
22.47 元/工日		未计价材料费									
清单项目综合单价								29 538.24			

材料费明细	主要材料名称、规格、型号			单位	数量	单价/元	合价/元	暂估单价/元	暂估合价/元
	其他材料费					—		—	
	材料费小计					—		—	

注:"数量"栏为"投标方工程量÷招标方工程量÷定额单位数量",如"1"为"2÷2÷1"。

表 10.8　　分部分项工程量清单与计价表

工程名称:某地铁铺轨工程　　　　　　标段:　　　　　　　　　　　　第　页　共　页

序号	项目编号	项目名称	项目特征描述	计量单位	工程数量	金额/元		
						综合单价	合价	其中:暂估价
1	040602007001	地下一般轨道	60 kg 钢轨混凝土枕,1 840 对	km	2.3	1 353 409.64	3 112 842.17	
2	040602013001	道岔	9 号交叉渡线道岔	组	2	29 538.24	59 076.48	
合计							3 171 918.65	

第11章 钢筋与拆除工程工程量计算

11.1 工程量清单项目设置及工程量计算规则

11.1.1 钢筋工程工程量清单项目设置及工程量计算规则

1.钢筋工程工程量清单计算规则

钢筋工程工程量清单项目设置及工程量计算规则见表11.1。

表 11.1 钢筋工程(编码:040701)

项目编码	项目名称	项目特征	计量单位	工程量计算规则	工程内容
040701001	预埋铁件	1. 材质 2. 规格	kg		制作、安装
040701002	非预应力钢筋	1. 材质 2. 部位		按设计图示尺寸以质量计算	1. 张拉台座制作、安装、拆除 2. 钢筋及钢丝束制作、张拉
040701003	先张法预应力钢筋				
040701004	后张法预应力钢筋	1. 材质 2. 直径 3. 部位	t		1. 钢丝束孔道制作、安装 2. 锚具安装 3. 钢筋、钢丝束制作、张拉 4. 孔道压浆
040701005	型钢	1. 材质 2. 规格 3. 部位			1. 制作 2. 运输 3. 安装、定位

2.钢筋工程工程量计算的说明

(1)钢筋工程的清单工程量均按设计重量计算。设计注明搭接的应计算搭接长度;设计未注明搭接的,则不计算搭接长度;预埋铁件的计量单位为千克(kg),其他均以吨(t)为计量单位。

(2)本章所列的型钢指劲性骨架,凡型钢与钢筋组合(除预埋铁件外)如钢格栅应分型钢和钢筋分别列清单项目。

(3)先张法预应力钢筋项目的工程内容包括张拉台座制作、安装、拆除和钢筋、钢丝束制作安装等全部内容。

(4)后张法预应力钢筋项目的工程内容包括钢丝束孔道制作安装,钢筋、钢丝束制作张拉,孔道压浆和锚具。

11.1.2 拆除工程工程量清单项目设置及工程量计算规则

1.拆除工程工程量清单计算规则

拆除工程工程量清单项目设置及工程量计算规则见表11.2。

表 11.2　拆除工程(编码:040801)

项目编码	项目名称	项目特征	计量单位	工程量计算规则	工程内容
040801001	拆除路面	1.材质 2.厚度	m²	按施工组织设计或设计图示尺寸以面积计算	1.拆除 2.运输
040801002	拆除基层				
040801003	拆除人行道				
040801004	拆除侧缘石	材质	m	按施工组织设计或设计图示尺寸以延长米计算	1.拆除 2.运输
040801005	拆除管道	1.材质 2.管径			
040801006	拆除砖石结构	1.结构形式 2.强度	m³	按施工组织设计或设计图示尺寸以体积计算	1.拆除 2.运输
040801007	拆除混凝土结构				
040801008	伐树、挖树蔸	胸径	棵	按施工组织设计或设计图示以数量计算	1.伐树 2.挖树蔸 3.运输

2.拆除工程工程量计算的说明

(1)拆除项目应根据拆除项目的特征列项。路面、人行道、基层的清单工程量按设计图示尺寸以面积为单位计算;拆除侧缘石、管道及其基础的清单工程量按设计图示尺寸以长度为单位计算;拆除砖石结构、混凝土结构的构筑物的清单工程量按设计图示尺寸以体积为单位计算。工程内容包括拆除、运输弃置等全部工程内容。

(2)伐树、挖树蔸的清单项目的清单工程量按设计图示以棵计量,按不同的胸径范围分别列清单项目。工程内容包括:伐树、挖树蔸、运输弃置等全部内容。

11.2　钢筋工程工程量计算常用数据

1.钢筋长度的计算

(1)直筋(图 11.1 和表 11.3)。

计算公式:

$$钢筋净长 = L - 2b + 12.5D$$

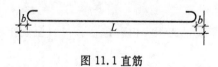

图 11.1 直筋

表 11.3　钢筋弯头、搭接长度计算表

钢筋直径 D/mm	保护层 b/cm			钢筋直径 D/mm	保护层 b/cm		
	1.5	2.0	2.5		1.5	2.0	2.5
	按 L 增加长度/cm				按 L 增加长度/cm		
4	2.0	1.0	—	22	24.5	23.5	22.5
6	4.5	3.5	2.5	24	27.0	26.0	25.0
8	7.0	6.0	5.0	25	28.3	27.3	26.3
9	8.3	7.3	6.3	26	29.5	28.5	27.5
10	9.5	8.5	7.5	28	32.0	31.0	30.0
12	12.0	11.0	10.0	30	34.5	33.5	32.5
14	14.5	13.5	12.5	32	37.0	36.0	35.0
16	17.0	16.0	15.0	35	40.8	39.8	38.8
18	19.5	18.5	17.5	38	44.5	43.5	42.5
19	20.8	19.8	18.8	40	47.0	46.0	45.0
20	22.0	21.0	20.0	—	—	—	—

(2)弯筋。

1)计算弯筋斜长度的基本原理。

如图 11.2 所示，D 为钢筋的直径，H' 为弯筋需要弯起的高度，A 为局部钢筋的斜长度，B 为 A 向水平面的垂直投影长度。

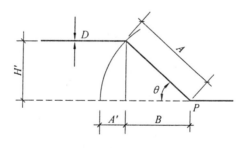

图 11.2　弯筋

假使以起弯点 P 为圆心，以 A 长为半径作圆弧向 B 的延长线投影，则 $A=B+A'$，A' 就是 $A-B$ 的长度差。

θ 为弯筋在垂直平面中要求弯起的水平面所形成的角度（夹角），在工程上一般以 $30°$、$45°$ 和 $60°$ 为最普遍，以 $45°$ 尤为常见。

2)弯筋斜长度的计算可按表 11.4 确定。

表 11.4　弯筋斜长度的计算表

弯起角度 $\theta/°$		30	45	60
$A'=H'\times\tan\theta$		0.268	0.414	0.577
弯起高度 H' 每 5 cm 增加长度/cm	一端	1.34	2.07	2.885
	两端	2.68	4.14	5.77

（3）弯勾增加长度。根据规范要求，绑扎骨架中的受力钢筋应在末端做弯钩。HPB235 级钢筋末端做 180°弯钩其圆弧弯曲直径不应小于钢筋直径的 2.5 倍；平直部分长度不宜小于钢筋直径的 3 倍；HRB335、HRB400 级钢筋末端需作 90°或 135°弯折时，HRB335 级钢筋的弯曲直径不宜小于钢筋直径的 4 倍；HRB400 级钢筋不宜小于钢筋直径的 5 倍。

钢筋弯钩增加长度按下列简图所示计算（弯曲直径为 $2.5d$，平直部分为 $3d$），其计算值为：

半圆弯钩 $=(2.5d+1d)\times\pi\times\dfrac{180}{360}-2.5d\div2-1d+(平直)3d=6.25d$ ［图 11.3 (a)］；

直弯钩 $=(2.5d+1d)\times\pi\dfrac{180-90}{360}-2.5d\div2-1d+(平直)3d=3.5d$ ［图 11.3 (b)］；

斜弯钩 $=(2.5d+1d)\times\pi\dfrac{180-45}{360}-2.5d\div2-1d+(平直)3d=4.9d$ ［图 11.3 (c)］。

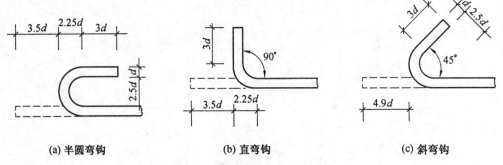

(a) 半圆弯钩　　　　(b) 直弯钩　　　　(c) 斜弯钩

图 11.3　钢筋弯钩增加长度计算

如果弯曲直径为 $4d$，其计算值则为：

直弯钩 $=(4d+1d)\times\pi\dfrac{180-90}{360}-4d\div2-1d+3d=3.9d$；

斜弯钩 $=(4d+1d)\times\pi\dfrac{180-45}{360}-4d\div2-1d+3d=5.9d$。

如果弯曲直径为 $5d$，其计算值则为：

直弯钩 $=(5d+1d)\times\pi\dfrac{180-90}{360}-5d\div2-1d+3d=3.9d$；

斜弯钩 $=(5d+1d)\times\pi\dfrac{180-45}{360}-5d\div2-1d+3d=5.9d$。

注：钢筋的下料长度是钢筋的中心线长度。

(4)箍筋。

1)计算方法：包围箍[图 11.4(a)]的长度＝2(A＋B)＋弯钩增加长度。

开口箍[图 11.4(b)]的长度＝2A＋B＋弯钩增加长度。

箍筋弯钩增加长度见表 11.5。

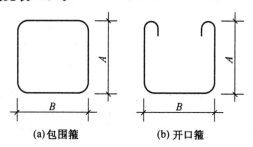

(a)包围箍　　　　　　　(b)开口箍

图 11.4　箍筋

表 11.5　钢筋弯钩长度

弯钩形式		180°	90°	135°
弯钩增加值	一般结构	8.25d	5.5d	6.87d
	有抗震要求结构	13.25d	10.5d	11.87d

2)用于圆柱的螺旋箍(图 11.5)的长度计算公式如下：

$$L=N\sqrt{p^2+(D-2a-d)^2\pi^2}+弯钩增加长度$$

式中　N——螺旋箍圈数；

　　　D——圆柱直径，m；

　　　P——螺距。

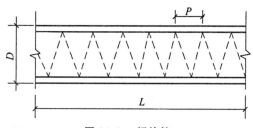

图 11.5　螺旋箍

2. 钢筋绑扎接头的搭接长度

受拉钢筋绑扎接头的搭接长度按表 11.6 计算,受压钢筋绑扎接头的搭接长度按受拉钢筋的 0.7 倍计算。

表 11.6　受拉钢筋绑扎接头的搭接长度

钢筋类型	混凝土强度等级		
	C20	C25	C25 以上
HPB235 级钢筋	$35d$	$30d$	$25d$
HRB335 级钢筋	$45d$	$40d$	$35d$
HRB400 级钢筋	$55d$	$50d$	$45d$
冷拔低碳钢丝	300 mm		

注:1. 当 HRB335、HRB400 级钢筋直径 d 大于 25 mm 时,其受拉钢筋的搭接长度应按表中数值增加 $5d$ 采用。

2. 当螺纹钢筋直径 d 不大于 25 mm 时,其受拉钢筋的搭接长度应按表中值减少 $5d$ 采用。

3. 当混凝土在凝固过程中受力钢筋易受扰动时,其搭接长度宜适当增加。

4. 在任何情况下,纵向受拉钢筋的搭接长度不应小于 300 mm;受压钢筋的搭接长度不应小于 200 mm。

5. 轻骨料混凝土的钢筋绑扎接头搭接长度应按普通混凝土搭接长度增加 $5d$,对冷拔低碳钢丝增加 50 mm。

6. 当混凝土强度等级低于 C20 时,HPB235、HRB335 级钢筋的搭接长度应按表中 C20 的数值相应增加 $10d$,HRB335 级钢筋不宜采用。

7. 对有抗震要求的受力钢筋的搭接长度,对一、二级抗震等级应增加 $5d$。

8. 两根直径不同钢筋的搭接长度,以较细钢筋的直径计算。

第12章 市政工程工程量清单计价编制示例

工程量清单计价包括招标控制价、投标报价和竣工结算价。本章以某市主干道路改造工程为例,主要介绍工程量清单、投标报价和竣工结算价的编制。

1. 某市道路改造工程工程量清单编制

<u>　　某市道路改造　　</u>工程

工程量清单

招　标　人:<u>　　××单位公章　　</u>　　　　　工程造价
咨　询　人:<u>　咨询企业资质专用章　</u>

　　　　　　　（单位盖章）　　　　　　　　　　　　　（单位资质专用章）

法定代表人
或其授权人:<u>　××单位法定代表人　</u>　　法定代表人
或其授权人:<u>　　××工程造价　　
咨询企业法定代表人</u>

　　　　　　（签字或盖章）　　　　　　　　　　　（签字或盖章）

　　　　　　　××签字
　　　　　　盖造价工程师
编　制　人:<u>或造价员专用章　</u>　　　　复　核　人:<u>××签字
盖造价工程师专用章</u>

　（造价人员签字盖专用章）　　　　　（造价工程师签字盖专用章）

编制时间:××年××月××日　　　　　复核时间:××年××月××日

注:此为招标人委托工程造价咨询人编制工程量清单的封面。

表12.1　总说明

工程名称:某市道路改造工程　　　　　　标段:　　　　　　　第　页　共　页

1.工程概况:某道路全长6 km,路宽70 cm.8车道,其中大桥上部结构为预应力混凝土T型梁,梁高为1.2 m,跨境为1 m×22 m+6 m×20 m,桥梁全长164 m。下部结构中墩为桩接柱,柱顶盖梁,边墩为重力桥台。墩柱直径为1.2 m,转孔桩直径为1.3 m。施工工期为1年。

2.招标范围:道路工程、桥梁工程和排水工程。

3.清单编制依据:本工程依据《建设工程工程量清单计价规范》(GB 50500—2008)中规定的工程量清单计价的办法,依据××单位设计的施工设计图纸、施工组织设计等计算实物工程量。

4.工程质量应达优良标准。

5.考虑施工中可能发生的设计变更或清单有误,预留金1 500 000万元。

6.投标人在投标文件中应按《建设工程工程量清单计价规范》(GB 50500—2008)规定的统一格式,提供"分部分项工程量清单综合单价分析表""措施项目费分析表"。

表12.2　分部分项工程量清单与计价表

工程名称:某市道路改造工程　　　　　　标段:　　　　　　　第　页　共　页

序号	项目编号	项目名称	项目特征描述	计量单位	工程数量	综合单价	合价	其中:暂估价
			D.1　土石方工程					
1	040101001001	挖一般土方	一、二类土4 m以内	m³	142 100.00			
2	040101002001	挖沟槽土方	三、四类土综合4 m以内	m³	2 493.00			
3	040101002002	挖沟槽土方	三、四类土综合3 m以内	m³	837.00			
4	040101002003	挖沟槽土方	新建翼墙6 m内	m³	2 837.00			
5	040103001001	填方	90%以上	m³	8 500.00			
6	040103001002	填方	12:35:53二灰土90%以上	m³	7 700.00			
7	040103001001	填方	基础回填砂砾石	m³	208.00			
8	040103001002	填方	填方台后回填砂砾石,粒径5~80 cm,密实度≥96%	m³	3 631.00			
			(其他略)					
			分部小计					
			本页小计					
			合计					

注:根据原建设部、财政部发布的《建筑安装工程费用组成》(建标[2003]206号)的规定,为计取规费等的使用,可在表中增设"直接费""人工费"或"人工费+机械费"。

表 12.3　分部分项工程量清单与计价表

工程名称:某市道路改造工程　　　　　　　　标段:　　　　　　　　　　　第　页　共　页

序号	项目编号	项目名称	项目特征描述	计量单位	工程数量	综合单价	合价	其中:暂估价
							金额/元	
			D.2　道路工程					
9	040201002001	掺石灰	含灰量:10%	m³	1 800.00			
10	040202002001	石灰稳定土	厚度:15 cm 含灰量:10%	m²	84 060.00			
11	040202002002	石灰稳定土	厚度:30 cm 含灰量:11%	m²	57 320.00			
12	040202006001	石灰、粉煤灰、碎(砾)石	二灰碎石厚度:12 cm 配合比:10∶20∶70	m²	84 060.00			
13	040202006002	石灰、粉煤灰、碎(砾)石	二灰碎石厚度:20 cm 配合比:10∶20∶71	m²	57 320.00			
14	040202014002	水泥稳定碎(砾)石	主路搭板下 $d7 \geqslant$ 2.0 MPa,厚度 18 cm 摊铺,养护	m²	793.00			
15	040203003001	黑色碎石	石油沥青　厚度:6 cm	m²	91 360.00			
			(其他略)					
			分部小计					
			本页小计					
			合计					

注:根据原建设部、财政部发布的《建筑安装工程费用组成》(建标〔2003〕206 号)的规定,为计取规费等的使用,可在表中增设"直接费""人工费"或"人工费+机械费"。

表 12.4 分部分项工程量清单与计价表

工程名称:某市道路改造工程　　　　　　　标段:　　　　　　　　　第　页　共　页

序号	项目编号	项目名称	项目特征描述	计量单位	工程数量	金额/元		
						综合单价	合价	其中:暂估价
			D.3　桥涵护岸工程					
16	040301007001	机械成孔灌注桩	直径 1.3 cm,C25	m	1 036.00			
17	040301007002	机械成孔灌注桩	直径 1 cm,C25	m	1 680.00			
18	040302002002	混凝土承台	C25-25,C10 混凝土垫层	m³	1 15.00			
19	040302004001	墩(台)身	墩柱 C30-25	m³	384.00			
20	040302004002	墩(台)身	墩柱 C30-25	m³	1 210.00			
21	04030205001	支撑梁及横梁	现浇 C30-25 简支梁湿接头	m³	973.00			
22	040302006001	墩(台)盖梁	C35-25	m³	748.00			
			(其他略)					
			分部小计					
			本页小计					
			合计					

注:根据原建设部、财政部发布的《建筑安装工程费用组成》(建标〔2003〕206 号)的规定,为计取规费等的使用,可在表中增设"直接费""人工费"或"人工费+机械费"。

表 12.5　分部分项工程量清单与计价表

工程名称:某市道路改造工程　　　　　　　　标段:　　　　　　　　　　　第　页　共　页

序号	项目编号	项目名称	项目特征描述	计量单位	工程数量	综合单价	合价	其中:暂估价
						金额/元		
		D.5　市政管网工程						
23	040504001005	砌筑检查井	1.4×1.0 埋深 3 m	座	32			
24	040504001004	砌筑检查井	1.2×1.0 埋深 2 m	座	82			
25	040504001002	砌筑检查井	0.6×0.6　埋深 1.5 m	座	42			
26	040504001002	砌筑检查井	0.6×0.6　埋深 1.5 m	座	52			
27	040504001003	砌筑检查井	0.48×0.48　埋深 1.5 m	座	104			
28	040501002001	混凝土管道铺设	DN1 650 埋深 3.5 m	m	456.00			
29	040501002002	混凝土管道铺设	DN1 000 埋深 3.5 m	m	430.00			
			(其他略)					
			分部小计					
			本页小计					
			合计					

注:根据原建设部、财政部发布的《建筑安装工程费用组成》(建标[2003]206 号)的规定,为计取规费等的使用,可在表中增设"直接费""人工费"或"人工费+机械费"。

表 12.6　分部分项工程量清单与计价表

工程名称:某市道路改造工程　　　　　　　标段:　　　　　　　　第　页　共　页

序号	项目编号	项目名称	项目特征描述	计量单位	工程数量	金额/元		
						综合单价	合价	其中:暂估价
			D.7　钢筋工程					
30	040701002001	非预应力钢筋	φ10 以外	t	283.000			
31	040701002002	非预应力钢筋	φ11 以内	t	1 195.000			
32	040701004001	后张法预应力钢筋	钢绞线(高强低松弛)$R=1\,860$ MPa;预应力锚具 2 176 套(锚头 15－6,128 套;锚头 15－5,784 套;锚头 15－4,1 264 套);金属波纹管内径 6.2 cm,长 17 108 m,C40 混凝土压浆	t	138.000			
			(其他略)					
			分部小计					
			本页小计					
			合计					

注:根据原建设部、财政部发布的《建筑安装工程费用组成》(建标[2003]206 号)的规定,为计取规费等的使用,可在表中增设"直接费""人工费"或"人工费＋机械费"。

表 12.7　分部分项工程量清单与计价表

工程名称：某市道路改造工程　　　　　　　标段：　　　　　　　　　　第　页　共　页

序号	项目编号	项目名称	项目特征描述	计量单位	工程数量	金额/元		
						综合单价	合价	其中：暂估价
1								
2								
3								
4								
5								
6								
7								
8								
			合计					

表 12.8　措施项目清单与计价表（一）

工程名称：某市道路改造工程　　　　　　　标段：　　　　　　　　　　第　页　共　页

序号	项　目　名　称	计算基础	费率/%	金额/元
1	安全文明施工费			
2	大型机械进出场及安拆费			
3	施工排水			
4	施工降水			
5	已完工程及设备保护			
6	专业工程措施项目			
6.1	便道			
6.2	便桥			
6.3	围堰			
	合　计			

注：1. 本表适用于以"项"计价的措施项目。

2. 根据建设部、财政部发布的《建筑安装工程费用项目组成》（建标〔2003〕206 号）的规定，"计算基础"可为"直接费""人工费"或"人工费＋机械费"。

表 12.9　措施项目清单与计价表(二)

工程名称:某市道路改造工程　　　　　　标段:　　　　　　　　第 页 共 页

序号	项目编码	项目名称	项目特征描述	计量单位	工程量	金额	
						综合单价	合价
1	DB001	现浇混凝土简支梁模板及支架	矩形板,支模高度 5 m	m²	549		
			(其他略)				
合　计							

注:本表适用于以综合单价形式计价的措施项目。

表 12.10　其他项目清单与计价汇总表

工程名称:某市道路改造工程　　　　　　标段:　　　　　　　　第 页 共 页

序号	项目名称	计量单位	金额/元	备　注
1	暂列金额	项	1 500 000.00	明细详见表 12.11
2	暂估价			
2.1	材料暂估价	t	6 000.00	明细详见表 12.12
2.2	专业工程暂估价	项	—	
3	计日工			明细详见表 12.13
4	总承包服务费			明细详见表 12.14

注:材料暂估价进入清单项目综合单价,此处不汇总。

表 12.11　暂列金额明细表

工程名称:某市道路改造工程　　　　　　　标段:　　　　　　　　　第　页　共　页

序号	项目名称	计量单位	金额/元	备注
1	政策性调整和材料价格风险	项	1 000 000.00	
2	其他	项	50 000.00	

注:此表由招标人填写,也可只列暂定金额总额,投标人应将上述暂列金额计入投标总价中。

表 12.12　材料暂估单价表

工程名称:某市道路改造工程　　　　　　　标段:　　　　　　　　　第　页　共　页

序号	项目名称	计量单位	金额/元	备注
1	钢筋(规格、型号综合)	t	6 000.00	用在部分钢筋混凝土项目中
	(其他略)			

注:1. 此表由招标人填写,并在备注栏说明暂估价的材料拟用在哪些清单项目上,投标人应将上述材料暂估单价计入工程量清单综合单价报价中。

2. 材料包括原材料、燃料、构配件以及按规定应计入建筑安装工程造价的设备。

表 12.13　计日工表

工程名称：某市道路改造工程　　　　　　标段：　　　　　　　　第 页 共 页

编号	项目名称	单位	暂定数量	综合单价	合　价
一	人工				
1	技工	工日	100		
2	壮工		80		
	人工小计				
二	材料				
1	水泥 42.5	t	30.000		
2	钢筋	t	10.000		
	材料小计				
三	机械				
1	履带式推土机 105 kW	台班	3		
2	汽车起重机 25 t	台班	3		
	施工机械小计				
	总　计				

注：此表项目名称、数量由招标人填写，编制招标控制价时。单价由招标人按有关计价规定确定；投
　　标时，单价由投标人自助报价，计入投标总价中。

说明：办理竣工结算时，表中原"暂定数量"变更为"结算数量"。

表 12.14　总承包服务费计价表

工程名称：某市道路改造工程　　　　　　标段：　　　　　　　　第 页 共 页

序号	项目名称	项目价值	服务内容	费率/%	金额/元
1	发包人发包专业工程	500 000	1. 按专业工程承包人的要求提供施工工作面并对施工现场统一管理，对竣工资料统一管理汇总。 2. 为专业工程承包人提代焊接电源接入点并承担电费。		
	合　计				

表 12.15 规费、税金项目清单与计价表

工程名称:某市道路改造工程　　　　　标段:　　　　　　　第 页 共 页

序号	项目名称	计算基础	费率/%	金额/元
1	规费			
1.1	工程排污费	按工程所在地环保部门规定按实计算		
1.2	社会保障费	(1)+(2)+(3)		
(1)	养老保险	定额人工费		
(2)	失业保险	定额人工费		
(3)	医疗保险	定额人工费		
1.3	住房公积金	定额人工费		
1.4	危险作业意外伤害保险	定额人工费		
1.5	工程定额测定费	税前工程造价		
2	税金	分部分项工程费+措施项目费+其他项目费+规费		

注:根据建设部、财政部发布的《建筑安装工程费用项目组成》(建标〔20031206 号)的规定,"计算基础"可为"直接费""人工费"或"人工费+机械费"。

2.投标报价

投标总价

招 标 人：　　　××单位　　　

工 程 名 称：　　　某市道路改造工程　　　

投标总价(小写)：　　51 866 656.69元　　

　　　(大写)：　伍仟壹佰捌拾陆万陆仟陆佰伍拾陆元陆角玖分整　

投 标 人：　　　××单位　　　
　　　　　　　(单位盖章)

法定代表人
或其授权人：　　　××单位法定代表人　　　
　　　　　　　(签字或盖章)

编 制 人：　××签字盖造价工程师或造价员专用章　
　　　　　(造价人员签字盖专用章)

编制时间：××年××月××日

表 12.16　总说明

工程名称:某市道路改造工程　　　　　标段:　　　　　　第 页 共 页

　　1.工程概况:某道路全长 6 km,路宽 70 cm。8 车道,其中大桥上部结构为预应力混凝土 T 型梁,梁高为 1.2 m,跨境为 1 m×22 m+6 m×20 m,桥梁全长 164 m。下部结构中墩为桩接柱,柱顶盖梁;边墩为重力桥台。墩柱直径为 1.2 m,转孔桩直径为 1.3 m。施工工期为 1 年。

　　2.招标范围:道路工程、桥梁工程和排水工程。

　　3.清单编制依据:本工程依据《建设工程工程量清单计价规范》中规定的工程量清单计价的办法,依据××单位设计的施工设计图纸、施工组织设计等计算实物工程量。

　　4.工程质量应达优良标准。

　　5.考虑施工中可能发生的设计变更或清单有误,暂列金 1 500 000 万元。

　　6.投标人在投标文件应按《建设工程工程量清单计价规范》规定的统一格式,提供"分部分项工程量清单综合单价分析表""措施项目费分析表"。

表 12.17　工程项目投标报价汇总表

工程名称:某市道路改造工程　　　　　　标段:　　　　　　　　第　页　共　页

序号	单项工程名称	金额/元	其　中		
			暂估价/元	安全文明施工费/元	规费/元
1	某市道路改造工程	51 866 656.69	6 300 000.00	151 343.10	207 801.95
	合　计	51 866 656.69	6 300 000.00	151 343.10	207 801.95

注:本表适用于工程项目招标控制价或投标报价的汇总。

说明:本工程是单项工程,所以单项工程即为工程项目。

表 12.18　单项工程投标报价汇总表

工程名称:某市道路改造工程　　　　　　标段:　　　　　　　　第　页　共　页

序号	单项工程名称	金额/元	其　中		
			暂估价/元	安全文明施工费/元	规费/元
1	某道路改造工程	51 866 656.69	6 300 000.00	151 343.10	207 801.95
	合计	51 866 656.69	6 300 000.00	151 343.10	207 801.95

注:本表适用于单项工程招标控制价或投标报价的汇总。暂估价包括分部分项工程中的暂估价和专业工程暂估价。

表 12.19　单位工程投标报价汇总表

工程名称:某市道路改造工程　　　　　　标段:　　　　　　　　　第　页　共　页

序号	单项工程名称	金额/元	其中:暂估价/元
1	分部分项	48 129 095.00	
	D.1　土石方工程	2 275 844.14	
	D.2　道路工程	25 444 507.08	
	D.3　桥涵护岸工程	11 712 541.79	
	D.5　市政管网工程	1 352 964.34	
	D.7　钢筋工程	7 343 238.04	6 300 000
2	措施项目	362 788.31	
2.1	安全文明施工费	151 343.10	
3	其他项目	1 587 940.00	
3.1	暂列金额	1 500 000.00	
3.2	计日工	62 940.00	
3.3	总承包服务费	25 000.00	
4	规费	207 801.95	
5	税金	1 579 031.43	
	招标控制价合计=1+2+3+4+5	51 866 656.69	6 300 000

注:本表适用于单位工程招标控制价或投标报价的汇总,如无单位工程划分,单项工程也使用本表
汇总。

表 12.20　分部分项工程量清单与计价表

工程名称:某市道路改造工程　　　　　　　　标段:　　　　　　　　　　第　页　共　页

序号	项目编号	项目名称	项目特征描述	计量单位	工程数量	综合单价	合价	其中:暂估价
						金额/元		
		D.1　土石方工程						
1	040101001001	挖一般土方	一、二类土 4 m 以内	m³	142 100.00	10.70	1 520 470.00	
2	040101002001	挖沟槽土方	三、四类土综合 4 m 以内	m³	2 493.00	11.81	29 442.33	
3	040101002001	挖沟槽土方	三、四类土综合 3 m 以内	m³	837.00	60.18	50 370.66	
4	040101002003	挖沟槽土方	新建翼墙 6 m 内	m³	2 837.00	17.85	50 640.45	
5	040103001001	填方	90%以上	m³	8 500.00	8.30	70 550.00	
6	040103001002	填方	12∶35∶53 二灰土 90%以上	m³	7 700.00	7.02	54 054.00	
7	04010301001	填方	基础回填砂砾石	m³	208.00	65.61	13 646.88	
8	040103001002	填方	填方台后回填砂砾石,粒径 5～80 cm,密实度≥96%	m³	3 631.00	31.22	113 359.82	
			(其他略)					
			分部小计				2 275 844.14	
			本页小计				2 275 844.14	
			合计				2 275 844.14	

注:根据原建设部、财政部发布的《建筑安装工程费用组成》(建标[2003]206 号)的规定,为计取规费等的使用,可在表中增设"直接费""人工费"或"人工费＋机械费"。

表 12.21　分部分项工程量清单与计价表

工程名称:某市道路改造工程　　　　　　　标段:　　　　　　　　　第 页 共 页

序号	项目编号	项目名称	项目特征描述	计量单位	工程数量	综合单价	合价	其中:暂估价
						金额/元		
			D.2　道路工程					
9	040201002001	掺石灰	含灰量:10%	m³	1 800.00	57.45	103 410.00	
10	040202002001	石灰稳定土	厚度:15 cm 含灰量:10%	m²	84 060.00	16.21	1 362 612.60	
11	040202002002	石灰稳定土	厚度:30cm 含灰量:11%	m²	57 320.00	12.05	690 706.00	
12	040202006001	石灰、粉煤灰、碎(砾)石	二灰碎石厚度:12 cm 配合比:10:20:70	m²	84 060.00	30.78	2 587 366.80	
13	040202006002	石灰、粉煤灰、碎(砾)石	二灰碎石厚度:20 cm 配合比:10:20:71	m²	57 320.00	26.46	1 516 687.20	
14	040202014002	水泥稳定碎(砾)石	主路搭板下 $d7 \geqslant$ 2.0 MPa, 厚度 18 cm 摊铺,养护	m²	793.00	21.96	17 414.28	
15	040203003001	黑色碎石	石油沥青 厚度:6 cm	m²	91 360.00	50.97	4 656 619.20	
			(其他略)					
			分部小计				25 444 507.08	
		本页小计					25 444 507.08	
		合计					27 720 351.22	

注:根据原建设部、财政部发布的《建筑安装工程费用组成》(建标[2003]206 号)的规定,为计取规费等的使用,可在表中增设"直接费""人工费"或"人工费+机械费"。

表 12.22　分部分项工程量清单与计价表

工程名称:某市道路改造工程　　　　　　　标段:　　　　　　　　第　页　共　页

序号	项目编号	项目名称	项目特征描述	计量单位	工程数量	综合单价	合价	其中:暂估价
			D.3　桥涵护岸工程					
16	040301007001	机械成孔灌注桩	直径 1.3 cm,C25	m	1 036.00	1 251.09	1 296 129.24	
17	040301007002	机械成孔灌注桩	直径 1 cm,C25	m	1 680.00	1 692.81	2 843 920.80	
18	040302002002	混凝土承台	C25—25,C10 混凝土垫层	m³	1 015.00	299.98	304 479.70	
19	040302004001	墩(台)身	墩柱 C30—25	m³	384.00	434.93	167 013.12	
20	040302004002	墩(台)身	墩柱 C30—25	m³	1 210.00	318.49	385 372.90	
21	04030205001	支撑梁及横梁	现浇 C30—25 简支梁湿接头	m³	973.00	401.74	390 893.02	
22	040302006001	墩(台)盖梁	C35—25	m³	748.00	390.63	292 191.24	
		(其他略)						
		分部小计					11 712 541.79	
		本页小计					11 712 541.79	
		合计					39 432 893.01	

注:根据原建设部、财政部发布的《建筑安装工程费用组成》(建标[2003]206 号)的规定,为计取规费等的使用,可在表中增设"直接费""人工费"或"人工费＋机械费"。

表 12.23　分部分项工程量清单与计价表

工程名称:某市道路改造工程　　　　　　　标段:　　　　　　　　　　　　第　页　共　页

序号	项目编号	项目名称	项目特征描述	计量单位	工程数量	综合单价	合价	其中:暂估价
			D.5　市政管网工程					
23	040504001005	砌筑检查井	1.4×1.0 埋深 3 m	座	32	1 790.97	57 311.04	
24	040504001004	砌筑检查井	1.2×1.0 埋深 2 m	座	82	1 661.53	136 245.46	
25	040504001001	砌筑检查井	φ900　埋深 1.5 m	座	42	1 057.79	44 427.18	
26	040504001002	砌筑检查井	0.6×0.6　埋深 1.5 m	座	52	700.43	36 422.36	
27	040504001003	砌筑检查井	0.48×0.48　埋深 1.5 m	座	104	689.79	71 738.16	
28	040501002001	混凝土管道铺设	DN1 650 埋深 3.5 m	m	456.00	387.61	176 750.16	
29	040501002002	混凝土管道铺设	DN1 000 埋深 3.5 m	m	430.00	125.09	53 788.70	
		(其他略)						
		分部小计					1 352 964.34	
	本页小计						1 352 964.34	
	合计						40 785 857.35	

注:根据原建设部、财政部发布的《建筑安装工程费用组成》(建标[2003]206 号)的规定,为计取规费等的使用,可在表中增设"直接费""人工费"或"人工费＋机械费"。

表 12.24　分部分项工程量清单与计价表

工程名称：某市道路改造工程　　　　　　　　标段：　　　　　　　　第　页　共　页

序号	项目编号	项目名称	项目特征描述	计量单位	工程数量	综合单价	合价	其中：暂估价
			D.7　钢筋工程					
30	040701002001	非预应力钢筋	φ10 以外	t	283.000	3 801.12	1 075 716.96	1 000 000
31	040701002002	非预应力钢筋	φ11 以内	t	1 195.000	3 862.24	4 615 376.80	4 300 000
32	040701004001	后张法预应力钢筋	钢绞线（高强低松弛）R＝1 860 MPa；预应力锚具 2 176 套（锚头 15－6，128 套；锚头 15－5,784 套；锚头 15－4,1 264 套）；金属波纹管内径 6.2 cm，长 17 108 m,C40 混凝土压浆	t	138.000	11 972.06	1 652 144.28	1 000 000
			（其他略）					
			分部小计				7 343 238.04	
			本页小计				7 343 238.04	
			合　计				48 129 095.39	6 300 000

注：根据原建设部、财政部发布的《建筑安装工程费用组成》（建标〔2003〕206 号）的规定，为计取规费等的使用，可在表中增设"直接费""人工费"或"人工费＋机械费"。

表 12.25　工程量清单综合单价分析表

工程名称：某市道路改造工程　　　　　　标段：　　　　　　　　第　页　共　页

项目编码	040202006001	项目名称	石灰、粉煤灰、碎(砾)石	计量单位	m²

综合单价组成明细

定额编号	定额名称	定额单位	数量	单价/元				合价/元			
				人工费	材料费	机械费	管理费和利润	人工费	材料费	机械费	管理费和利润
2—162	石灰：粉煤灰：碎石(10：20：70)	100 m²	0.001	315	2 164.89	86.58	566.5	0.315	3.15	21.65	5.665
人工单价		小计						0.315	3.15	21.65	5.665
22.47 元/工日		未计价材料费						—			
清单项目综合单价								30.78			

	名称、规格、型号	单位	数量	单价/元	合价/元	暂估单价/元	暂估合价/元
材料费明细	生石灰	t	0.039 6	120.00	4.75		
	粉煤灰	m³	0.105 6	80.00	8.45		
	碎石 25~40 mm	m³	0.189 1	43.96	8.31		
	水	m³	0.063	0.45	0.03		
	其他材料费			—	0.005	—	
	材料费小计			—	3.15	—	

注：1. 如不使用省级或行业建设主管部门发布的计价依据，可不填定额项目、编号等。

　　2. 招标文件提供了暂估单价的材料，按暂估的单价填入表内"暂估单价"栏及"暂估合价"栏。

表 12.26　工程量清单综合单价分析表

工程名称:某市道路改造工程　　　　　　　标段:　　　　　　　　　第　页　共　页

项目编码	0204001001		项目名称		人行道块料铺设		计量单位		m²

综合单价组成明细

定额编号	定额名称	定额单位	数量	单价/元				合价/元			
				人工费	材料费	机械费	管理费和利润	人工费	材料费	机械费	管理费和利润
2—322	D 型砖	100 m²	0.1	68.31	27.95		15.03	6.831	4.816		1.503

人工单价		小计	6.831	4.816		1.503
22.47 元/工日		未计价材料费				

清单项目综合单价	13.15

	名称、规格、型号	单位	数量	单价/元	合价/元	暂估单价/元	暂估合价/元
材料费明细	生石灰	t	0.005 7	120	0.684		
	粗砂	m³	0.024 2	44.23	1.070		
	水	m³	0.002 6	12.34	0.032		
	D 型砖	块	30.3	0.1	3.03		
	其他材料费			—	0.1	—	
	材料费小计			—	1.786	—	

注:1. 如不使用省级或行业建设主管部门发布的计价依据,可不填定额项目、编号等。

　　2. 招标文件提供了暂估单价的材料,按暂估的单价填入表内"暂估单价"栏及"暂估合价"栏。

表 12.27 措施项目清单与计价表(一)

工程名称:某市道路改造工程　　　　标段:　　　　　　第 页 共 页

序号	项 目 名 称	计算基础	费率/%	金额/元
1	安全文明施工费	人工费	30	151 343.10
2	便道			11 770.33
3	便桥			72 095.88
4	围堰			72 095.88
5	大型机械进出场及按拆费			54 223.18
6	施工排水			11 791.02
7	施工降水			11 791.02
8	已完工程及设备保护			13 521.56
	合　计			362 788.31

注:1.本表适用于以"项"计价的措施项目。

　　2.根据原建设部、财政部发布的《建筑安装工程费用组成》(建标[2003]206 号)的规定,"计算基础"可为"直接费""人工费"或"人工费+机械费"。

表 12.28 措施项目清单与计价表(二)

工程名称:某市道路改造工程　　　　标段:　　　　　　第 页 共 页

序号	项目编码	项目名称	项目特征描述	计量单位	工程量	金额/元	
						综合单价	合价
1	EC001	围堰	过水土石围堰	m²	549	57.09	31 342.41
			(其他略)				
			本页小计				
			合　计				356 869.42

注:本表适用于以综合单价形式计价的措施项目。

表 12.29　其他项目清单与计价汇总表

工程名称:某市道路改造工程　　　　　　　标段:　　　　　　　　　　第　页　共　页

序号	项目名称	计量单位	金额/元	备注
1	暂列金额	项	1 500 000.00	明细见表—12—1
2	暂估价		0.00	
2.1	材料暂估价		—	明细见表—12—2
2.2	专业工程暂估价	项	0.00	明细见表—12—3
3	计日工		62 940.00	明细见表—12—4
4	总承包服务费		25 000.00	明细见表—12—5
	合　计		1 587 940.00	

注:材料暂估单价进入清单项目综合单价,此处不汇总。

表 12.30　暂列金额明细表

工程名称:某市道路改造工程　　　　　　　标段:　　　　　　　　　　第　页　共　页

序号	项目名称	计量单位	金额/元	备注
1	暂列金额	项	1 500 000.00	明细见表—12—1
2	暂估价		0.00	
2.1	材料暂估价		—	明细见表—12—2
2.2	专业工程暂估价	项	0.00	明细见表—12—3
3	计日工		62 940.00	明细见表—12—4
4	总承包服务费		25 000.00	明细见表—12—5
	合　计		1 587 940.00	

注:此表由招标人填写,也可只列暂定金额总额,投标人应将上述暂列金额计入投标总价中。

表 12.31　材料暂估单价表

工程名称:某市道路改造工程　　　　　　标段:　　　　　　　　第　页　共　页

序号	材料名称	计量单位	单价/元	备　注
1	钢筋(规格、型号)	t	6 000.00	用在部分钢筋混凝土项目中
	(其他略)			

注:1.此表由招标人填写,并在备注栏说明暂估价的材料拟用在哪些清单项目上,投标人应将上述
　　材料暂估单价计入工程量清单综合单价报价中。
　　2.材料包括原材料、燃料、构配件以及按规定应计入建筑安装工程造价的设备。

表 12.32　计日工表

工程名称:某市道路改造工程　　　　　　标段:　　　　　　　　第　页　共　页

编　号	项目名称	单　位	暂定数量	综合单价	合　价
一	人　工				
1	技工	工日	100	50	5 000
2	壮工		80	43	3 440
	小　计				8 440
二	材料				
1	水泥 32.5	t	30.000	300	9 000
2	钢筋	t	10.000	3 500	35 000
	材料小计			44 000	
三	机械				
1	履带式推土机 105 kW	台班	3	1 000	3 000
2	汽车起重机 25 t	台班	3	1 000	3 000
	施工机械小计				10 500
	总　计				62 940

注:此表项目名称、数量由招标人填写,编制招标控制价时,单价由招标人按有关计价规定确定;投
　标时,单价由投标人自主报价,计入投标总价中。

表 12.33　总承包服务费计价表

工程名称:某市道路改造工程　　　　　　　　　标段:　　　　　　　　　　　第　页　共　页

序号	项目名称	项目价值/元	服务内容	费率/%	金额/元
1	发包人发包专业工程	50 000	1.按专业工程承包人的要求提供施工工作面并对施工现场统一管理,对竣工资料统一管理汇总　2.为专业工程承包人提供焊接电源接入点并承担电费	5	25 000
	合　计				25 000

注:此表由招标人填写,投标人应将上述专业工程暂估价计入投标总价中。

表 12.34　规费、税金项目清单与计价表

工程名称:某市道路改造工程　　　　　　　　　标段:　　　　　　　　　　　第　页　共　页

序号	项目名称	计算基础	费率/%	金额/元
1	规费			207 801.95
1.1	工程排污费	按工程所在地环保部门规定按实计算		—
1.2	社会保障费	(1)+(2)+(3)		110 984.94
(1)	养老保险	定额人工费	14	70 626.78
(2)	失业保险	定额人工费	2	10 089.54
(3)	医疗保险	定额人工费	6	30 268.62
1.3	住房公积金	定额人工费	6	30 268.62
1.4	危险作业意外伤害保险	定额人工费	0.5	2 522.39
1.5	工程定额测定费	税前工程造价	0.14	64 026.00
2	税　金	分部分项工程费+措施项目费+其他项目费+规费	3.14	1 579 031.43
	合　计			1 786 833.38

注:根据原建设部、财政部发布的《建筑安装工程费用组成》(建标[2003]206 号)的规定,"计算基础"可为"直接费""人工费"或"人工费+机械费"。

3. 竣工结算价

　　　　　　　　　<u>　　某市道路改造　　</u>工程

竣工结算总价

中标价(小写):<u>51 866 656.69 元　　　　　　　　　　</u>

　　　(大写):<u>伍仟壹佰捌拾陆万陆仟陆佰伍拾陆元陆角玖分　</u>

结算价(小写):<u>49 460 987.54 元　　　　　　　　　　</u>

　　　(大写):<u>肆仟玖佰肆拾陆万零玖佰捌拾柒元伍角肆分　</u>

发　包　人:<u>　×××××　</u>　　　承　包　人:<u>　××建筑单位　</u>

　　　　　　（单位盖章）　　　　　　　　　　（单位盖章）

工程造价
咨　询　人:<u>××工程造价咨询企业资质专用章</u>

法定代表人
或其授权人:<u>××单位法定代表人　</u>

　　　　　（单位资质专用章）　　　　　　　（签字或盖章）

法定代表人
或其授权人:<u>××建筑单位法定代表人</u>

法定代表人
或其授权人:<u>××工程造价咨询企业法定代表人</u>

　　　　（签字或盖章）　　　　　　　　　（签字或盖章）

编　制　人:<u>　××签字盖造价工程师或造价员专用章　</u>

　　　　　（造价人员签字盖专用章）

核　对　人:<u>　××签字盖造价工程师专用章　　</u>

　　　　　（造价工程师签字盖专用章）

编制时间:××××年××月××日　　　核对时间:××××年××月××日

　　注:此为招标人委托工程造价咨询人核对竣工结算封面。

表 12.35 总说明

工程名称:某市道路改造工程 　　　　　　标段: 　　　　　　　第 页 共 页

1. 工程概况:某道路全长 6 km,路宽 70 cm。8 车道,其中大桥上部结构为预应力混凝土 T 型梁,梁高为 1.2 m,跨境为 1 m×22 m+6 m×20 m,桥梁全长 164 m。下部结构中墩为桩接柱,柱顶盖梁;边墩为重力桥台。墩柱直径为 1.2 m,转孔桩直径为 1.3 m。合同工期为 280 天,实际施工工期 270 天。

2. 竣工依据:

(1)施工合同、投标文件、招标文件。

(2)竣工图、发包人确认的实际完成工程量和索赔及现场签证资料。

(3)省建设主管部门颁发的计价定额和计价管理办法及相关计价文件。

(4)省工程造价管理机构发布人工费调整文件。

3. 本工程的合同价款 51 866 656.69 元,结算价为 49 460 987.54 元。结算价比合同价减少 2 405 669.15 元。结算价中包括专业工程结算价款和发包人供应现浇构件钢筋价款。发包人供应的钢筋原暂估单价为 6 000 元/t,数量为 1 050 t,暂估价为 6 300 000。发包人供应的钢筋结算单价为 5 720 元/t,数量为 1 042 t,价款为 5 960 240。根据实际供应价调整了相应项目的综合单价分析表。

4. 结算价说明(略)。

注:此为承包人报送竣工结算总说明。

表 12.36 总说明

工程名称:某市道路改造工程 　　　　　　标段: 　　　　　　　第 页 共 页

1. 工程概况:某道路全长 6 km,路宽 70 cm。8 车道,其中大桥上部结构为预应力混凝土 T 型梁,梁高为 1.2 m,跨境为 1 m×22 m+6 m×20 m,桥梁全长 164 m。下部结构中墩为桩接柱,柱顶盖梁;边墩为重力桥台。墩柱直径为 1.2 m,转孔桩直径为 1.3 m。合同工期为 280 天,实际施工工期 270 天。

2. 竣工结算依据:

(1)承包人报道的竣工结算。

(2)施工合同、投标文件、招标文件。

(3)竣工图、发包人确认的实际完成工程量和索赔及现场签证资料。

(4)省建设主管部门颁发的计价定额和计价管理办法及相关计价文件。

(5)省工程造价管理机构发布人工费调整文件。

3. 核对情况说明(略)。

4. 结算价分析说明(略)。

注:此为发包人核对竣工结算总说明。

表 12.37　工程项目竣工结算汇总表

工程名称:某市道路改造工程　　　　　标段:　　　　　　　　第　页　共　页

序号	单项工程名称	金额/元	其　中	
			安全文明施工费/元	规费/元
1	某市道路改造工程	49 460 987.54	146 854.2	193 215.69
	合计	49 460 987.54	146 854.2	193 215.69

表 12.38　单项工程竣工结算汇总表

工程名称:某市道路改造工程　　　　　标段:　　　　　　　　第　页　共　页

序号	单项工程名称	金额/元	其　中	
			安全文明施工费/元	规费/元
1	某市道路改造工程	49 460 987.54	146 854.2	193 215.69
	合计	49 460 987.54	146 854.2	193 215.69

表 12.39　单位工程竣工结算汇总表

工程名称:某市道路改造工程　　　　　　　　标段:　　　　　　　　　　第　页　共　页

序号	单项工程名称	金额/元
1	分部分项	47 284 274.39
	D.1 土石方工程	2 246 210.14
	D.2 道路工程	24 944 507.08
	D.3 桥涵护岸工程	11 521 354.79
	D.5 市政管网工程	1 342 964.34
	D.7 钢筋工程	7 229 238.04
2	措施项目	351 515.41
2.1	安全文明施工费	146 854.20
3	其他项目	136 890.50
3.1	专业工程结算价	0.00
3.2	计日工	61 640.50
3.3	总承包服务费	20 250.00
3.4	索赔与现场签证	55 000.00
4	规费	193 215.69
5	税金	1 495 091.55
	竣工结算总价合计＝1＋2＋3＋4＋5	49 460 987.54

注:如无单位工程划分,单项工程也使用本表汇总。

表 12.40　分部分项工程量清单与计价表

工程名称:某市道路改造工程　　　　　　　标段:　　　　　　　　第　页　共　页

序号	项目编号	项目名称	项目特征描述	计量单位	工程数量	金额/元		其中:暂估价
						综合单价	合价	
			D.1　土石方工程					
1	0401001001	挖一般土方	一、二类土 4 m 以内	m³	142 100.00	10.20	1 449 420.00	
2	0401002001	挖沟槽土方	三、四类土综合 4 m 以内	m³	2493.00	11.60	28 918.80	
3	040101002002	挖沟槽土方	三、四类土综合 3 m 以内	m³	837.00	59 390.00	49 709 430.00	
4	040101002003	挖沟槽土方	新建翼墙 6 m 内	m³	2 837.00	16.88	47 888.56	
5	040103001001	填方	90% 以上	m³	8 500.00	8.10	68 850.00	
6	040103001002	填方	12∶35∶53 二灰土 90% 以上	m³	7 700.00	6.95	53 515.00	
7	040103001001	填方	基础回填砂砾石	m³	208.00	61.25	12 740.00	
8	040103001002	填方	填方台后回填砂砾石,粒径 5~80 cm,密实度 ≥ 96%	m³	3 631.00	28.24	102 539.44	
9	040103002001	余方弃置	余土弃置松土 100 mm	m³	46 000.00	7.34	337 640.00	
10	040103002002	余方弃置	余土弃置 10 km	m³	1 497.00	9.60	14 371.20	
		分部小计					2 246 210.14	
			D.2　道路工程					
11	040201002001	掺石灰	含灰量:10%	m³	1 800.00	56.42	101 556.00	
12	040202002001	石灰稳定土	厚度:15 cm 含灰量:10%	m²	84 060.00	15.98	1 343 278.80	
13	040202002002	石灰稳定土	厚度:30 cm 含灰量:11%	m²	57 320.00	15.64	896 484.80	
14	040202006001	石灰、粉煤灰、碎(砾)石	二灰碎石厚度:12 cm 配合比 10∶20∶70	m²	84 060.00	30.55	2 568 033.00	
15	040202006002	石灰、粉煤灰、碎(砾)石	二灰碎石厚度:20 cm 配合比 10∶20∶71	m²	57 320.00	24.56	1 407 779.20	
16	040204001001	人行道块料	人行道块料铺设普通人行道板 25 cm×2 cm	m²	5 850.00	0.61	3 568.50	
17	040204001002	人行道块料	人行道块料铺设异型彩色花砖 1∶3 石灰砂浆 D 型砖	m²	20 590.00	13.01	267 875.90	

表 12.41　分部分项工程量清单与计价表

工程名称:某市道路改造工程　　　　　　标段:　　　　　　　　　第　页　共　页

序号	项目编号	项目名称	项目特征描述	计量单位	工程数量	综合单价	合价	其中:暂估价
			D.2　道路工程					
18	040205001001	接线井	100 cm×100 cm×100 cm	座	5.00	706.43	3 532.15	
19	040205001002	接线井	50 cm×50 cm×100 cm	座	55.00	492.10	27 172.49	
20	040205013001	隔离护栏安装	钢制人行道护栏	m	1 440.00	14.24	22 547.73	
21	040205013002	隔离护栏安装	钢制机非分隔栏	m	200.00	15.06	3 131.63	
22	04020303001	黑色碎石	石油沥青厚度:6 cm	m²	91 360	48.44	4 425 478.40	
23	040203004001	沥青混凝土	厚度:5 cm	m²	3 383.00	113.24	383 090.92	
24	040203004002	沥青混凝土	厚度:4 cm	m²	91 360.00	100.25	9 158 840.00	
25	040203004003	沥青混凝土	厚度:3 cm	m²	125 190.00	30.45	3 812 035.50	
26	040202014001	水泥稳定碎(砾)石	主路搭板下 d7,≥2.0 MPa,厚度18 cm 摊铺,养护	m²	793.00	21.30	16 890.90	
27	040202014002	水泥稳定碎(砾)石	主路搭板下 d7,≥3.0 MPa,厚度17 cm 摊铺,养护	m²	793.00	20.21	16 026.53	
28	040202014003	水泥稳定碎(砾)石	主路搭板下 d7,≥3.0 MPa,厚度18 cm 摊铺,养护	m²	793.00	20.11	15 947.23	
29	040202014004	水泥稳定碎(砾)石	主路搭板下 d7,≥2.0 MPa,厚度21 cm 摊铺,养护	m²	728.00	16.24	11 822.72	
30	040202014005	水泥稳定碎(砾)石	主路搭板下 d7,≥2.0 MPa,厚度22 cm 摊铺,养护	m²	364.00	16.20	5 896.80	
31	040204003001	安砌侧(平、缘)石	花岗岩剁斧平石 12 cm×25 cm×49.5 cm	m²	673.00	52.23	35 150.79	
32	040204003002	安砌侧(平、缘)石	甲 B 型机切花岗岩路缘石 15 cm×32 cm×99.5 cm	m²	1 015.00	83.21	84 458.15	
33	040204003003	安砌侧(平、缘)石	甲 B 型机切花岗石路缘石 15 cm×25 cm×74.5 cm	m²	340.00	63.21	21 491.40	
			分部小计				24 944 507.08	

表 12.42　分部分项工程量清单与计价表

工程名称：某市道路改造工程　　　　　　　　标段：　　　　　　　　第　页　共　页

| 序号 | 项目编号 | 项目名称 | 项目特征描述 | 计量单位 | 工程数量 | 金额/元 | | 其中：暂估价 |
						综合单价	合价	
			D.3　桥涵护岸工程					
34	040301007001	机械成孔灌注桩	直径1.3 cm,C25	m	1 036.00	1 251.03	1 296 067.08	
35	040301007002	机械成孔灌注桩	直径1 cm,C25	m	1 680.00	1 593.21	2 676 592.80	
36	040302002002	混凝土承台	C25-25,C10混凝土垫层	m³	115.00	288.36	292 685.40	
37	040302004001	墩(台)身	墩柱 C30-25	m³	384.00	435.21	167 120.64	
38	040302004002	墩(台)身	墩柱 C25-25	m³	1 210.00	308.25	372 982.50	
39	04030205001	支撑梁及横梁	现浇 C30-25简支梁湿接头	m³	973.00	385.21	374 809.33	
40	040302006001	墩(台)盖梁	C35-25	m³	748.00	346.25	258 995.00	
41	040302017001	桥面铺装	改性沥青、玛瑙脂、玄武石、碎石混合料厚度 4 cm(SMA-16)	m²	7 550.00	35.21	265 835.50	
42	040302017002	桥面铺装	改性沥青、玛瑙脂、玄武石、碎石混合料厚度 5 cm(AC-201)	m²	7 560.00	42.22	319 183.20	
43	040302017003	桥面铺装	C30-25 抗折	m²	281.00	621.20	174 557.20	
44	040303003001	连系梁	墩柱连系梁 C30-25	m²	205.00	225.12	46 149.60	
45	040303003001	预制混凝土梁	C50-25,预应力混凝土简支梁	m³	781.00	1 244.23	971 743.63	
46	040303003002	预制混凝土梁	C45-25,预应力混凝土简支梁	m³	242.00	1 244.23	3 075 736.56	
47	040304002001	浆砌块料	河道浸水挡墙,墙身 M10 浆砌片石,泄水孔 φ100塑料管	m³	593.00	158.32	93 883.76	
48	040305001001	挡墙基础	河道浸水挡墙基础 C25-25,C10混凝土垫层	m³	1 027.00	81.22	83 412.94	
49	040305004001	挡墙混凝土压顶	C25-25	m³	32.00	171.23	5 479.36	
50	040309002001	橡胶支座	20 cm×35 cm×4.9 cm	m³	32.00	172.13	5 508.16	
51	040309006001	桥梁伸缩装置	毛勒伸缩缝	m	180.00	2 066.22	371 919.60	
52	040309009001	防水层	APP 防水层	m²	10 194.00	38.11	388 493.34	
			分部小计				38 712 072.01	

表 12.43　分部分项工程量清单与计价表

工程名称:某市道路改造工程　　　　　　　标段:　　　　　　　　第　页　共　页

序号	项目编号	项目名称	项目特征描述	计量单位	工程数量	综合单价	合价	其中:暂估价
						金额/元		
		D.5	市政管网工程					
53	040504001005	砌筑检查井	1.4×1.0 埋深 3 m	座	32	1 758.21	56 262.72	
54	040504001004	砌筑检查井	1.2×1.0 埋深 2 m	座	82	1 653.58	135 593.56	
55	040504001001	砌筑检查井	φ900 埋深 1.5 m	座	42	1 048.23	44 025.66	
56	040504001002	砌筑检查井	0.6×0.6 埋深 1.5 m	座	52	688.12	35 782.24	
57	040504001003	砌筑检查井	0.48×0.48 埋深 1.5 m	座	104	672.56	69 946.24	
58	040504003001	雨水进水井	单平篦埋深 3 m	座	11	456.90	5 047.92	
59	040504003002	雨水进水井	双平篦埋深 2 m	座	300	772.33	236 498.45	
60	040501002001	混凝土管道铺设	DN 1650 埋深 3.5 m	m	456.00	384.25	175 218.00	
61	040501002002	混凝土管道铺设	DN1 000 埋深 3.5 m	m	430.00	124.02	53 328.60	
62	040501002003	混凝土管道铺设	DN1 000 埋深 2.5 m	m	1 746.00	84.32	147 222.72	
63	040501002004	混凝土管道铺设	DN1 000 埋深 2 m	m	1 196.00	84.32	100 846.72	
64	040501002005	混凝土管道铺设	DN1 000 埋深 1.5 m	m	766.00	36.20	27 729.20	
65	040501002006	混凝土管道铺设	DN1 000 埋深 1.5 m	m	2 904.00	26.22	76 142.88	
66	040501002007	混凝土管道铺设	DN1 000 埋深 3.5 m	m	457.00	358.20	163 697.40	
		分部小计					1 342 964.34	
		D.7	钢筋工程					
67	040701002001	非预应力钢筋	φ10 以外	t	283.000	6 476.00	983 708.08	
68	040701002002	非预应力钢筋	φ10 以内	t	1 195.000	6 519.02	4 539 828.80	
69	040701004001	后张法预应力钢筋	钢绞线(高强低松弛)R=1 860 MPa;预应力锚具 2 176 套(锚头 15-6,128 套;锚头 15-5,784 套;锚头 15-4,1264 套);金属波纹管内径 6.2 cm,长 17 108 m,C40 混凝土压浆	t	138.000	11 568.06	163 532.58	
		分部小计					7 299 238.04	6 300 000
		合计					47 354 274.39	

注:根据建设部、财政部发布的《建筑安装工程费用项目组成》(建标[2003]206 号)的规定,为计取规费等的使用,可在表中增设其中:"直接费""人工费"或"人工费+机械费"。

表 12.44　工程量清单综合单价分析表

工程名称：某市道路改造工程　　　　　　　标段：　　　　　　　　　第　页　共　页

项目编码	040202006001	项目名称	石灰、粉煤灰、碎(砾)石	计量单位	m²

综合单价组成明细

定额编号	定额名称	定额单位	数量	单价/元				合价/元			
				人工费	材料费	机械费	管理费和利润	人工费	材料费	机械费	管理费和利润
2—162	石灰：粉煤灰：碎石(10：20：70)	100 m²	0.001	315	2 164.89	86.58	566.5	0.315	3.15	21.65	5.665
人工单价			小计					0.315	3.15	21.65	5.665
60 元/工日			未价材料费								
清单项目综合单价								30.78			

	主要材料名称、规格、型号	单位	数量	单价/元	合价/元	暂估单价/元	暂估合价/元
材料费明细	生石灰	t	0.039 6	120.00	4.75		
	粉煤灰	m³	0.105 6	80.00	8.45		
	碎石 25~40 mm	m³	0.189 1	43.96	8.31		
	水	m³	0.063	0.45	0.03		
	其他材料费			—	0.005	—	
	材料费小计			—	3.15	—	

注：1. 如不使用省级或行业建设主管部门发布的计价依据,可不填定额项目、编号等。

　　2. 招标文件提供了暂估单价的材料,按暂估的单价填入表内"暂估单价"栏及"暂估合价"栏。

表 12.45　工程量清单综合单价分析表

工程名称:某市道路改造工程　　　　　　　标段:　　　　　　　第　页　共　页

项目编码	0204001001001		项目名称		人行道块料铺设		计量单位		m²

综合单价组成明细

定额编号	定额名称	定额单位	数量	单价/元				合价/元			
				人工费	材料费	机械费	管理费和利润	人工费	材料费	机械费	管理费和利润
2-322	D 型砖	10 m²	0.1	68.31	27.95		15.03	6.831	4.816		1.503
人工单价			小计					6.831	4.816		1.503
22.47 元/工日			未价材料费								
清单项目综合单价								13.15			

主要材料名称、规格、型号	单位	数量	单价/元	合价/元	暂估单价/元	暂估合价/元
生石灰	t	0.0057	120	0.684		
粗砂	m³	0.024 2	44.23	1.070		
水	m³	0.002 6	12.34	0.032		
D 型砖	块	30.3			1	3
其他材料费			—	0.1	—	
材料费小计			—	1.786	—	

注:1. 如不使用省级或行业建设主管部门发布的计价依据,可不填定额项目、编号等。

　　2. 招标文件提供了暂估单价的材料,按暂估的单价填入表内"暂估单价"栏及"暂估合价"栏。

表 12.46　措施项目清单与计价表(一)

工程名称:某市道路改造工程　　　　　标段:　　　　　　　　第　页　共　页

序号	项 目 名 称	计算基础	费率/%	金额/元
1	安全文明施工费	人工费	30	146 854.20
2	大型机械进出场及安拆费			55 118.18
3	施工排水			11 692.02
4	施工降水			11 921.02
5	已完工程及设备保护			15 211.56
6	专业工程措施项目			110 718.43
6.1	便道			1 280.33
6.2	便桥			37 542.22
6.3	围堰			71 895.88
	合　计			351 515.41

注:1.本表适用于以"项"计价的措施项目。

　　2.根据建设部、财政部发布的《建筑安装工程费用项目组成》(建标[2003]206号)的规定,"计算基础"可为"直接费""人工费"或"人工费+机械费"。

表 12.47　措施项目清单与计价表(二)

工程名称:某市道路改造工程　　　　　标段:　　　　　　　　第　页　共　页

序号	项目编码	项目名称	项目特征描述	计量单位	工程量	金额	
						综合单价	合价
1	DB001	围堰	过水土石围堰	m²	549	56.24	30 875.76
			(其他略)				
			本页小计				
			合　计				30 875.76

注:本表适用于以综合单价形式计价的措施项目。

表 12.45　其他项目清单与计价汇总表

工程名称:某市道路改造工程　　　　　　　标段:　　　　　　　第　页　共　页

序号	项目名称	计量单位	金额/元	备注
1	暂列金额	项	—	—
2	暂估价		0.00	
2.1	材料暂估价		—	
2.1	专业工程暂估价	项	—	
3	计日工		61 640.50	明细详见表—12.49
4	总承包服务费		20 250.00	明细详见表—12.50
5	索赔与现场签证		55 000.00	明细见表—12.51
	合　　计		136 890.50	

注:材料暂估价进入清单项目综合单价,此处不汇总。

表 12.49　计日工表

工程名称:某市道路改造工程　　　　　　标段:　　　　　　第　页　共　页

编号	项目名称	单位	暂定数量	综合单价	合　　价
一	人工				
1	技工	工日	90	49	4 410
2	壮工		75	41	3 075
	人工小计			7 485	
二	材料				
1	水泥 32.5	t	31.000	298	9 238
2	钢筋	t	9.885	3 500	34 597.5
	材料小计			43 835.5	
三	机械				
1	履带式推土机 105 kW	台班	3	990	2 970
2	汽车起重机 25 t	台班	3	2 450	7 350
	施工机械小计			10 320	
	总　　计			61 640.5	

注:此表项目名称、数量由招标人填写,编制招标控制价时。单价由招标人按有关计价规定确定;投标时,单价由投标人自助报价,计入投标总价中。

表 12.50　总承包服务费计价表

工程名称:某市道路改造工程　　　　　　标段:　　　　　　　　第 页 共 页

序号	项目名称	项目价值	服务内容	费率/%	金额/元
1	发包人发包专业工程	500 000	1.按专业工程承包人的要求提供施工工作面并对施工现场统一管理,对竣工资料统一管理汇总　2.为专业工程承包人提供焊接电源接入点并承担电费	4.5	20 250
	合　计				20 250

注:此表由招标人填写,投标人应将上述专业工程暂估价计入投标总价中。

表 12.51 索赔与现场签证计价汇总表

工程名称:某市道路改造工程　　　　　　　　　标段:　　　　　　　　　第　页　共　页

序号	签证及索赔项目名称	计量单位	数量	单价/元	合价/元	索赔及签证依据
1	暂停施工				25 000	001
2	隔离带	条	5	6 000	30 000	002
	本页合计				55 000	—
	合　计				55 000	—

注:签证及索赔依据是指经双方认可的签证单和索赔依据的编号。

表 12.52　规费、税金项目清单与计价表

工程名称:某市道路改造工程　　　　　　标段:　　　　　　　　　第　页　共　页

序号	项目名称	计算基础	费率/%	金额/元
1	规费			193 215.69
1.1	工程排污费	按工程所在地环保部门规定按实计算		50 000.00
1.2	社会保障费	(1)+(2)+(3)		106 921.48
(1)	养老保险	定额人工费	14	68 110.76
(2)	失业休险	定额人工费	2	9 836.68
(3)	医疗保险	定额人工费	6	28 974.04
1.3	住房公积金	定额人工费	6	28 998.04
1.4	危险作业意外伤害保险	定额人工费	0.5	2 366.17
1.5	工程定额测定费	税前工程造价	0.14	4 930.00
2	税金	分部分项工程费+措施项目费+其他项目费+规费	3.14	1 495 091.55
	合　计			1 688 307.24

注:根据建设部、财政部发布的《建筑安装工程费用项目组成》(建标〔2003〕206 号)的规定,"计算基础"可为"直接费""人工费"或"人工费+机械费"。

表 12.53　费用索赔申请(核准)表

工程名称:某市道路改造工程　　　　　　　标段:　　　　　　　　　　编号:001

致:某道路改造工程指挥办公室　　　　　　　　　　　　　　　　　　(发包人全称)

　　根据施工合同条款第　12　条的约定,由于　你方工作需要　原因,我方要求索赔金额(大写)贰万伍仟元,(小写)25 000 元,请予核准。

附:1. 费用索赔的详细理由和依据:(详见附件 1)

　　2. 索赔金额的计算:(详见附件 2)

　　3. 证明材料:(现场监理工程师现场人数确认)

　　　　　　　　　　　　　　　　　　　　　　　承包人(章)

　　　　　　　　　　　　　　　　　　　　　　　承包人代表　×××××

　　　　　　　　　　　　　　　　　　　　　　　日　　　期　×××××

复核意见: 　　根据施工合同条款第　12　条的约定,你方提出的费用索赔申请经复核: 　　□不同意此项索赔,具体意见见附件。 　　□同意此项所赔,索赔金额的计算由造价工程师复核 　　　　　　监理工程师　××× 　　　　　　日　　　期×年×月×日	复核意见: 　　根据施工合同条款第　12　条的约定,你方提出的费用索赔申请经复核,索赔金额为(大写)贰万伍仟元整元,(小写)25 000 元。 　　　　　　造价工程师　××× 　　　　　　日　　　期×年×月×日

审核意见:

　　□不同意此项索赔。

　　□同意此项索赔,与本期进度款同期支付。

　　　　　　　　　　　　　　　　　　　　　　　发包人(章)

　　　　　　　　　　　　　　　　　　　　　　　发包人代表×××

　　　　　　　　　　　　　　　　　　　　　　　日　　　期×年×月×日

注:1. 在选择栏中的"□"内作标识"√"。

　　2. 本表一式四份,由承包人填报,发包人、监理人、造价咨询人、承包人各存一份。

表 12.54　现场签证表

工程名称:某市道路改造工程　　　　　标段:　　　　　　　　　　编号:002

施工单位	××建筑公司××项目部	日期	××年××月××日

致:×××××　　　　　　　　　　　　　　　　　　（发包人全称）

　　根据某道路改造工程现场指挥(指令姓名)×年×月×日书面通知,我方要求完成此项工作应支付价款金额为(大写)叁万元,(小写)30 000 元,请予核准。

附:1.签证事由及原则:为道路通车以后车辆行驶安全,增加5条隔离带。

　　2.附图及计算式:(略)

　　　　　　　　　　　　　　　　　　　　　承包人(章)

　　　　　　　　　　　　　　　　　　　　　承包人代表＿＿＿×××＿＿＿

　　　　　　　　　　　　　　　　　　　　　日　　　期＿×年×月×日＿

复核意见:　　　　　　　　　　　　　｜　复核意见:

　　你方提出的此项签证申请经复核:　｜　　□此项签证按承包人中标的计日工单价计

　　□不同意此项签证,具体意见见附件。｜算,金额为(大写)叁万元,(小写)30 000 元。

　　□同意此项签证,签证金额的计算由造价工｜　　□此项签证因无计日工单价,金额为(大写)

程师复核。　　　　　　　　　　　　｜＿＿＿＿＿元,(小写)＿＿＿＿＿元。

　　　　　　监理工程师＿＿×××＿＿

　　　　　　日　　期×年×月×日　　　　　　　　造价工程师＿＿×××＿＿

　　　　　　　　　　　　　　　　　　　　　　　日　　期×年×月×日

审核意见:

　　□不同意此项签证。

　　□同意此项签证,价款与本期进度款同期支付。

　　　　　　　　　　　　　　　　　　　　　发包人(章)

　　　　　　　　　　　　　　　　　　　　　发包人代表×××

　　　　　　　　　　　　　　　　　　　　　日　　期×年×月×日

注:1.在选择栏中的"□"内作标识"√"。

　　2.本表一式四份,由承包人填报,发包人、监理人、造价咨询人、承包人各存一份。

表 12.55　工程款支付申请(核准)表

工程名称:某道路改造工程　　　　　　标段:　　　　　　　　　　　编号:003

致:×××××　　　　　　　　　　　　　　　　　　　　　　　　　　(发包人
全称)

　　我方于 ×× 至 ×× 期间已完成了 路面改造工程 工作,根据施工合同的约定,现申
请支付本期的工程款额为(大写) 玖佰肆拾万 元,(小写) 9 400 000 元,请予核准。

序号	名　称	金额/元	备注
1	累计已完成的工程价款	35 000 000.00	
2	累计已实际支付的工程价款	20 000 000.00	
3	本周期已完成的工程价款	10 000 000.00	
4	本周期完成的计日工金额	50 000.00	
5	本周期应增加和扣减的变更金额	800 000.00	
6	本周期应增加和扣减的索赔金额	50 000.00	
7	本周期应抵扣的预付款		
8	本周期应扣减的质保金		
9	本周期应增加或扣减的其他金额		
10	本周期实际应支付的工程价款	9 400 000.00	

　　　　　　　　　　　　　　　　　　　　　　　　承包人(章)

　　　　　　　　　　　　　　　　　　　　　　　　承包人代表 ×××××

　　　　　　　　　　　　　　　　　　　　　　　　日　　　期 ×××××

复核意见: 　　□与实际施工情况不相符,修改意见见附件。 　　□与实际施工情况相符,具体金额由造价工程师复核。	复核意见: 　　你方提出的支付申请经复核,本期间已完成工程款额为(大写)壹仟万元,(小写)10 000 000元。本期间应支付金额为(大写)玖佰肆拾万元,(小写)9 400 000 元。
监理工程师××× 　　　　日　　期×年×月×日	造价工程师 ××× 　　　　日　　期×年×月×日

审核意见:
　　□不同意。
　　□同意,支付时间为本表签发后的 15 天内。

　　　　　　　　　　　　　　　　　　　　　　　　发包人(章)

　　　　　　　　　　　　　　　　　　　　　　　　发包人代表×××

　　　　　　　　　　　　　　　　　　　　　　　　日　　期×年×月×日

　　注:1. 在选择栏中的"□"内作标识"√"。

　　　2. 本表一式四份,由承包人填报,发包人、监理人、造价咨询人、承包人各存一份。

附件 1

关于停工通知

××建筑公司××项目部：

　　2010 年 1 月 7 日下午我市××道路整改工地发生道路坍塌事故，造成 1 人死亡、3 人受伤的重大事故。目前事故原因正在进一步调查中。为汲取血的教训，杜绝重特大事故发生，根据《关于要求全市建筑工程施工现场立即停工整改的紧急通知》（常建〔2010〕120号）文件要求，决定从即日起，建筑工程施工现场立即停工整改，及时消除事故隐患。

××道路改造工程指挥办公室

××年××月××日

附件 2

索赔费用计算

1. 人工费

(1)技工 50 人：50 人×50 元/工日×3 天＝7 500 元

(2)壮工 100 人：100 人×45 元/工日×3 天＝13 500 元

小计：20 000 元

2. 管理费

20 000×25%＝5 000 元

索赔费用合计：25 000 元

参考文献

[1]国家标准.建设工程工程量清单计价规范(GB 50500—2008)[S].北京:中国计划出版社,2008.

[2]建设部.全国统一市政工程预算定额(通用项目)(GYD 301—1999)[S].北京:中国计划出版社,1999.

[3]建设部.全国统一市政工程预算定额(道路工程)(GYD 302—1999)[S].北京:中国计划出版社,1999.

[4]建设部.全国统一市政工程预算定额(桥涵工程)(GYD 303—1999)[S].北京:中国计划出版社,1999.

[5]建设部.全国统一市政工程预算定额(隧道工程)(GYD 304—1999)[S].北京:中国计划出版社,1999.

[6]建设部.全国统一市政工程预算定额(给水工程)(GYD 305—1999)[S].北京:中国计划出版社,1999.

[7]建设部.全国统一市政工程预算定额(排水工程)(GYD 306—1999)[S].北京:中国计划出版社,1999.

[8]建设部.全国统一市政工程预算定额(燃气与集中供热工程)(GYD 307—1999)[S].北京:中国计划出版社,1999.

[9]建设部.全国统一市政工程预算定额(路灯工程)(GYD 308—1999)[S].北京:中国计划出版社,1999.

[10]建设部.全国统一市政工程预算定额(地铁工程)(GYD 309—2001)[S].北京:中国计划出版社,2002.

[11]建设部标准定额研究所.《建设工程工程量清单计价规范》宣贯辅导教材[M].北京:中国计划出版社,2008.

[12]袁建新.市政工程计量与计价[M].北京:中国建筑工业出版社,2005.

[13]杨玉衡,王伟英.市政工程计量与计价[M].北京:中国建筑工业出版社,2006.

[14]陈建国.工程计量与造价管理[M].上海:同济大学出版社,2001.

[15]李建峰.工程计价与造价管理[M].北京:中国电力出版社,2005.

[16]刑莉燕.工程量清单的编制与投标报价[M].济南:山东科学技术出版社,2004.